Gene Therapy

Gene Therapy

기초에서 응용까지

유민 · 노광수 공저

보무각

■ 저자약력

유민

연세대학교 생물학과 (학사)
Kent State University (박사)
University of Michigan, Ann Arbor (연구교수)
NIH, Duke University 교환교수
대한의생명과학회 회장 역임
저서: 암이라고요 외 다수
현재 계명대학교 생물학과 교수

노광수

고려대학교 생물학과 (학사)
고려대학교 (박사)
University of Wisconsin 교환교수 겸 연구교수
현재 계명대학교 생물학과 교수

Gene Therapy 기초에서 응용까지

지은이 / 유민 · 노광수
펴낸이 / 이호동
디자인 / 황경순 · 양정림

펴낸곳 / **보문각**
신 고 / 302-2003-00085
주 소 / 서울시 광진구 구의동 26-20
전 화 / (02) 468-0457
팩 스 / (02) 468-0458
e-mail / bomungak@paran.com

초판인쇄 / 2010년 6월 25일
초판발행 / 2010년 6월 30일

값 18,000원

ISBN 978-89-6220-072-0 93510

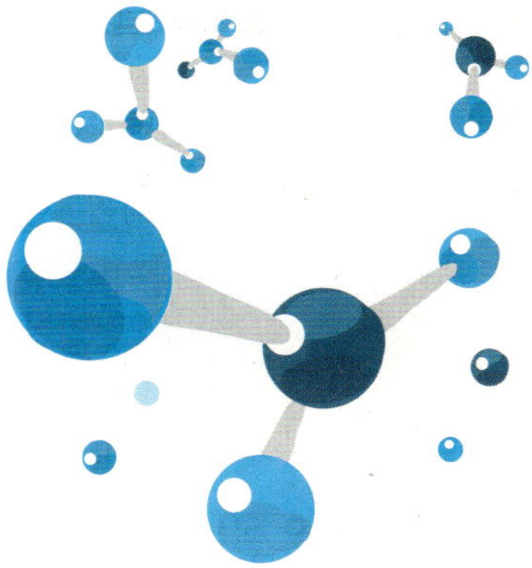

머/리/말

인간게놈프로젝트(Human Genome Project)가 완성된 지 어느새 10여 년이 흘렀고 이제 우리는 포스트-게놈(post-genome) 시대에 살게 되었다. 포스트-게놈 시대는 암이나 선천성대사이상 같은 난치성 질환을 유전자 차원에서 진단하고 치료할 수 있게 되었다는 것이 특징이다. 물론 아직도 기술적 차원에서 더욱 개발하고 보완해야 할 점이 많지만 분명한 것은 21세기 미래 의학의 핵심 기술은 "유전자 치료(Gene therapy)"라는 것이다. 서구 선진국들은 벌써 유전자 치료를 위한 프로토콜을 질병별로 개발해 놓았고 사회 각 계층의 의견도 수렴하면서 더욱 안전하고 안정한 치료를 위해 빠르게 발전시켜 나가고 있다.

유전자 치료의 기반은 유전자 재조합(recombinant DNA technology)과 유전공학(genetic engineering)이다. 우리나라도 점차 이 분야에 참여하는 산업체가 늘면서 의료 선진국다운 기술력을 갖추어가고 있기에 다행스러운 일이 아닐 수 없다. 유전자 치료가 워낙 신기술이기 때문에 아직은 전문 연구원들이 많이 배출되지 못하였고 또 교육을 담당할 교수조차 부족한 것이 현실이다. 무엇보다도 시급한 것은 기초 유전학부터 응용 유전공학까지 전체를 하나의 연결된 고리로서 설명한 교재가 전무하다는 사실이다.

본 저서는 유전자의 기본 구조와 기능 등 배경적 이론을 먼저 정리하였고 그럼으로써 높은 단계의 유전자 재조합 및 치료 기술에 어렵지 않게 접근할 수 있도록 기획하였다. 지나치게 구체적인 방법보다는 전반적인 원리와 핵심을 이 한권에서 모두 이해하고 강의할 수 있도록 집필하였고 각종 사례 및 동 · 식물의 형질전환, 생명복제와 같은 주변 내용들도 함께 정리하였다. 그럼으로써 학부 및 대학원생은 물론이고 변화하는 시대에 유전자 치료를 빠르게 이해하고 싶은 기존 의사들까지도 쉽게 읽을 수 있도록 하였다. 본 책자가 21세기 의료 산업을 위한 실무형 인재들을 양성할 수 있는 지침서가 될 수 있기를 바라는 마음이다.

성서에서 **유민**

목/차

Chapter 1

유전자 치료의 역사와 이해

유전자 치료란?

우리는 살아가면서 끊임없이 질병에 시달리고 있다. 콜레라, 디프테리아, 홍역, AIDS 같은 감영성 질병이라면 병원에 가서 의사에게 치료약을 받아 원인을 제거하면 병이 낫겠지만 생명의 설계도인 유전자가 고장나면 근본적으로 치료에의 접근 방법이 다를 수밖에 없다. 그리고 유전학자들은 이런 경우 근원적인 치료의 열쇠를 “유전자(gene)”에서 찾으려고 한다. 대부분의 일반인들에게도 이미 “유전자”라는 단어가 낯설지 않은데 그 이유는 아마도 생명복제나 줄기세포 등의 유전공학적 용어들을 TV 매체를 통해 자주 들었기 때문일 것이다. 그리고 유전공학이 그동안 올린 다양한 성과들에 대해서도 자주 들을 수 있는 기회가 많아졌기 때문일 것이다. 최근에 유전자 조작을 통해 백신과 항암제를 개발 중에 있다는 소식은 우리에게 한층 희망을 안겨 주고 있다. "유전자 치료"는 바로 유전자의 구조와 기능을 철저하게 이해하는 데서 비롯될 수 있는 것이다.

유전자의 실체는 DNA이다. DNA는 세포 내 핵 속에 존재하는데 뉴클레오티드라 불리는 단위체들이 교대로 길게 연결된 실과 같은 구조이다. DNA에는 사람이 살아가는데 필요한 모든 유전정보가 들어 있으며 그 숫자는 대략 25,000개 정도인 것으로 알려져 있다. 이러한 유전정보의 형태적 단위가 곧 유전자이므로 유전자란 결국 DNA의 한 부분인 셈이다. 세포 하나에 들어 있는 DNA의 길이는 약 2m이고, 사람의 몸은 약 100조 개(10^{14}개)의 세포로 구성되어 있기에, 한 사람에게서 꺼낸 DNA를 모두 연결시킨다면 무려 $2m \times 10^{14} = 2 \times 10^{11}km$에 달하게 될 것이다. 이는 지구와 태양을 다섯 번 왕복하고도 남을 정도라고 하니 유전자의 규모가 얼마나 방대한 지를 단적으로 보여주는 것이라 하겠다. 문제는 이렇게 방대한 DNA의 어느 한 부분, 바늘구멍만한 부분이 고장나더라도 그 부분에 해당하는 유전자가 망가지게 되고 기능을 잃으면서 유전질환에 걸린다는 것이다. 그 부분이 만약 폐암을 억제하는 유전자였다면 그 사람은 유전자의 균형을 잃으면서 폐암에 걸리는 것이다. 암이 세대에서 세대로 전해지는 유전질환이 아님에도 불구하고 유전병으로 간주되는 이유가 바로 여기에 있다. 또 태어날 때부터 특정 유전자가 고장났다면 그에 해당하는 선천성 질환에 걸릴 것이다. 이럴 때에 유일한 치료 방법은 그 고장난 유전자를 잘라내고 건강한 유전자로 바꾸어주는 수밖에 없다.

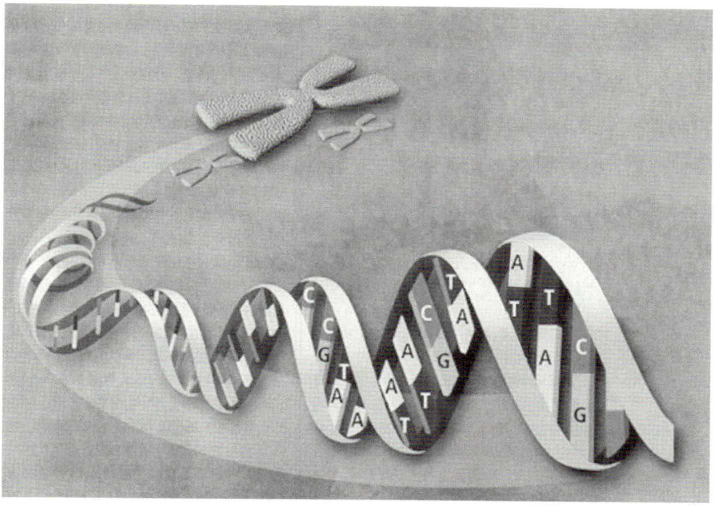

그림 1. DNA

유전자를 흔히 생명의 근본 물질, 또는 생명의 원동력이라 한다. 이는 사람이 부모를 닮는 것은 물론이요, 먹고 마시는 행위에서부터 태어나서 성장하고 아프고 늙어 가는 것 등 모든 일들이 유전자의 통제 아래 있다는 뜻이다. 이것은 곧 유전자의 부적절한 통제가 질병의 근본적인 원인이므로 이를 적절히 조절할 수만 있다면 인류를 위협하는 모든 질병들을 치료할 수 있다는 의미이기도 하다. 심지어는 면역유전자의 기능을 강화시켜 앞에서 말한 감염성질환까지도 치료할 수 있을 것이다. 우리는 그동안 막대한 예산을 들여 "인간게놈프로젝트(Human Genome Project)"를 완성시켰다. 이는 신이 창조한 생명의 코드를 인간의 힘으로 풀어낸 것과 비슷한 것으로 이미 상당수의 질병 관련 유전자들이 그 모습을 드러내고 있다.

최초의 유전자 치료는 1990년에 실시되었다. 그리고 지금까지 불과 20여년에 걸친 짧은 역사이지만 유전자 치료가 우리에게 보여준 잠재력은 참으로 희망적인 것이 아닐 수 없다. 물론 아직도 유전자 치료는 예상치 못한 위험성을 함께 안고 있는 것이 사실이다. 그럼에도 불구하고 과학자들은 유전공학 기술의 점진적인 발달과 함께 유전자 치료가 "질병 없고 건강한 미래"를 멀지않은 미래에 가져다 줄 것으로 굳게 믿고 있다. 21세기 미래 의학으로서 유전자 치료는 이미 우리 생활 속에 깊숙이 들어와 있다. 소위 생명공학이니 유전자재조합기술이니 하는 첨단 기법들과 함께 유전자 치료는 금세기 최고의 기술 혁명이라 할 수 있다.

콩심은데 콩나고 팥심은데 팥난다

우리나라 속담에 유전현상을 아주 잘 표현한 것이 있는데 "콩 심은데 콩 나고, 팥 심은데 팥 난다."라는 말이 그것이다. 부모와 비슷한 자식, 어미와 닮은 새끼 동물들. 유전이란 부모의 형질이 자손에게 전달되는 현상을 말하며, 생명현상 중 가장 중요한 특징이라 할 수 있다. 이러한 형질은 유전자에 의해 지배되며, 원칙적으로 각 유전자마다 지배하는 형질이 다르다. 유전자는 곧 그 개체가 어떤 모습이 될 지를 결정하는 설계도이다. 심지어는 외형적 모습외에도 지성, 이성, 감정도 유전자에 달려있다고 한다. 유전자 치료는 바로 이 설계도가 선천적 또는 후천적으로 잘못 되었을 때, 되돌려주어 건강한 고습을 되찾게 하고자 하는 21세기 최첨단 의학 기술이다. 그렇다면 유전에 관한 연구는 언제부터 시작되었을까?

최초의 유전학자 멘델

"유전"이라 하면 대부분의 사람들은 Gregor Mendel을 제일 먼저 떠올릴 것이다. 오스트리아의 수도승인 Mendel은 사제 생활을 하던 중 정원에 완두콩을 심어 재배하였다. 완두콩은 대립형질이 여럿 있는데 이중에서 서로 다른 일곱 가지 대립형질을 선택해 인위적으로 교배시킴으로써 다음 세대의 형질이 어떻게 바뀌는지에 대해 8년 이상 연구한 것이다. 그 결과 Mendel은 두 가지 중요한 유전법칙을 밝혀내었다.

Mendel이 사용한 완두콩의 학술적 명칭은 Pisum sativum이다. 이 완두콩은 둥근 콩깍지와 주름진 콩깍지, 노란색 꽃과 흰 꽃 등 관찰 가능한 대립형질이 많은 종이었다. Mendel은 순종의 노란 꽃(AA)과 흰 꽃(aa)을 교배하였고, 그 결과 1세대(F1)에서 얻어진 것은 모두 노란색 꽃(Aa)이었다. 즉, 유전형(genotype)은 두 개의 대립인자(allele)가 혼합된 형태이지만(A와 a) 노란 꽃의 인자가 상대적으로 우성(dominant)이고 흰 꽃의 인자가 열성(recessive)이기 때문에 꽃의 색이 모두 노랗게 나타난 것이었다. 이 때 열성은 우성에 묻혀 아예 없어져 버린 것이 아니고 잠시 가려져 묻혀졌을 뿐이다. Mendel은 1세대에서 얻은 노란 꽃 콩을 다시 자가 수분하였고 그 다음 세대에서 노란 꽃(AA)과 흰 꽃이(aa) 3 : 1의 비율로 나뉘어지면서 흰 꽃(aa)이 다시 나타나는 것을 관찰하였다. 이를 "우열의 법칙, 분리의 법칙, 또는 Mendel의 제1법칙"이라고 흔히 설명한다. 다시 정리하자면 제1법칙은 "각각의 형질은 대립유전자 한 쌍으로 결정되는데 제1세대에서 표현되는 것을 우성, 표현되지 않는 것을 열성이라 한다.

그림 2. Gregor Mendel

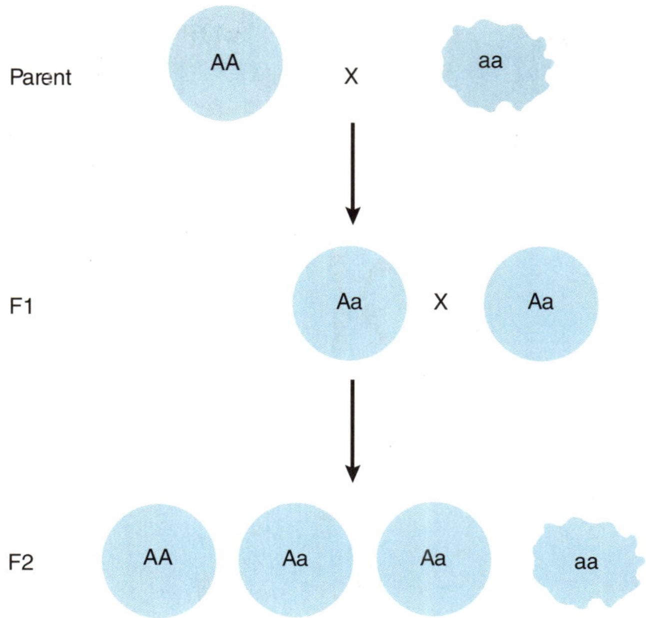

그림 3. Mende의 제1법칙

열성은 사라지는 것이 아니고 잠시 가리워져 있다가 제2세대에서 다시 분리되어 표현된다.”

Mendel은 연속해서 한 가지 형질이 다른 형질이 표현되는 데에 영향을 미치는 지를 조사하기 위해 두 가지 대립형질을 동시에 관찰하였다. 두 가지의 대립형질로는 씨의 모양(둥글거나(AA) 주름짐(aa))과 꽃의 색(노란색(BB)과 흰색(bb))이 사용되었다. 그 결과 1세대에서는 역시 우성형질들(둥글고 노란색)만 나타났지만, 2세대에서는 다시 각 형질들이 9 : 3 : 3 : 1로 분리가 되었다. 이들을 모양별로, 또 색깔별로 나누어 정리해 보면 각각 3 : 1의 비율을 유지하고 있어 제1법칙에 전혀 어긋나지 않음을 알 수 있었다. 즉, 두 종류의 대립형질들이 서로 영향을 미치지 않고 독립적으로 유전된다는 것이다. 이를 "독립의 법칙 또는 Mendel의 제2법칙"이라고 한다.

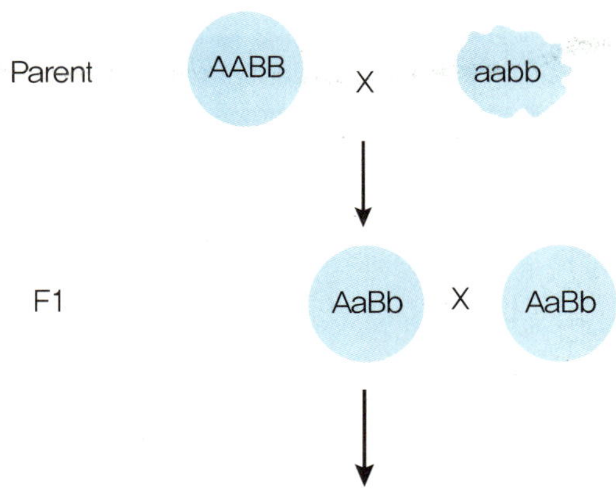

	AB	Ab	aB	ab
AB	AABB	AABb	AaBB	AaBb
Ab	AABb	AAbb	AaBb	Aabb
aB	AaBB	AaBb	aaBB	aaBb
ab	AaBb	Aabb	aaBb	aabb

그림 4. **Mendel의 제2법칙**

Mendel은 이 연구 결과를 1866년에 "식물 잡종에 관한 연구"라는 제목으로 논문 발표하였다. 그러나 그의 연구는 Mendel이 죽을 때가지도 인정받지 못하였다. 당시 사람들의 사고로서는 받아들이기에 너무도 시대를 앞서 갔기 때문이다. 그러나 돌이켜보건대 신의 지배하에 있는 것으로만 믿어져 왔던 유전현상을 인위적인 실험을 통하여 이해하려 했다는 것만으로도 Mendel의 업적은 실로 대단하다고 할 수 있다. 유전이란 그저 신비하기만 한 것이 아니라 물리적인 실체를 가진 어떤 물질의 지배하에 있음을 시사했던 것이다. 부모로부터 무엇을 물려받든지 운명으로만 받아들이던 시대에 인공교배와 자가수분으로 자손의 형질을 미리 계획할 수 있으며, 조작도 가능하다는 사실이 사람들에게는 두려웠을 것이다.

이후 Mendel의 법칙은 1900년에 이르러서야 네덜란드의 Hugo de Vries, 독일의 Carl Correns, 오스트리아의 Erich von Tschermak 등에 의해 재발견되었다. 비록 유전이 추상적인 개념이긴 하지만 그 개념을 실험을 통해 처음으로 인정해 냈다는 점만으로도 Mendel의 법칙은 과학사에 길이 남는 훌륭한 연구로 손꼽히고 있다. Mendel은 유전현상을 조작할 수 있다는 이론적 바탕을 확립함으로서 현대 유전공학 및 재조합 DNA 기술(recombinant DNA technology)의 기초를 마련하였다.

유전자와 유전물질

Mendel이 말한 우성인자와 열성인자가 바로 오늘날의 유전자 개념이다. 각각의 형질이 유전자에 의해 결정되며 그 유전자들은 상동염색체(homologous chromosome) 위에 있다는 오늘날의 개념과 정확하게 일치하는 것이다. Mendel의 관찰과 Hugo de Vries 등의 재발견으로 그동안 불가사의였던 유전현상이 예측 가능한 법칙을 따른다는 것이 확실하게 재확인되었다. 이것은 또 다른 말로 유전을 담당하는 물리적 실체가 세포 안에 있고, 그것이 부모에게서 자손대로 물려진다는 것을 뜻하는 것이었다. 결국 당시의 과학자들은 이 물리적 실체가 무엇인지를 밝힐 수만 있다면 생명의 신비에 도전할 수 있을 것이고 조작도 가능하다는 생각에 다다르게 된다.

1909년 W. Johannsen은 이 물리적 실체를 "유전자"라 명명하였다. 그러면 과연 유전자는 세포 내 어디에 있을까? 이를 찾기 위해 사람들은 한 개의 모세포(parent cell)가 분열하여 두 개의 딸세포(daughter cell)로 나뉘어질 때 무엇이 그대로 전해지는 것일까 하는 질문에 직면하게 되었다. 그리고 이에 대해 콜럼비아 대학원생이던 W. S. Sutton은 "염색체설(chromosome theory)"을 주장하였다. 염색체설이란 세포분열시 염색체(chromosome)가 복제되어 딸세포에게 전해지는 것을 관찰한 데에서 비롯한 "유전자는 염색체 위에 놓여있다."는 가설이다.

Morgan의 연구와 노벨상

한편 역시 콜럼비아 대학에 재직중이던 Thomas Hunt

Morgan은 초파리(*Drosophila melanogaster*)를 재료삼아 Mendel의 법칙을 적용하여 실험하였다. 초파리는 수명이 2주 정도로 매우 짧기 때문에 유전 결과를 빠르게 관찰할 수 있다는 장점이 있었다. 게다가 몸집이 작아 많은 개체를 보관하는 데에도 그다지 넓은 공간이 필요하지 않다는 점, 그리고 에테르로 살짝 마취를 시킨 암 · 수를 시험관 안에 함께 넣어 줌으로써 교배시킬 수 있다는 장점들이 있다. 형질도 다양해서 눈이 빨간 것, 흰 것, 분홍인 것, 날개가 구부러진 것, 찢어진 것 등 비교할 지표가 많다는 것이 장점이며, 무엇보다도 염색체가 크고 굵기 때문에 현미경 관찰이 용이하다는 점이 가장 큰 장점이다. 초파리는 상동염색체 4쌍, 즉 모두 8개의 염색체를 가지고 있다. Morgan의 연구를 통해 각 염색체마다 여러 종류의 유전자들이 발견되었고 각각의 상대적인 위치도 마치 지도를 그리듯 결정되었다. Morgan은 이 "유전자 지도(genetic map)" 작성 기술과 업적을 인정받아 1933년에 느벨상을 받았고 이것이 유전자를 연구한 결과로서는 최초로 수상한 노벨상이 되었다. 모건의 연구는 오늘날 인간게놈프로젝트로까지 이어져 질병 관련 유전자들의 염색체 위치를 밝히는 기초를 마련하였고, DNA 차원에서 선천성질환을 진단하고 예방할 수 있는 기반을 확립하였다.

Morgan의 연구는 Mendel의 유전 법칙이 동물에서도 적용된다는 것을 밝혀내었기에 대단히 중요한 의미를 갖는다. 즉, 유전을 담당하는 물리적 실체가 식물뿐 아니라 동물에도 공통적으로 있다는 것이다. 게다가 Morgan은 이들 유전자가 염색체 위에 존재한다는 Sutton의 주장까지도 확실하게 재확인해낸 것이다. 동물과 식물에서 Mendel의 법칙이 공히 적용된다는 이 발표는 계속해서 Delbruck와 같은 미생물학자들의 관심을 끌기에 충분하였다. 그는 세균에 기생하는 바이러스, 즉 박테리오파아지(bacteriophage)의 생활사를 연구함으로써 감염 경로에 필요한 유전자들을 조사하기 위한 기초를 마련하였고 이러한 모든 노력으로 인해 1940년대에 들어서면서 생물학자, 화학자, 물리학자들의 보이지 않는 공동연구가 시작될 수 있는 도화선을 마련하였다. 이때부터 모든 생물체에 공통적으로 유전자가 들어있다는 사실을 의심할 여지가 없게 되었고 이제 그렇다면 유전자의 화학적 실체가 무엇인지를 밝히기 위한 연구가 본격적으로 시작되었다.

그림 5. Morgan

물리학자들의 생명관

여기서 한 가지 짚고 넘어가야 할 것은 Bohr나 Schrodinger 처럼 당시 유명했던 물리학자들의 생명관이다. 이들은 모든 생명체, 즉 사람까지도 계속해서 작은 단위로 쪼개 내려가면 마지막에는 원자와 분자로 구성되어 있을 것이라는 관점에서 사물을 조명하였다. 유전자 역시 궁극적으로는 원자로 구성되어 있는 만큼 유전자내의 원자가 서로 어떻게 결합하여 조절되는지를 밝힐 수만 있다면 우리가 울고 웃는 현상, 걷는 것, 늙는 것 등 모든 생명현상이 예측 가능하며 마음대로 조작도 할 수 있으리라는 관점이었다. 그러나 똑같은 조건을 주어도 상황에 따라 항상 그 반응이 달라지는 등 단순한 원자적 개념만으로는 설명할 수 없는 또 다른 법칙이 생명체에 있다는 것을 발견하면서 이러한 주장은 빛을 잃게 되었다.

유전물질의 화학적 실체는? DNA 아니면 단백질?

한편 유전자의 화학적 실체를 밝히기 위한 작업, 즉 유전물질에 대한 연구 초기에는 학자들간 많은 의견충돌이 있었다. 1920년대에 이르러 유전물질에 대한 세포화학적(cytochemistry) 연구들이 이루어졌고 마침내 염색체가 두 가지 물질로 되어 있음이 밝혀졌다. 한 가지는 단백질(protein)이고 또 다른 하나는 핵산(nucleic acid) 또는 약자로 DNA(deoxyribonucleic acid)였다.

하나의 유전자가 한 가지 명령을 내린다고 가정할 때 온전한 생물체를 이루기 위해서는 수 많은 명령과 그에 따른 유전자들이 필요하게 된다. 지금은 인간게놈프로젝트가 완성되었기에 사람의 유전자 전체를 약 25,000개로 추정하고 있다. 다시 말해 피부색, 눈의 모양, 키, 머리카락의 색 등등 모든 것이 유전자 명령에 따라 만들어지는 것이다. 그러다 보니 유전자들이 발현(expression) 순서에 따라 긴 사슬처럼 연결되어 있어야 하는데 워낙 길기 때문에 마치 연줄이 얼레에 감기듯 차곡차곡 지지대에 감겨있어야만 한다. 즉, 단백질과 DNA 중 하나는 진정한 유전물질이지만 다른 하나는 단순히 얼레와 같은 작용을 하는 지지대일 것이라는 결론이다.

문제는 단백질과 DNA 중 어느 것이 유전자이고 또 얼레일까하는 것이다. 유전물질의 필수 조건은 변화 무쌍해야한다는 것이다. 그래야 한 생명체가 필요로 하는 많은 형질들을 충분히 암호화할 수 있기 때문이다. 바로 이 점 때문에 초기 학자들은 불행하게도 단백질을 유전물질로 인정하고 DNA를 지지대로 착각하는 오류를 범하고 말았다. 단백질의 단위체는 아미노산(amino acid)이고, DNA는 뉴클레오티드(nucleotide)이다. 초기 생화학자들은 단백질은 20여 개 아미노산이 다양한 순서로 연결된 중합체(polymer)라고 믿은 반면 DNA는 4종류의 뉴클레오티드가 그냥 사각형으로 연결된 절대 변화지 않는 구조라고 생각하였다. 변화할 수 없는 것은 다양한 형질을 암호화할 수 없으므로 당연히 중합체인 단백질을 유전자로서, 그리고 DNA를 지지대로서 인정한 것이었다.

그림 6. **초기 생화학자들이 생각했던 단백질과 DNA의 구조**

Griffith의 실험

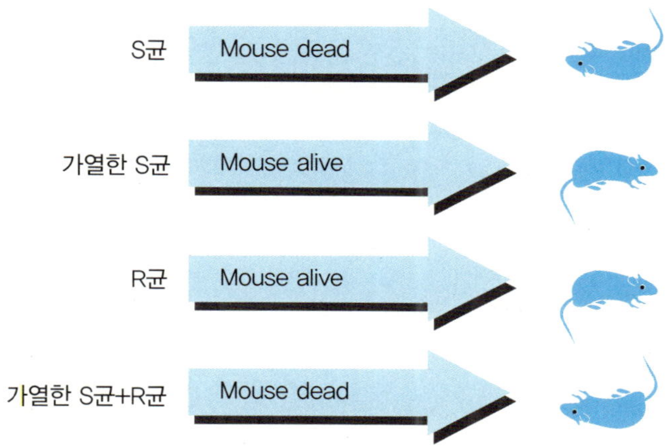

그림 7. **Griffith의 실험**

이러한 잘못된 결론은 곧 여러 과학자들에 의해 반박되기 시작하였다. 무엇보다도 실험적인 증거가 부족하였기 때문이었다. 단백질이 유전물질이라면 A에서 B로 옮겼을 때 B가 당연히 A의 형질을 나타내야 하겠지만 그러한 결정적 증거가 없었기 때문이었다. 게다가 생화학적 기술들이 발달하면서 DNA도 단순한 사각형 구조가 아닌 중합체라는 주장이 일기 시작하였다. 시간이 갈수록 이에 대한 궁금증은 더욱 증폭되었고 마침내 1928년 런던의 Frederick Griffith에 의해 처음으로 체계적인 반론이 제기되었다. Griffith는 유전물질의 실체를 증명하기 위한 실험으로 폐렴균을 사용하였다. Griffith가 사용한 폐렴균인 *Diplococcus pneumoniae*에는 두 가지 형태가 있다. 독성이 강한 "S균"과 비독성의 "R균"이 바로 그것이다. 세포벽 바깥쪽에 다당류(polysaccharide)로 된 두꺼운 캡슐을 가지고 있는 경우 실험실에서 배양하면 표면이 매끄러운 콜로니(colony)를 형성하기 때문에 "S균(smooth에서 유래함)"이라 부르고, 캡슐이 없는 경우는 표면이 거칠거칠한 콜로니를 형성하기 때문에 "R균(rough에서 유래함)"이라 부른다. S균은 캡슐 때문에 인체에 감염되었을 때 면역작용으로부터 자신을 보호할 수 있어 독성을 나타내는 반면 R균은 캡슐이 없어 쉽게 퇴치됨으로써 비독성을 나타내는 것이다. Griffith는 이 폐렴균을 연구하기 위해 쥐를 실험동물로 사용하였고 먼저 폐렴균이 쥐에서도 병을 일으킬 수 있는 지 여부를 조사하였다. S균을 주사한 결과 쥐는 병에 걸렸고 결국은 죽고 말았다. 반면에 R균을 주사했을 때는 별다른 증세를 나타내지 않았다. 요약하면 폐렴균에 대해 쥐를 실험동물로 이용할 수 있다는 결론이었다. Griffith는 계속해서 끓여 소독한 S균을 쥐에 투여하였고 예상대로 쥐는 별다른 증세를 나타내지 않았다. 그러나 마지막으로 끓인 S균과 R균을 섞어 투여한 실험에서는 예상과 달리 쥐가 죽고 말았다. Griffith는 이 실험을 통해 끓인 S균에서 유전물질이 R균으로 건너갔고 그 때문에 R균이 S균으로 형질전환(transformation)되었다고 주장하였다. Griffith에 의하면 당연히 이 유전물질은 단백질일 수 없다. 단백질은 끓이면 변성되어 버리기 때문이다. 따라서 당연히 형질전환 물질은 DNA로 귀결지어졌다.

Avery의 실험

Griffith의 실험은 이후 Osward Avery에 의해 더욱 체계적으로 재확인되었다. Avery는 DNA와 단백질을 순수하게 분리하기 위해 다양한 실험방법들을 고안하였다. 오늘날까지도 널리 이용되는 원심분리(centrifugation), 전기영동(electrophoresis), UV 스펙트럼(spectroscopy) 등이 바로 그것들이다. 그런 다음 순수함이 검증된 DNA와 단백질을 가지고 앞서와 마찬가지로 형질전환실험을 되풀이하였다. 그리고 다시 한 번 형질전환물질, 즉 유전물질은 DNA라는 점을 확실히 하였다. 그러나 아직도 상당수 과학자들이 DNA가 유전물질이라는 데에 회의를 느끼고 있었기에 또 다른 실험이 필요하였고, Alfred Hershey와 Martha Chase가 마침내 DNA가 유전물질임을 밝히는 실험에 종지부를 찍었다. Hershey가 사용한 실험재료는 원시생명체인 바이러스의 일종인 박테리오파아지(bacteriophage)였다. Hershey는 박테리오파아지가 DNA와 단백질로만 구성되어 있으며 자신의 유전물질을 세균에 집어넣어 세균을 자신의 번식공장으로 바꾸어버린다는 데에 착안하였다. 즉 박테리오파아지가 세균에 집어넣은 물질이 세균을 형질전환시킨다는 것이다. 그리고 이 물질이 DNA라는 것을 최종적으로 확인하였다. 이때가 거의 1950년에 가까운 시기였다.

Hershey의 실험은 유전물질의 화학적 성질에 대해 종지부를 찍은 대사건이었다. 이 실험으로써 Griffith가 제시했던 형질전환물질도 물론 분명하게 결론지어졌다. Hershey의 보고를 기점으로 이제 DNA 구조와 기능에 대한 연구가 본격화될 수 있었고 유전공학의 학문적 기초도 서서히 마련되기 시작하였다. 그럼에도 불구하고 약간의 논란이 남아있지 않은 것은 아니었다. 만물의 영장인 인간이 가장 하등한 박테리오파아지처럼 DNA를 유전물질로 갖고 있다는 사실이 쉽게 받아들여질 수 없었기 때문이다. 그러나 1978년 사람의 인슐린 유전자를 대장균에 넣어 대량 생산이 가능해지졌고, 또 사람의 성장호르몬 유전자를 이식 받은 수퍼마우스가 1983년에 만들어짐으로써 마침내 사람의 유전자도 DNA라는 사실이 보편적으로 받아들여지게 되었다.

DNA의 구조

Mendel이 제시하였고, Griffith를 비롯한 여러 과학자들의 노력이 있은 결과 유전물질의 화학적 실체가 DNA로 밝혀지자 사람들은 이제 그 구조에 대해 관심을 가지게 되었다. 그러던 중 1953년 4월 25일 과학계는 저명한 과학잡지인 'Nature'에 실린 겨우 128줄짜리 논문에 경악을 금치 못하며 찬사를 보내었다. 이 논문이 바로 유전학의 제2의 도약인 분자생물학(molecular biology)의 탄생을 세상에 알리는 신호였다. 분자유전학과 분자생물학의 차이를 일반적으로 잘 구별하지 못하는데 1953년 직후에 DNA 분자구조에 전념한 학문이 분자생물학이라면 나중에 그 기능에 치우쳐 연구를 한 학문이 분자유전학(molecular genetics)이다. 그럼에도 불구하고 엄격히 이야기하자면 이때부터 유전자의 실체가 알려지면서 이 유전자의 화학적 구조를 밝히려는 노력이 시작되었고 거의 동시에 유전자가 어떻게 생명현상을 지배하는지 그 기작을 밝히려는 노력 역시 시작되었다. 화학적 구조를 밝히는 작업은 분자생물학의 분야이며 기능과 기작을 밝히는 것은 분자유전학의 숙제이다. 그러나 지금은 인간게놈프로젝트가 완성되었고 DNA의 구조와 생리적 기능이 거의 알려졌기 때문에 이를 구분하는 것이 거의 의미가 없게 되었다. 오히려 이 둘을 조합해 단백질의 기능을 연구하는 프로테오믹스(proteomics)가 새롭게 부각되고 있다.

James D. Watson과 Francis Crick의 DNA의 이중나선 구조 발표는 여기에 몰두해 온 여러 과학자들의 소리없는 경쟁에 최종 마침표를 찍는 것이었으며 더욱이 그 주인공들이 잘 알려지지 않은 젊은 과학자들이었다는 점에서 더욱 세상을 놀라게 하였다. 그리고 DNA의 이중나선 구조가 밝혀짐으로써 본격적으로 유전자 재조합의 가능성이 열리게 되었다.

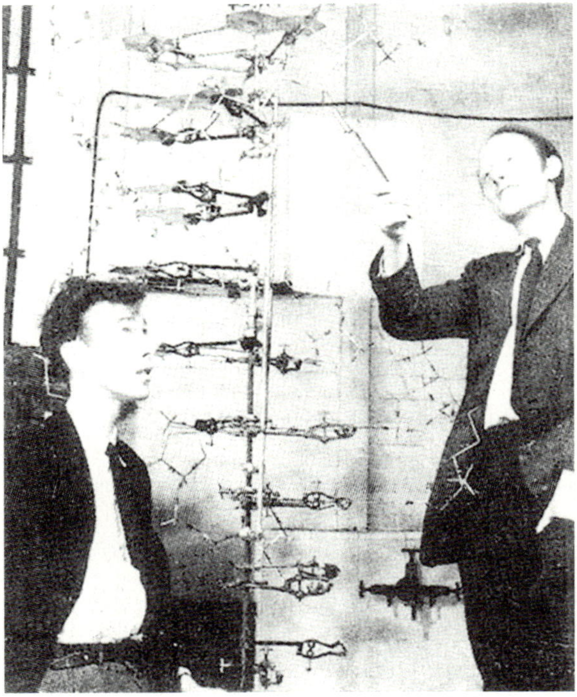

그림 8. **왓슨과 크릭, 그리고 이중나선구조**

Watson과 Crick의 DNA 이중나선 구조는 대단히 중요한 의미를 지니고 있다. 이 구조야말로 DNA가 어떻게 스스로 복제할 수 있고, 또 그 많고 복잡한 유전정보를 암호화할 수 있느냐는 근본적인 질문에 해답을 제시하기 때문이다. 한편 DNA가 어떻게 복제되어 다음 세대로 전달되는지 유전의 법칙도 설명될 수 있다.

이 두사람은 DNA의 이중나선구조를 밝힌 공로를 인정받아 당시 영국에 더물던 물리학자 Wilkins와 공동으로 노벨상을 수상하였다. Wilkins는 Rosalin Franklin과 공동연구를 수행한 사람으로 Franklin이 찍은 DNA 사진을 이용해 노벨상을 대신 받았다는 세간의 질타를 아직도 받고 있는데 정작 Franklin은 횢병으로 암에 걸려 죽고 말았다.

유전자 재조합에서 유전자 치료까지

유전을 담당하는 생명현상의 근본물질인 DNA의 구조가 밝혀지자 과학자들의 관심은 이제 이 DNA의 구조를 이용해 새로운 생명체를 만들어내는데 집중되었다. DNA가 화학물질인 만큼 화학적 변형을 가하는 등 인위적인 조작을 통해서 새로운 생명체를 재조합해 내는 유전자재조합기술(recombinant DNA technology)이 가능하다는 개념 또한 이로부터 확립된 것이다. 1970년대에 들어오면서 RNA를 유전물질로 하는 일부 레트로바이러스(retrovirus)를 제외하고는 서로 다른 생명체 사이의 유전자 재조합이 활발하게 이루어지기 시작하였고 DNA 차원에서의 분석을 토대로 한 새로운 질병진단 기술들도 속속 나타나게 되었다.

1976년에 암유전자(oncogene)가 최초로 보고되면서 인체유전학(Human Genetics)이 탄생하였다. 1977년에는 인간의 성장호르몬을 대장균으로부터 대량 생산해내는데 성공하였고, 1982년에는 유전자재조합에 의한 인슐린이 휴물린(Humulin)이라는 이름으로 생산, 시판되기 시작하였다. 휴물린은 그동안 치료비가 비싸 거의 난치병이었던 당뇨병을 저렴한 가격으로 치료할 수 있는 전기를 마련한 대표적인 유전공학 성공 사례로 손꼽힌다. 당연히 유전자 분석 기술은 빠르게 의학에 접목되었고, 1980년대에 이르러 여러 가지 암유전자 및 대사 이상에 관련된 유전자들이 분리됨으로써 이 시기를 인체유전학의 전성기라 부르게 된다. 1980년대 말에는 양수천자(amniocentesis)를 이용해 산전진단(prenatal diagnosis)이 가능해졌고 이로 인해 선천성대사 이상을 가진 어린이의 출생을 예방할 수 있게 되었다. 그리고 혹시나 유전자 이상을 가지고 태어날 경우 이를 DNA 차원에서 치료하려는 노력 끝에 마침내 1990년 인간 자신의 유전자를 재조합하는 유전자 치료(Gene Therapy)가 가능해졌다.

유전학과 유전공학의 역사를 통해 유전자 치료라는 최후 산물이 멘델 이후 약 100여년 만에 결실을 보았다. 유전자 치료는 수백 년 또는 수 천 년의 역사를 가진 다른 학문들과 비교할 때 이제 막 걸음을 시작한 새로운 학문 분야이지만 생명의 근본을 다루고 있기에 오늘날 우리 생활에 엄청난 영향력을 미치고 있고 미래의 발전 가능성은 그 상상을 초월할 정도인 것이다.

DNA를 넘어 게놈까지

1977년, 미국의 Maxam과 Gilbert, 그리고 영국의 Sanger는 DNA의 염기서열을 밝힐 수 있는 DNA sequencing 방법을 개발하였다. 염기서열이 중요한 이유는 DNA의 유전암호가 바로 이 염기서열에 들어있기 때문이다. Sanger는 이 기술의 개발로 평생 한 번도 받기 어려운 노벨상을 두 번이나 수상하는 영광을 안았다. 그리고 DNA sequencing 기술은 오늘날 인간게놈프로젝트가 완성될 수 있는 초석을 마련하였다. 처음에는 수동으로 굉장히 느리게 진행되던 DNA sequencing 작업이 나중에 로봇을 이용해 자동화되면서 지금은 몇 배 이상 빨라지게 되었다. 1984년에는 Mullis에 의해 PCR(polymerase chain reaction) 방법이 개발됨으로써 이를 통한 DNA의 대량 증폭이 가능해졌다. 이 기술은 영화 "쥬라기 공원"에서 볼 수 있는 것처럼 원하는 유전자를 자유자재로 증폭해내고, 범죄 현장에서 혈액 한 방울로부터 범인의 DNA를 확인해낼 수 있는 첨단 기술이다. 이 두 가지 기술을 발판으로 드디어 인간게놈프로젝트가 시작될 수 있었던 것이다.

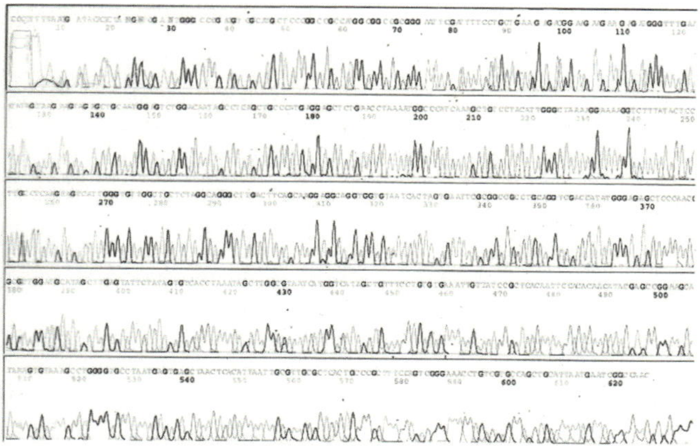

그림 9. **자동화 기계를 이용한 DNA sequencing 결과**

그림 10. PCR 기계

인간게놈프로젝트

인간게놈프로젝트는 캘리포니아 대학교의 Robert Sinsheimer 총장에 의해서 1983년 처음으로 제안되었다. 물론 당시에는 인간의 게놈 전체를 샅샅이 밝혀내겠다는 발상 자체가 많은 생명과학자들과 정책 책임자들의 반대에 부딪힐 수밖에 없었다. 가장 큰 반대 이유는 상상을 초월할 정도로 엄청난 예산을 필요로 하기 때문이었다. 계산에 의하면 일단 인간게놈프로젝트가 시작되면 미국은 다른 모든 분야의 연구를 정지하고 오로지 여기에만 투자해야 할 정도였다. 그러나 우여곡절 끝에 인간게놈프로젝트는 1987년에 첫 발을 내디디었고 처음에는 미국 에너지성이 대부분의 업무를 관장하였지만 곧 국립보건연구소가 동참하면서 HUGO라는 연구전담부서가 만들어지게 되었다. 물론 연구가 순조로운 것만은 아니었다. 1988년 9월에 초대 책임자로 Watson이 선정됨으로써 자금의 지원과 프로젝트를 인정받게 되었으나 내부 불화로 인하여 1992년 4월 책임자 자리에서 사퇴하게 되었다. Watson의 후임으로는 낭포성섬유증(cystic fibrosis)에 대한 연구로 이름을 날리던 Francis Collins가 대신 그 자리를 떠맡게 되었다.

인간게놈프로젝트는 그 중요성만큼 경쟁도 심하였다. 앞서 말한 국가 기관외에, 1998년 5월에 Craig Ventor가 설립한 후발주자인 Celera Genomics라는 민간회사가 수퍼컴퓨터와 초고속 전자동염기서열분석기를 이용하여 HUGO보다 먼저 인간게놈프로젝트를 완료하겠다고 선언하였고, 이후 연구는 더욱 경쟁적으로 박차가 가해지게 되었다. 이들이 경쟁할 수밖에 없었던 또 다른 이유는 정보의 유료화 여부 때문이기도 하였다. 공공기관인 HUGO는 게놈프로젝트가 완성되면 전체 데이터를 무료로 공개한다는 원칙을 기본적으로 세웠으나 민간회사인 Celera Genomics는 유전자 정보를 유료로만 공개할 것이라고 발표했기 때문이다. 이 때문에 HUGO는 더욱 긴장할 수밖에 없었고 치열한 경쟁 끝에 결국 2000년 6월 26일 백악관에서 양측이 공동으로 초안을 공개하게끔 되었다. 그리고 2001년 2월 12일 인간게놈프로젝트의 완성본이 최종적으로 공동 발표됨으로써 인간게놈프로젝트를 둘러싼 경쟁은 인류 모두의 승리라는 해피엔딩으로 종결되었다. 물론 Celera Genomics의 입장에서는 최종적으로 무료 공개된 데이터가 불만이기는 하지만 단순 염기서열 발표만으로는 질병 진단에의 응용이 제한적이고 또 각 사람마다 서로 조금씩 틀린 염기서열이 계속 연구되어야 하기에 무료 공개에 동의하게 된 것이다. 지금은 누구든지 사람의 유전자 염기서열을 탐색하려면 www.nih.gov에 접속하면 검색할 수 있다.

생명복제를 향한 노력

최초의 핵이식실험은 1952년에 일찌감치 시도되었다. 개구리 배아에서 얻은 핵을 다른 수정란에 이식하는 핵치환기술이었다. 이 기술은 점차 발전하여 1970년대에는 만들어진 수정란을 올챙이로 발생시키는 실험이 시도되기도 하였다. 1984년에는 양의 6~8세포기 배아에서 핵치환기술이 성공하였다는 사실이 보고됨으로써 사실상 포유류에서의 핵 이식도 가능하다는 것이 처음으로 입증되었다. 1987년 캐나다의 바이오사이언스사는 32개로 분열한 소의 수정란을 분리하여 미리 핵을 제거한 난자에 넣는 수정란 복제 방법을 통해 여덟마리의 일란성쌍둥이를 탄생시키기도 하였다. 1993년에는 일란성쌍둥이의 원리를 이용하여 George

Washington 대학교의 Jerry Hall 박사가 2세포기의 배아를 따로 분리해내는데 성공하였다. 그러나 Jerry Hall의 연구는 궁극적으로 인간복제를 몰고 올지도 모른다는 우려 때문에 사회의 지탄을 받고 더 이상 진전되지 못하였다.

그림 11. Wilmut 박사와 돌리

그러던 중 1994년 미국 Wisconsin 대학에서 소의 배아를 이용해 4마리 송아지를 복제하는데 성공하였고, 이어서 1996년 7월 체세포와 그 핵을 이용한 복제양 "돌리(Dolly)"가 영국 Roslin Institute의 Ian Wilmut 박사에 의해 탄생하기에 이르렀다. 돌리의 탄생 이후 지금까지 전 세계적으로 다수의 복제동물들이 탄생하였고, 지금은 복제한 동물을 연속해서 또다시 복제할 수 있는 단계에까지 기술력이 이르렀다. 복제동물은 단순히 똑같은 생명체를 하나 더 만들어내는 데에 그치는 것이 아니고, 사람에게 유용한 약물 유전자를 이식받은 형질전환동물을 한 마리 만든 후에 이를 대량으로 복제한다든가 아니면 사람의 면역유전자를 이식받아 면역거부반응이 없는 장기이식용 돼지를 만드는 등 치료용으로 활용 가능성이 점쳐지고 있다. 유전자 치료와 함께 생명복제는 미래 의학의 최첨단 기술로서 점차 자리잡고 있다.

표 1. 유전학의 시작부터 인간게놈프로젝트까지의 역사

1865	Mendel. 〈식물 잡종에 관한 연구〉 논문에서 제1, 제2의 유전법칙 발표
1879	Fleming. 세포의 핵이 분열할 때 염색체가 2개의 딸세포로 전해지는 현상을 밝힘
1892	Weissman. 생식세포 독립설을 주장함
1900	de Vries, Correns, Tschermak. 멘델의 법칙을 재발견하여 유전학의 원년을 이룸
1901	de Vries. 돌연변이설을 주장함
1902	Sutton. 유전자는 염색체 위에 놓여 있다는 염색체설을 주장함
1903	Johanssen, 유전자라는 용어를 처음 사용함
1906	Bateson. 유전학이라는 용어를 처음으로 사용
1908	Hardy, Weinberg. 자유 교배시 집단내 유전자 빈도와 그 유전자를 가진 개체의 출현 빈도 사이에 항상 일정한 평형 관계가 성립된다는 유전자평형 법칙을 주장함
1926	H.J. Muller. 초파리에서 X선에 의한 돌연변이 유발 실험 성공
1933	Morgan. 초파리 염색체의 유전자 지도 연구로 노벨상 수상
1944	Avery. 폐렴쌍구균에서 형질전환 현상 연구
1950	Chargaff. DNA의 염기조성 연구로 이중나선 연구의 초석 마련
1952	Hershey. DNA가 유전물질임을 바이러스에서 입증
1953	Watson, Crick. DNA 이중나선 구조 발표
1957	Sickle cell anemia의 원인이 헤모글로빈의 아미노산 1개 치환임을 발견
1959	Down syndrome의 원인이 염색체가 1개 더 많기 때문임을 발견
1961	Crick. 유전암호는 3개의 염기쌍으로 구성되어 있다고 주장

1962	Crick, Watson, Wilkins가 노벨생리의학상 공동 수상
1968	Nirenberg 등. 〈유전정보의 해독과 단백질 합성의 역할〉로 노벨생리의학상 수상
1976	recombinant DNA technology에 관한 안전 지침서가 공표됨
1985	인간 게놈 해석을 주제로 한 첫 회의 개최
1986	NIH에서 인간 게놈 연구를 위한 첫 국제회의 개최
1990	인간 게놈 연구계획과 예산이 발표됨
1994	인간 유전자 지도(genetic map) 작성이 완료됨
1996	효모(Saccharomyces cerevisiae)의 유전자 지도가 완성됨
1996	효모의 염기서열 해독 완료됨
1996	Wilmut. 복제 양 돌리 탄생
1997	대장균(Escherichia coli)의 염기서열이 해독 완료됨
1998	Celera Genomics. 게놈프로젝트 동참을 선언. HUGO와의 경쟁 시작
1998	결핵균(Mycobacterium tuberculosis)의 염기서열 해독이 완료됨
1998	선충(C. elegans)의 염기서열 해독이 완료됨
1999	사람의 22번 염색체 염기서열 해독이 완료됨
2000	Celera Genomics. 초파리(Drosophila melanogaster)의 유전자 지도 완성
2000	초파리 염기서열 해독이 완료됨
2000	민간기업과 다국적팀이 인간게놈프로젝트 초안을 공동 발표함
2001	다국적팀이 2001년 2월 15일자 Nature에, Celera Genomics가 2월 16일자 Science에 각각 연구 결과를 발표. 인간게놈프로젝트 완료

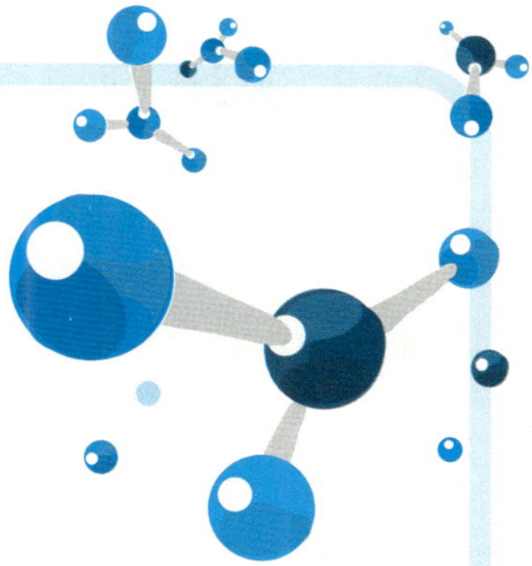

Chapter 2
세포의 기본 구조

생명의 기본 단위 - 세포

모든 생물체의 기본 단위는 세포이다. 따라서 세포(cell)는 생명의 기본 단위이다. 즉 우리 몸을 이루는 단위 중 살아있는 가장 작은 단위는 세포라는 뜻이다. 물론 더 작게 나눈다면 분자와 원자까지도 나눌 수 있지만 생명을 유지한 최소 단위는 세포이다.

우리의 몸은 약 100조 개의 세포들이 모여서 만들어진 것이다. 조직에 따라 신경세포, 근육세포, 상피세포 등 다양한 세포들이 있고, 이들은 각각 다른 기능을 책임지고 있지만 따지고 보면 근본은 같은 것이다. 모든 세포는 정자와 난자가 결합한 하나의 수정란에서 출발하였기 때문이다. 즉, 머리에서 발끝까지 모든 세포는 동일한 유전자를 가지고 있다는 뜻이다. 결론적으로 우리 몸의 모든 세포가 유전자의 구성은 동일하지만 각 조직마다 그 세포에서 발현되는 유전자의 조합이 다르기 때문에 특정한 조직으로 발달하는 것이다. 이러한 현상을 분화(differentiation)라고 한다.

머리에서 발끝까지 모든 세포의 DNA가 같다는 것은 최근에 복제양 돌리가 탄생하면서 증명되었다. 돌리의 경우 젖샘 상피세포에서 뽑아낸 DNA를 가지고 완전한 양 한 마리를 복제한 케이스이다. 이는 젖샘세포의 DNA가 젖샘외의 다른 조직들을 만드는데 필요한 유전정보를 전부 가지고 있음을 의미한다. 그럼에도 불구하고 이 세포가 젖샘의 상피세포였던 이유는 젖샘의 상피세포로서 필요한 유전정보만을 사용하고 있었기 때문이다.

일찍이 식물학자인 Schleiden과 Schwann은 세포의 구조와 기능을 다음과 같이 "세포설(cell theory)"로 요약하였다. 첫째, 세포는 생명체의 구조 및 기능면에서 기본 단위이다. 둘째, 모든 생물체는 세포와 세포의 산물로 구성되어 있다. 셋째, 세포는 반드시 기존의 세포로부터 만들어지고 다세포생물의 전체 기능은 개개 세포의 기능이 총합된 결과이다.

세포의 종류

우리는 세포를 크게 원핵세포(prokaryote)와 진핵세포

(eukaryote)로 나눈다. 원핵세포란 핵이 원래 없는 세포를 말한다. "karyo"는 핵을 의미하고, "pro"는 이전이라는 뜻이다. 즉, 원핵세포는 진화학상 핵이 나타나기 이전 단계의 가장 원시적인 세포들을 의미한다. 세균이나 병원성 미생물등이 대개는 원핵세포에 속한다. 반면에 진핵세포는 핵이 있는 세포를 의미한다. 다르게 표현하자면 핵막이 있어 유전자를 따로 보관할 수 있는 창고를 가진 세포이다. 여기서 "eu"는 진짜라는 뜻이다. 따라서 진핵세포는 진짜 핵이 있는 세포라는 뜻으로 보다 진화된 세포를 의미한다. 일반적으로 동물과 식물의 세포가 진핵세포에 속한다. 참고로 곰팡이는 미생물에 속하면서도 핵이 있는 진핵세포이다.

원핵세포

원핵세포는 구조가 단순한 것이 특징이다. 미토콘드리아, 핵, 리소조옴과 같은 진핵세포에 있는 세포소기관들도 없다. 크기는 대략 0.001mm 정도이다. 태초에 생명이 지구상에 나타났을 때부터 있어왔을 것으로 생각이 되며 다세포생물인 동물과 식물이 나타나기 전부터 단세포로 출현되어 있었을 것으로 알려져 있다. 원핵세포는 극한 조건인 온천에서 심해에 이르기까지 지구상 모든 곳에 분포되어 있다. 대장균이나 유산균과 같은 것들은 심지어 사람의 소화관에서도 발견된다. 원핵세포의 대부분은 세균(bacteria)이다. 최근에 미국 Illinois 대학교의 Woose 박사는 원핵세포 중에서도 극한조건에서 사는 미생물들의 유전자를 분석해 보았다. 즉, 뜨거운 온천에 사는 내열성 균들(thermophilia), 심해에 사는 염분을 좋아하는 호염성균들(halophilia), 그리고 하수구에서 발견되는 메탄을 좋아하는 균(methanobacteria)들의 유전자를 조사하였다. 이런 조건들은 원시지구의 상태와 매우 유사한 환경들이다. 당시 지구는 화산 활동으로 뜨거웠을 것이고, 바다로 뒤덮여 있으며, 아직은 산소가 충분치 않았을 것이기 때문이다. 그래서 이런 미생물들은 지구의 생성초기부터 지금까지 계속 이어져 왔을 가능성이 높고, 생명의 기원을 밝힐 수 있는 단서가 되리라는 기대가 높다. 한 가지 재미있는 것은 이들의 유전자 조성이 보통의 원핵세포나 진핵세포와는 판이하게 달랐다는 것이다. 나중에 설명이 되겠지만 미리 이야기하자면 이들은 핵이없는 원핵세포면서도 유전자 체계는 진핵세포의 구조를 가지고 있었다. 소위 진핵세포에서만 발견되는 엑손(exon)과 인트론(intron)이 이들에서도 발견된 것이다. 이 발견이 생명의 기원과 진화학상 계보에서 무엇을 의미하는 지에 대해서는 지금도 연구가 진행 중에 있다. 이런 이유때문에 고대로부터 이어져 내려온 균들을 “고생미생물(archaebacteria)”이라고 따로 분류하기도 한다.

원핵세포의 바깥 쪽에는 세포벽이 발견된다. 이는 아마도 원핵세포가 대부분 단세포로써 거친 외부 거친환경에 노출되어 살아가야 하기 때문에 필요했을 것이라 생각된다. 세포벽은 가장 바깥쪽을 둘러싸고 있어 세포를 보호할 뿐만 아니라 견고성 때문에 세포가 자기 형태를 유지하는 것을 도와준다. 세포벽은 이를 분해하는 효소를 처리하면 벗겨버릴 수도 있는데 그러면 세포는 고유의 형태를 잃어버리고 동그란 원형질체(protoplast)가 되고 만다. 세포벽에 Gram 용액이라는 염료를 처리했을 때 염색이 되고(Gram-positive, 양성), 안되는(Gram-negative, 음성) 차이에 따라 세균을 분류하기도 한다.

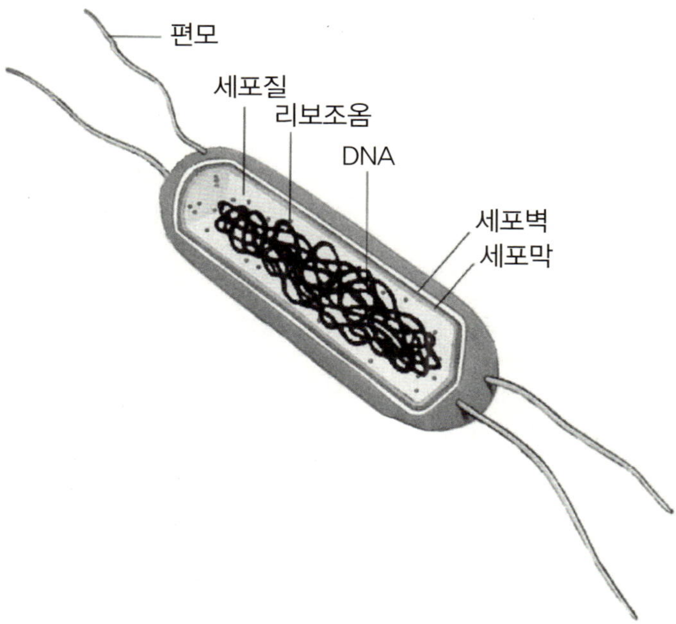

그림 12. **원핵세포**

세포벽 안쪽에 존재하는 또다른 막이 원형질막이다. 원핵세포뿐 아니라 모든 세포의 원형질막은 인지질의 이중막으로 되어있다. 세포내의 환경을 외부로부터 격리하여 일정하고도 최적 상태로 유지해주는 역할을 한다. 동시에 물질과 노폐물의 선택적 투과를 가능하게 한다.

원핵세포에는 운동기관인 편모가 있는데 파상운동을 해서 세포가 일정한 방향으로 움직일 수 있도록 해준다. 세균 중에도 편모가 있는 것이 있고, 없는 것도 있다. 편모의 수는 대개 한 두개 정도이다.

원핵세포의 DNA

원핵세포의 염색체는 단일 DNA로서 양쪽 끝이 세포막의 한 곳에 연결되어 있기에 전체적으로 잘 펼쳐보면 둥그런 환상구조(circular form)를 하고 있다. 길이는 대개 3 × 106bp 정도라 추산된다(bp는 base pair의 약어. DNA의 길이를 나타내는 단위로서 염기쌍의 수를 나타낸다). 사람의 DNA가 약 6 × 109bp인 것을 비교하면 1/1000에 해당하는 길이이다. 원핵세포에는 핵과 핵막이 없기 때문에 DNA가 그냥 세포질에 떠있다시피 펼쳐져 있다. 다만 DNA를 보호해야 하기 때문에 산성단백질들이 많이 달라붙어 있다고 보고되어 있다. 어떤 세균에서는 염색체 외에 작은 여분의 DNA 조각이 또 따로 발견되는 경우가 종종 있다. 이 작은 DNA 조각의 이름은 플라스미드(plasmid)이다. 플라스미드에는 항생제내성을 나타내는 유전자가 들어있기 때문에 세균으로 하여

금 항생제에 강하도록 만들어주는 역할을 한다.

플라스미드는 세균에서 쉽게 빼내거나 다시 집어넣을 수 있다. 플라스미드 DNA에 우리가 원하는 유전자를 재조합한 다음 다시 세포에 넣어주면 세균은 이 유전자의 명령에 따라 우리가 필요로 하는 단백질을 생산하게 된다. 이것이 바로 유전공학의 원리인 것이다. 1978년에 인슐린 유전자를 대장균에 재조합해 대량생산을 가능하게 했던 것은 유전공학이 최초로 의학에 응용된 예이다.

원핵세초의 세포질에는 세포가 살아가면서 필요로 하는 각종 아미노산, RNA, 지방산, 핵산, 무기물 등의 성분들이 분산되어 있다.

진핵세포

진핵세포에는 핵이 별도로 존재하기 때문에 전체적인 구조가 그만큼 크고 복잡하다. 핵 속에는 유전물질인 DNA가 들어 있는데, 원핵세포처럼 염색체로 되어 있다. 유전정보가 핵 속에 있는 반면에 리보조옴 등 단백질 합성장치들은 세포질에 위치하고 있기 때문에 이 두 구조 사이에서 유전정보를 mRNA가 옮겨 다니려면 그만큼 시간이 더 걸리고 복잡한 전달과정을 필요로 한다.

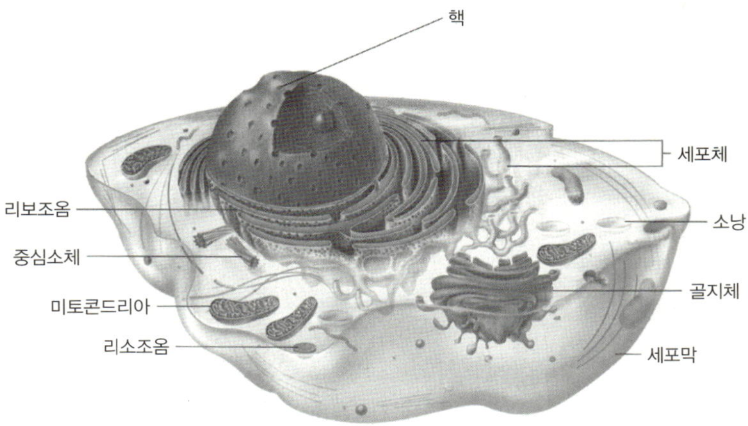

그림 13. **동물세포**

진핵세포의 핵은 핵막(nuclear envelope)으로 둘러싸여 있다. 핵막 역시 인지질의 이중막으로 군데군데 핵공(nuclear pore)이 있어 세포질과의 물질교류가 가능하다. 그러나 아무 물질이나 무조건 통과할 수 있는 것이 아니고 선택적 투과만 가능하기 때문에 핵의 내부조건은 항상 최적상태로 유지되고 있다. 진핵세포의 염색체는 일반적으로 여러개인데 원핵세포의 염색체와는 기본적으로 구조가 차이가 난다. 원핵세포의 염색체가 산성단백질로 구성된 반면, 진핵세포의 염색체는 뉴클레오조옴(nucleosome)이라는 기본 단위가 촘촘히 쌓아 올려진 탑 모양인데, 뉴클레오조옴은 또 다시 8개의 히스톤(histone)이라는 단백질이 모여 만들어진 것이다. 이 히스톤 단백질은 염기성이기 때문에 (+) 전기를 띠고 있어 (−) 전기를 띤 DNA가 쉽게 감길 수 있도록 되어 있다. 사람은 46

개의 염색체를 가지고 있는데, 이 중 44개는 체세포염색체이고 2개가 성염색체이다. 여성은 성염색체가 XX, 남성은 성염색체가 XY이다.

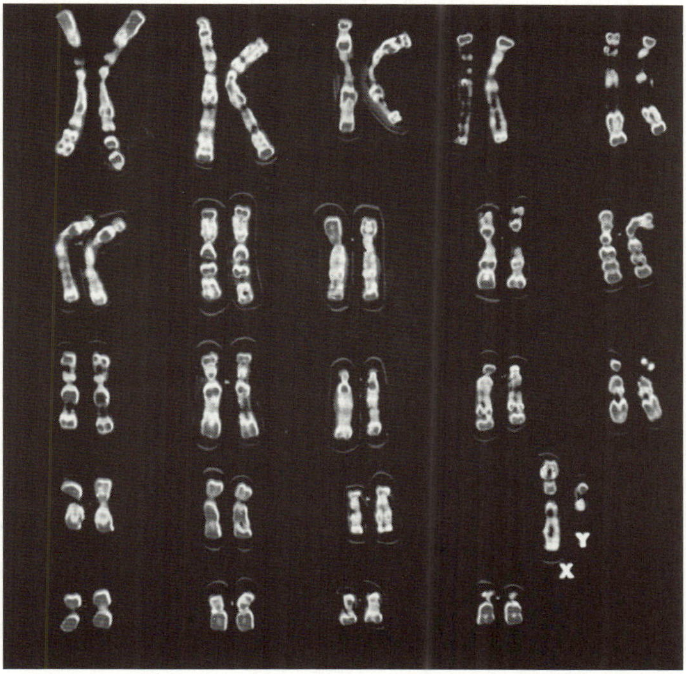

그림 14. 사람의 46개 염색체

핵에서는 또 인(nucleoli)이라는 구조가 발견된다. 인의 정확한 기능은 아직 알려져 있지 않지만 리보조옴의 구성성분인 rRNA를 합성하는 것으로 보고되어 있다.

진핵세포의 세포질(cytoplasm)은 세포에서 핵을 제외한 모든 다른 부분으로, 아미노산, 무기염류 등 영양분들과 함께 다양한 세포소기관들이 위치하고 있다. 세포질은 젤리와 같은 성질이 있어서 그 내부의 물질들이 어느 정도 유동적일 수는 있지만 완전히 자유스럽게 흘러 다니지는 못한다. 특히 눈으로는 보이지 않지만 세포내골격(cytoskeleton)이라는 미세한 단백질이 실처럼 퍼져 있어 뼈대와 같은 역할을 해준다. 우리가 몸을 마구 움직이고 세포의 방향이 바뀌더라도 세포소기관들의 위치가 항상 일정할 수 있는 이유는 이들이 세포내골격에 닻을 내리듯이 걸려있기 때문이다. 세포내골격 때문에 세포의 형태도 유지된다.

원핵세포와 마찬가지로 진핵세포의 원형질막도 인지질의 이중막이다. 영양분과 노폐물 등 각종물질의 출입을 통제하고 세포내 환경이 적절하게 유지될 수 있도록 조절해준다.

리보조옴(ribosome)은 대체로 구형인 세포소기관으로 rRNA와 단백질의 조합으로 되어 있다. 리보조옴은 단백질을 합성하는 공장과 같은 장치이다. 리보조옴은 세포질에 자유롭게 떠있을 수도 있고(free ribosome), 소포체에 붙어있을 수도 있다. 소포체(endoplasmic reticulum)는 핵막으로부터 뻗어 나와 가지를 친 것 같은 막성분의 구조로서 리보조옴이 붙어있는 조면소포체(rough endoplasmic reticulum)와 리보조옴이 없는 활면소포체(smooth endoplasmic reticulum)의 두 가지가 있다. 조면소포체에서 합성된 단백질은 소포체 끝부분 막에 둘러싸여서 세포내

외의 목적지로 운반된다. 이 과정에서 막성분은 재활용된다.

활면소포체에서는 리보조옴이 없어 단백질을 합성하지는 못한다. 그 대신에 활면소포체에서는 지질과 당이 합성된다. 특별히 근육세포에서는 활면소포체가 칼슘을 저장하는 역할을 한다. 칼슘은 근육의 수축과 이완에 절대적으로 필요한 성분이다. 간세포의 활면소포체는 해독작용(detoxification)을 담당하기도 한다.

소포체 막의 일부가 떨어져 나와 단백질을 둘러싸는 것처럼 막성분으로 된 작은 주머니 구조를 소낭(vesicle)이라 부른다. 소낭은 이처럼 세포 내에서의 물질 이동에 중요한 역할을 한다. 일단 물질을 목적지로 옮긴 다음에는 막이 재순환되기 때문에 세포 전체로 볼 때 막성분은 항상 일정한 양으로 유지된다. 소낭 중에서도 특별히 분화된 것은 리소조옴(lysosome)이다. 리소조옴은 약 40여 종의 가수분해효소들을 가지고 있어 세포에 세균이 침범하면 달라붙어 분해해버리는 역할을 한다. 또한 동물이 발생하면서 손가락, 발가락들이 생기게 될 때 사이사이의 필요 없는 세포들을 분해해 주기도 한다. 변태과정에서 올챙이의 꼬리를 분해해 주는 것도 리소조옴의 역할이다. 리소조옴은 세포의 생육조건이 아주 나빠지면 스스로 터져서 세포를 분해해버리기 때문에 자살기관(suicide organelle)이라 불리기도 한다. 유전자 치료의 관점에서 보면 수용체를 통한 유전자 운반(receptor mediated gene transfer)시에 리소조옴이 치료용 유전자를 외부 이물질로 인식하고 분해해 버리므로 이를 방지하기 위한 기술의 개발이 대단히 중요하다.

소포체에서 만들어진 단백질은 그 자체로서 기능이 있기도 있지만, 많은 경우에는 당이나 지질, 인 등이 부가되어 3차원적 형태 변화가 있은 다음에야 제대로 기능을 할 수 있다. 이러한 형태 변화는 주로 골지체(Golgi body)에서 일어난다. 소포체에서 만들어진 단백질은 소낭에 의해 골지체로 옮겨지게 되고, 여기에서 인, 당, 지질 등이 붙게 된다. 이렇게 해서 기능이 완벽해진 단백질은 다시 소낭에 의해 최종 목적지로 옮겨지게 된다. 예를 들어 세포내에서 사용될 효소 단백질은 그 자리에 머무르지만 호르몬처럼 분비되어야 할 단백질들은 외부로 유출되게 된다.

세포가 살아가기 위해서는 에너지가 필요하고 이를 위해는 호흡을 해야 한다. 세포 내에서 일어나는 호흡을 세포내호흡이라고 한다. 세포내호흡이 일어나는 곳이 바로 미토콘드리아(mitochondria)이다. 또한 미토콘드리아에는 자체 DNA가 있어 스스로 분열도 가능하다. 이 때문에 미토콘드리아는 옛날에는 독립적인 세균이다가 세포의 진화과정에서 덩치가 큰 진핵세포와 공생하게 된 것으로 믿어진다.

색소체는 식물이나 조류(algae) 등에서 주로 발견되는 것으로, 물질저장의 역할을 담당하고 있다. 색소체 중에서 특별히 광합성을 할 수 있도록 분화된 것이 엽록체(chloroplast)이다. 엽록체에는 클로로필(chlorophyll)이라는 색소가 있어 태양 빛을 받아들일 수 있고, 광합성이 가능하다.

액포는 식물에서 주로 발견되는 구조로서 물, 당, 유기산, 단백질, 무기이온, 색소, 노폐물 등 각종 물질을 저장하도록 특별히 발달된 구조로 노화된 세포에서는 특히 크게 관찰된다. 단세포생물에서는 액포가 음식물을 저장하거나 소화운동, 수축운동 등의 기능을 담당하기도 한다.

세포벽은 동물에는 없으나 식물세포에서 발견되는 세포의 가장 바깥쪽을 둘러싼 보호층이다. 세포벽은 앞서 말한대로 세균에서도 발견된다. 주성분은 다당류(polysaccharide)이고 세포보호와 지지작용(support)을 한다. 특히 식물은 늘 외부 환경에 노출되어 있으므로 과다한 수분이 유입되었을 때 세포가 터지는 것을 세포벽이 막아준다.

진핵세포에도 운동기관이 있다. 길고 서 너개 이하면 편모(flagella), 짧고 그 수가 많으면 섬모(cilia)로 분류한다. 모두 일정한 방향으로의 파상운동을 만들어낸다. 정자는 편모인 꼬리의 운동으로 이동할 수 있고, 호흡기에 있는 섬모들은 오염물질을 밖으로 배출시킨다.

진핵세포의 DNA

유전자 전체를 통틀어 말할 때 우리는 게놈(genome)이라고 표현한다. 즉 게놈은 개개의 유전자가 모인 총합이다. 사람의 경우는 약 25,000개의 유전자가 모여서 전체 게놈을 이루고 있다. 진핵세포의 유전자 체계를 공부할 때 이해가 되지 않는 것은 두 개의 유전자를 서로 이어주는 일종의 연결 DNA(linker DNA)가 존재한다는 것이다. 게다가 하나의 유전자 안에서도 유전정보들이 여러 토막으로 나뉘어져 있다. 즉 두 개의 유전자 사이에 특별한 유전정보가 없이 그냥 연결만 시키는 역할을 하는 DNA 조각(spacer DNA라 부른다)이 있고, 유전자내에도 유전정보가 들어있는 엑손과 유전정보 없이 엑손들을 이어주기만 하는 인트론으로 나뉘어져 있다. 사람의 경우 spacer DNA와 인트론의 크기가 전체 게놈의 거의 85% 이상이나 되기 때문에 유전정보도 담고 있지 않은 쓸모없는 DNA가 보다 진화했다고 믿어지는 진핵세포에 왜 이렇게 많이 들어있는지 아직도 의문에 쌓여 있다. 한 가지 가능한 이론은 미니유전자(minigene) 이론이다. 태초에 아주 작은 토막의 미니유전자들이 곳곳에서 합성되었고 이들이 점차 spacer DNA에 의해 연결되면서 보다 복잡한 기능을 수행할 수 있는 큰 유전자로 팽창되었다는 것이다. 그러나 이 이론은 태초부터 존재한 것으로 믿어지는 고생미생물에서도 엑손과 인트론이 발견되기 때문에 부정적으로 받아들여지고 있다. 또다른 이론은 게놈수축설이다. 태초에 모든 생물체에 엑손과 인트론이 다 존재하였지만 세대를 거듭하면서 필요없는 부분은 조금씩 밀어내 버렸다는 것이다. 이 이론에 따르면 대장균이나 병원균 등 원핵세포는 진핵동식물에 비해 세대가 짧으므로 그만큼 많은 세대교번을 하면서 생명현상에 꼭 필요한 유전자만 남길 수 있었다는 것이다. 그럼에도 불구하고 가장 진화한 생명체인 사람이 자기 유전자 속에 기능도 없는 불필요한 DNA를 85%나 지니고 있다는 것은 불합리하게 보일 수밖에 없다. 게놈팽창설과 게놈수축설 중 어느 이론이 실제로 맞든지 간에 생명의 기원을 최종적으로 확인하기 전에는 쉽게 결론이 나기 어려운 부분이다.

미생물

우리는 흔히 미생물과 원핵세포를 혼동하여 사용한다. 대부분의 미생물이 하등하고 또 원핵세포이기 때문이다. 그러나 엄밀한 의미에서는 차이가 있다. 진핵세포 중에서도 효모(yeast)나 곰팡이(fungi)같은 경우 미생물로 분류된다. 결국 미생물이란 핵의 유무와 상관없이 현미경으로만 관찰할 수 있는 우리 생활 주변에 존재하는 작은 생명체들을 의미한다. 따지고 보면 보이지만 않을 뿐 미생물이 우리 생명에 미치는 영향은 엄청나다. 유전자 치료 역시 미생물의 플라스미드(plasmid)나 바이러스(virus)를 치료 수단으로 종종 이용하기 때문에 잠시 미생물에 대하여 정리하고 넘어가고자 한다.

"오늘도 어김없이 상쾌한 아침. 지금 버스로 학교를 가는 중이다. 옆에 같이 탄 사람이 자꾸만 옷에서 먼지를 털어내는 것이 신경 쓰인다. 아침 메뉴로는 달걀 후라이와 된장찌개, 김치를 먹었는데 달걀을 먹고는 아직 한 번도 소화불량에 걸려 본 적이 없기 때문에 완전식품이라는 생각이 들었다. 우유도 한 잔 마셨고, 치즈도 두 조각 급히 먹었다. 학교로 향하는 버스 안에서 요 며칠 날씨가 더운 탓에 식중독 환자가 두 배로 늘었다는 뉴스를 들었다. 첫 수업부터 단짝인 친구가 오지 않아 연락을 해 보았더니 감기가 심하게 걸려서 도저히 오지 못하겠다고 한다. 두시간 수업을 마친 후 다른 학교에 다니는 친구에게 편지를 부치기 위해 학생회관에 있는 우체국에 갔다가 결핵 퇴치를 위해 발행하는 크리스마스실을 한 세트 구입하였다. 그리고는 치즈 한 조각이 들어 있는 빵과 함께 헬리코박터로 부터 위를 보호해준다는 유산균 음료로 간단히 점심을 대신하였다. 그런데 급한 마음에 유통기한을 확인하지 않고 산 빵에 곰팡이가 핀 것을 미처 보지 못하였기에 기분이 영 찝찝하였다. 수업을 마친 늦은 오후 친구들과 버섯찌개를 안주삼아 소주를 한 잔씩 하고 헤어졌다. 집에 오는 길에 오랜만에 비디오나 한 편 보려고 근처 비디오대여점에 들려 비디오를 골랐다. 무슨 바이러스가 큰 재앙을 불러오는 이야기라고 하는데, 캔맥주를 한 잔 하면서 비디오를 보다가 생명복제같은 어려운 이야기가 나오길래 그만 잠이 들고 말았다."

앞의 글은 우리가 일상 생활에서 흔히 겪을 수 있는 하루 일과를 말해주고 있다. 그런데 이런 흔한 상황에서도 우리는 몇 가지의 미생물들을 접하게 된다. 먼저 된장찌개와 김치는 각각 누룩곰팡이와 효모, 젖산균(유산균)을 이용한 식품이다. 식중독은 몇 가지 식중독 원인균에 의해, 감기는 인플루엔자 바이러스와 같은 바이러스가 감염되면 발병하는 것이다. 헬리코박터는 위에 질병을 일으키는 균으로 심지어는 위암의 원인으로도 유명하다. 빵과 유산균음료 역시 각각 빵효모와 젖산균을 이용해 만든 식품이며, 오래된 식품에는 푸른색곰팡이와 같은 곰팡이들이 나타나게 된다. 결핵은 *mycobacterium tuberculosis*라는 결핵균 의해 발병한다. 버섯은 식물의 일종으로 생각하기 쉬우나 엄연히 곰팡이와 같은 진균류에 속하며, 소주나 맥주는 누룩곰팡이, 알코올효모 그리고 *Saccharomyces cerevisiae*라는 맥주효모가 있어야 만들 수 있다. 이렇게 미생물은 우리에게 이로운 쪽으로든, 질병과 같이 해로운 쪽으로든 우리 생활과 함께 하는 생명체라고 할 수 있다. 그렇다면 미생물이란 무엇일까?

미생물은 글자 그대로 육안으로 보이지 않을 정도로 작은 생명체를 말하는 것이다. 사람의 눈은 약 0.1㎜ 이하의 물체를 식별하지 못하는데, 미생물의 크기는 이보다 더 작다. 따라서 단세포 또는 겨우 수 개 정도의 세포로 이루어진 미생물의 경우는 대다수가 우리 육안으로는 확인이 힘들 정도로 작은 생명체이다. 미생물 중에는 실험실에서 사용하는 현미경으로도 관찰이 불가능한 아주 더 작은 바이러스도 있다. 그러나 어떤 사람은 아메바(amoeba)

같은 원생동물이나 버섯처럼 육안으로도 확인이 가능한 생명체 역시 미생물이라 하기 때문에 그저 눈으로 보지 못하는 작은 생명체라는 것만으로 미생물을 정의하기에는 부족한 부분이 있다. 그렇다면 정말 미생물을 어떻게 정의할 수 있을까? 여러 관점에서 정의 내릴 수 있지만, 한 마디로 말하자면 미생물은 기능이 미분화된 세포로 구성된 단세포 또는 다세포 생물을 말한다고 할 수 있을 것이다.

미생물은 지구상에서 가장 먼저 생겨난 생명체로 알려져 있는데, 그만큼 미생물은 극지방에서부터 사람의 생식기나 소화기까지 가리지않고 어디에서나 생존과 증식이 가능하다는 것이 특징이다. 그러나 이렇게 지구상 곳곳에 살고 있으면서 인류의 생활에 커다란 영향력을 미치는 미생물지만 동물이나 식물과는 달리 눈에 보이지 않기에 우리는 그 존재에 대해 의식조차 못하고 살아갈 때가 매우 많다. 앞에서 언급한 것들 이외에도 우리가 만지기조차 싫어하는 쓰레기의 분해자 역할을 하면서 환경을 보호하는 것도 미생물이고, 생명과학에 직접적인 발전의 계기가 되는 도구로 쓰이는 것도 미생물이다. 유전공학과 유전자 치료의 도구로 쓰이는 바이러스 벡터(vector) 역시 미생물을 응용한 것이다. 여기서 벡터란 유전자를 세포내로 운반하는 수단 또는 도구란 의미이다. 이러한 미생물이 미생물(微生物)임과 동시에 인류의 복지와 건강증진에 이바지하는 미(美)생물이 되기 위해서는 보다 적극적인 관심과 이해가 뒤따라야 할 것이다.

미생물의 종류

그렇다면 이러한 미생물에는 어떠한 것들이 있을까? 우리가 흔히 접하고 들어 본 것들을 중심으로 한 번 생각해보자. 먼저 세균을 들 수 있다. 세균은 우리가 일반적으로 이야기하는 미생물의 가장 대표적인 예라 할 수 있다. 예를 들어 식중독과 같은 질병을 유발하는 세균도 있지만 인체 내에서 항상성(homeostasis)을 유지하는데 중요한 역할을 하는 대장균이라든가 발효식품에 사용되는 유산균 등 유익한 세균도 있다. 그 외에도 몇 가지 질병을 일으키는 세균들도 있다.

혹시 무좀으로 고생하는 사람들이 주위에 있다면, 그 무좀의 원인균은 곰팡이라는 것을 알아야 할 것이다. 빵과 같은 음식을 오래 놓아두었을 때 푸른색을 띠는 물질이 음식물 곳곳에 피어나는 것을 볼 수 있는 데 이 역시 원인은 곰팡이이다. 습한 지역을 좋아하는 곰팡이는 이처럼 인간에게 귀찮은 존재이기도 하지만 이러한 경우는 극소수에 불과하다. 오히려 곰팡이는 자연의 분해자로서 생태계에 없어서는 안되는 존재이다. 그 외에도 곰팡이는 음식맛을 더해주기도 하고, 질병을 낫게 하는 약의 재료로 이용되기도 한다. 곰팡이와 같은 진균류에 속하는 효모는 술이나 빵을 만들 때에 유용하게 사용된다.

영화나 드라마를 보면 가끔 엄청난 재앙을 초래하는 질병의 원인으로 바이러스가 등장한다. 에볼라 바이러스라든지 HIV

(Human immunodeficiency virus)같은 에이즈 바이러스는 아직까지도 그 기작과 치료법을 알지 못하는 인류의 무서운 적임에는 틀림없다. 만일 인류가 멸망의 위기에 처하게 된다면 핵폭탄이나 기타 다른 무기나 전쟁보다 이러한 바이러스의 창궐 때문일 것이라는 전문가들의 견해가 있을 정도로 바이러스에 대한 두려움은 커지고 있다. 이처럼 감기 바이러스에서부터 에이즈 바이러스까지 바이러스는 주로 질병을 일으키는 원인으로 알려져 있지만, 유전공학과 같은 생명공학에서 바이러스는 중요한 벡터로 이용되고 있다.

미생물과 우리 생활

미생물은 우리 생활에 있어서 뗄레야 뗄 수 없는 존재임에 틀림없다. 눈에 보이지는 않지만 항상 우리가 생활하는 공간 속을 떠돌아다니며 인체 속에서 항상성을 유지하는데 도움을 주기도 하고, 각종 발효식품이나 양조식품을 만들어 내는 재료가 되기도 하고, 항생제와 같이 의약품 개발에 도움을 주기도 하며, 항균제품과 같이 산업에 이용되기도 한다. 뿐만 아니라 병원균의 경우 감기와 같이 일반적인 질병에서부터 AIDS(Acquired immunodeficiency syndrome) 같이 인류에 심각한 질병을 초래하기도 한다.

세균

인간에게 때로는 유용하고 때로는 해를 끼치기도 하는 미생물

중에서 가장 대표적인 것은 세균(bacteria)이다. 세균은 지구상에서 가장 오래된 생물체로 간주되며, 어느 곳에나 존재한다. 공기 중에는 물론 땅 속, 바다 속, 온천이나 화산과 같은 일반적으로 생물이 살기 힘든 조건의 장소까지 세균은 널리 분포되어 있으며 그 종류도 매우 많다. 세균 역시 미생물로서 크기가 0.1㎛~80㎛ 정도로 매우 작아 육안으로는 볼 수 없으며 광학현미경을 이용해서나 관찰할 수 있다.

세균은 대표적인 단세포생물이면서 원핵생물이다. 역시 미생물에 속하지만 곰팡이 세포는 핵막이 있어서 뚜렷하게 핵과 세포질이 구별이 되고 생명활동을 위한 여러 가지 세포소기관이 독자적이면서 유기적으로 활동하는데 비해, 세균은 핵막이 없고 세포소기관이 거의 없는 간단한 세포 구조를 가지고 있다. 이러한 특성 때문에 아무런 환경에나 적응하기가 용이하다는 장점을 가지고 있다.

세균은 일반적으로 증식할 때 암수의 구별 없이 증식한다. 유전물질을 비롯한 기본물질들을 복제한 다음 두 개로 분열하는 이분법을 통해 증식하기 때문에 암수의 구별이 필요치 않다. 그렇지만 때때로 필요에 의해 한 세균세포에서 다른 세균세포로 유전물질을 이동시키기도 한다. 유전물질을 넘겨주는 세포를 공여체세포, 넘겨받는 세포를 수용체세포라 한다. 이렇게 유전물질을 이동시키는 방법은 크게 세 가지가 있다. 첫 번째는 세균의 DNA 조각이 운반체를 이용하거나 자연적으로 공여체세포로 들어가는 형질전환(transformation), 두 번째는 세균바이러스인 박테리오파아지에 의해 공여체세포의 게놈 일부가 수용체세포로 옮겨지는 형질도입(transduction), 마지막으로 공여체세포와 수용체세포가 직접 접촉함으로써 유전물질이 이동되는 접합(conjugation)이다.

세균은 그 종류의 다양성만큼이나 인간생활에 다양한 영향을 미친다. 세균 중에서도 젖산균과 같은 발효균의 경우 김치, 장, 젓갈과 같은 우리 고유의 전통발효식품과 요구르트, 치즈 등의 우유발효식품을 만드는데 사용된다. 또 세균의 물질생산능력을 이용하여 생활에 유용한 물질들을 생산할 수 있는데 방선균을 이용하여 만드는 테트라사이클린(tetracyclin)이나 스트렙토마이신(steptomycin)같은 항생물질과 클로스트리디움속(Clostridium)을 이용하여 만드는 아세톤 등이 대표적인 예이다. 그 외에도 유기물을 분해하는 세균의 특성을 이용하여 생활하수나 폐수를 처리하는 등 환경정화에도 세균은 도움이 되고 있다.

그러나 이러한 유용성을 가지고 있는 반면, 인간생활에 해를 끼치는 경우도 많다. 병원균이 대부분 그러한데 각종 질병을 일으키는 병원균의 경우 숙주에 침입하여 독소를 냄으로써 병을 일으키거나 숙주에 영향을 주게 된다.

그 외에도 일반적으로 생물체가 살 수 없는 0℃의 저온에서 서식하는 균이 있어서 심지어는 냉장고에 보관한 식품이 변질되기도 하고, 반대로 70℃ 이상의 고온에서도 서식하는 세균이 있어서 이러한 성질을 이용하여 유전공학의 한 기술인 PCR (polymerase chain reaction)을 수행하기 위한 DNA polymerase를 생산해내기도 한다. 이러한 점 외에도 세균은 세대기간이 매우 짧고 시간과 공간에 대한 큰 제약 없이 쉽게 증식할 수 있어서 생명과학의 여러 도구로 많이 이용된다.

세균은 생물이나 생명과학의 분야 이외에 우주과학에서도 주목을 받고 있다. 미항공우주국(NASA)에 의해 남극대륙에 떨어진 운석 내부에서 세균화석이 발견되어 지구 외의 태양계 행성에서도 지구의 미생물과 유사한 생명체가 살았을 가능성이 높아지면서 우주과학자와 생물과학자 모두에게 연구의 대상이 되고 있다.

이렇듯 세균은 다양한 종류와 광범위한 서식지, 지구상 가장 오래된 역사를 토대로 무궁무진한 연구의 대상이 되고 있다. 세균을 비롯한 미생물의 연구는 단순히 한 생명체의 연구에서 그치는 것이 아니라 생활의 편리함 뿐만 아니라 인류의 흥망에 관한 중요한 문제가 되고 있다.

곰팡이와 효모, 버섯

곰팡이가 피었다라고 하면 일단 인상을 찌푸리게 된다. 곰팡이는 음식물에 서식해서 음식물을 상하게 하고, 무좀과 같이 인간에게 해를 미치며, 깨끗하지 못한 환경에 존재하면서 잘 제거되지 않는 존재라는 선입견이 있기 때문이다. 곰팡이나 효모, 버섯 등을 통틀어 진균류라고 하며 세균과는 달리 진핵세포이다. 대부분이 다핵성이며, 포자가 발아하여 생장하면서 균사를 이루는 그물 모양의 균사체의 구조를 하고 있다.

곰팡이는 동물과 식물의 중간 형태를 취하고 있다. 식물세포와 마찬가지로 세포벽을 가지고 있으며, 마치 식물의 꽃가루가 날리듯 포자 형태로 증식하기 때문에 식물의 범주에 속한다고 볼 수도 있다. 그러나 세포벽의 성분이 갑각류의 껍질과 같은 키틴질이라는 점에서 오히려 동물에 속한다고 보는 견해도 있다. 곰팡이는 엽록소 없이는 스스로 영양물질을 만들지 못하는 종속영양생물이므로 기생생활을 한다. 이 때 죽은 생물체에서 영양분을 얻는 종류와 살아있는 생물체에서 영양분을 섭취하는 종류로 나눌 수 있다.

음식 찌꺼기에 존재하는 병원성균인 *Candida* 속이나 무좀균과 같이 인체에 서식하면서 해를 끼치는 곰팡이는 인간의 세포와 비슷한 구조가 여럿 있어서 쉽사리 없애기 힘들다. 더욱이 포자를 가지고 있어서 완전히 제거하지 않으면 언제든 조건에 따라 다시 자랄 수 있기 때문에 이러한 경우 쉽사리 제거되지 않는다.

그러나 곰팡이가 반드시 해를 끼치는 것만은 아니다. 낙엽이나 동물 사체 등의 유기물을 화학물질로 분해시키는 능력이 있어서 세균과 더불어 생태계를 순환시키는 역할을 담당하기도 한다. 진균류는 필요에 따라 무성생식 또는 유성생식을 하는 것으로 알려져 있다. 무성생식으로는 포자를 통한 무성생식과 효모의 경우와 같이 몸의 일부가 점점 부풀어 올라 떨어짐으로써 두 개의 개체가 되는 출아(budding)법을 들 수 있다.

그러나 생물체가 무성생식을 통해 같은 유전자만을 공유할 경우 환경의 급격한 변화나 외부물질의 침입을 받았을 때 전멸해 버리는 경우가 생길 수 있다. 그래서 곰팡이의 경우 유성생식을 통해 유전자의 다양성을 꾀하게 된다. 유성생식으로는 다른 세포의 포자끼리 융합하는 유성생식을 들 수 있으며, 버섯의 경우 유성생식만을 하는 것으로 알려져 있다.

만일 진균류 중 하나인 효모(yeast)가 없다면 우리의 생활은 어떨까? 효모는 발효작용으로 술과 빵 등을 만드는데 없어서는 안 되는 존재이다. 술이나 빵이 없다고 인류 생존에 영향을 미치지는 않겠지만, 재미없고 문화 창출이 부족한 생활이 되어 버릴 것이다. 효모는 당을 알코올로 분해하는데 이러한 과정을 발효라고 한다. 인류는 수천 년 전부터 이러한 효모의 발효작용을 이용하여 술을 빚어 마시기 시작하였고, 오늘날까지 이를 양조산업과 제빵에 이용하고 있다.

식품으로 잘 알려진 버섯도 진균류에 속한다. 버섯은 균류가 번식을 위해 만든 자실체이다. 우리가 흔히 보는 버섯의 형태는 버섯의 생활사 중에서 극히 짧은 부분에 지나지 않으며 일생의 대부분을 균사의 형태로 지낸다. 주로 버섯은 식용으로 이용되기도 하고 귀한 약재로 이용되기도 한다. 아미노산과 비타민을 함유하고 있고, 특히 표고버섯의 경우에는 인터페론을 만들어 항암작용을 하는 것으로 알려져 있다.

바이러스

노스트라다무스가 지구 멸망의 해로 예언한 1999년이 지난 지도 몇 해가 되었다. 그러나 인류는 아직도 핵의 위협이나 세계대전과 같은 위험요소에서 완전히 자유롭지 않은 것이 사실이다. 만일 21세기에 들어서 인류를 위협할 수 있는 요인을 꼽으라면 무엇이 있을까?

영화 '아마겟돈'에서 볼 수 있는 행성의 충돌일 수도 있으며, 핵폭발에 의한 재앙일 수도 있다. 그러나 그 중에 가장 먼저 손꼽히는 것이 바이러스(virus)이다. 영화 "아웃브레이크"에서 볼 수 있듯이 공기나 물, 접촉 등으로 쉽게 전파될 수 있는 악성바이러스의 피해는 그 어느 것과 비교할 수 없을 만큼 파괴력과 전파력을 가지고 있다. 후천성면역결핍증(AIDS)에 의한 피해만을 보더라도 알 수 있다. 만약 에볼라바이러스와 같은 악성바이러스의 잠복기가 AIDS와 같이 5~7년이 아니라 1~3일 정도라면, 공기만으로도 전염이 된다면, 어떠한 집단이나 개인이 이러한 바이러스를 생물학적 무기로 사용한다면 인류의 미래는 어떻게 될 것인지 상상조차 하기 싫은 결과가 나타날 것이다. 그렇다면 바이러스는 구체적으로 어떤 것일까? 또 어떤 성질을 가지고 있을까?

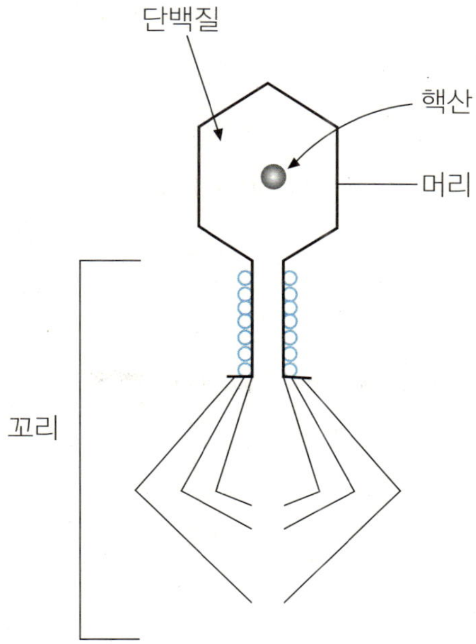

그림 15. **바이러스**

흔히 바이러스는 생물과 무생물의 중간 경계에 존재한다고 이야기한다. 즉 생물의 특성을 가지고 있으면서 생물의 특성에 반하는 특징도 가지고 있다는 것이다. 바이러스는 태초부터 있었다고 생각되지만 너무나 작은 구조를 하고 있어서 그동안의 기술로는 발견하기조차 어려웠던 것이 사실이다. 그동안은 그저 바이러스를 병원성을 가진 세균이나 곰팡이의 작은 종류 정도로 생각했을 정도였다. 그러나 담배잎에서 발생하는 바이러스 병원체를 추출하여 본 결과 여태까지의 미생물들과는 크기가 비교할 수 없을 만큼 작았으며, 그 구조 역시 단백질과 같은 고분자물질만으로만 되어 있음이 확인되었다. 다른 생물체에서 볼 수 있는 가장 단순한 형태의 세포소기관조차 가지고 있지 않았던 것이다. 바이러스가 과연 생물인가 하는 논쟁은 바로 이 점에서부터 시작된다.

먼저 바이러스는 숙주기생성이다. 즉 숙주로 하는 세포가 있어야만 생명활동을 할 수 있다는 것이다. 스스로 복제나 대사활동을 할 수 있는 어떠한 도구나 기작도 가지고 있지 않기 때문에 증식과 같은 활동은 숙주에 들어가야만 할 수 있다.

숙주는 바이러스에 따라 다르다. 동물세포만을 숙주로 삼는 것이 있는가하면, 식물세포나 미생물세포 중의 어느 하나만을 숙주로 삼는 것도 있다. 특이적으로 정해진 세포만을 숙주로 삼는 성질을 "숙주특이성(host-specificity)"이라고 한다. 이렇게 숙주에서만 생명활동을 할 수 있기 때문에 숙주 밖에서의 바이러스는 그저 증식을 위한 유전정보를 가진 핵산과 이를 보호하기 위한 껍질인 단백질만을 가지고 있는 물질에 지나지 않는다. 따라서 바이러스는 숙주세포에 들어가 있을 때에는 생물학적 특성을 가지고 있는 생물로, 숙주세포 밖에 있을 때에는 생물학적 특성에 반하는 무생물로 간주되는 것이 옳을 것이다. 바이러스는 또한 분열하고 번식하는 숙주에만 기생할 수 있을 뿐 일반적인 경우에는 분열하지 않는 세포를 공격할 수 없다. 숙주특이성과 분열하는 세포에만 기생한다는 점, 그리고 일단 기생하면 숙주세포를 자기가 번식하기 위한 공장으로 바꾸어버린 다는 점은 바이러스를 유전자 치료의 도구로 사용할 때 대단히 중요한 성질들이다.

바이러스라는 이름은 원래 "독(poison)"이라는 뜻의 라틴어에서 유래하였다. 가장 일반적인 형태인 감기에서부터 무시무시한 AIDS까지 거의 대다수가 병원체이기 때문이다. 숙주의 물질을 필요로 하기 때문에 기생하지만, 일단 증식을 하고 나면 그 숙주세포를 터뜨리고 나가서 증식된 수만큼 또 다른 숙주세포에 침입하기 때문에 숙주세포와 그것의 기능 및 생명활동에 지장을 준다.

바이러스는 분류기준에 따라 다양하게 분류할 수 있다. 앞에서 말했듯이 숙주가 무엇이냐에 따라 동물바이러스, 식물바이러스. 곤충바이러스, 박테리오파아지(bacteriophage)라고 불리는 세균바이러스 등으로 분류할 수 있고, 학문적으로는 핵산에 따라서 DNA 바이러스, RNA 바이러스로 분류하기도 한다. 바이러스는 다른 생물체와는 달리 유전물질로 DNA나 RNA 중 하나만을 가지고 있기 때문이다.

바이러스로부터 건강을 지켜나기 위해서는 다른 병원균과 마찬가지로 예방과 치료 두 가지의 방법을 생각할 수 있다. 예방은 백신을 사용하는 것이다. 즉, 병원성을 가진 특정 바이러스에서 병원성만을 제거해 만든 백신을 인체에 투여함으로써 항체를 미리 만들어 두는 것이다. 이러한 방법으로 천연두, B형 간염, 광견병, 일본뇌염 등을 효과적으로 예방할 수 있다. 바이러스에 대한 치료는 아직까지 초보 단계를 벗어나지 못하고 있다. 바이러스가 내성을 가지지 못하게 하는 치료제가 만들어지고는 있지만, 현재까지의 바이러스에 대한 치료는 바이러스를 사멸시키는 것이 아니라 그저 증식을 하지 못하도록 하는 단계에 그치고 있다. 숙주세포에는 해를 입히지 않고 바이러스만을 퇴치한다든지, 바이러스의 변화무쌍한 돌연변이를 모두 차단하거나 치료하는 것이 어렵기 때문이다. 그러나 21세기는 이러한 바이러스로부터 강력한 도전을 받고 있는 시기인 동시에 생명의 신비를 하나씩 풀어나가고 있는 시기이다. 바이러스에 대한 비밀이 하나씩 풀려나가는 것과 동시에 분자생물학과 생명과학의 꾸준한 발전으로 인류는 이러한 도전을 해결해나갈 수 있을 것이다.

미생물과 생명공학

미생물을 인식하기 시작한 것은 현미경이 발명되면서부터이다. 예전에도 눈에 보이지 않는 존재에 대한 인식은 있었으나 실제로 현미경을 통해 직접적으로 확인이 가능해짐으로써 본격적인 연구가 시작되었다고 할 수 있다. 네덜란드의 현미경 제조자인 Leeuwenhoek가 처음으로 원생동물과 미생물 등을 관찰하기 시작하여 1673년 이에 대한 결과를 발표한 이후 인간은 이 존재에 대해 관심을 가지기 시작했다.

그 후 미생물은 유전공학과 같은 여타 학문에 연계되어 지금은 자연과학에 있어 없어서는 안되는 중요한 학문적 위치를 차지하게 되었다. 즉 인체에 유용한 물질을 생산하는 생체공장의 역할을 하기도 하고, 더 나아가 생명체의 유전자 구조를 밝히는 모델로써 적절히 이용되기도 한다. 이렇듯 미생물에 대한 연구가 발전할수록 미생물과 연계된 다양한 학문의 영역은 넓어지고 있다. 즉 미생물 하나만으로도 중요한 역할을 하지만, 분자생물학(molecular biology), 생명공학(biotechnology), 의학(medicine), 생태학(ecology), 농업(agriculture), 산업(industry) 등에도 이제는 빠질 수 없는 존재가 되고 있다.

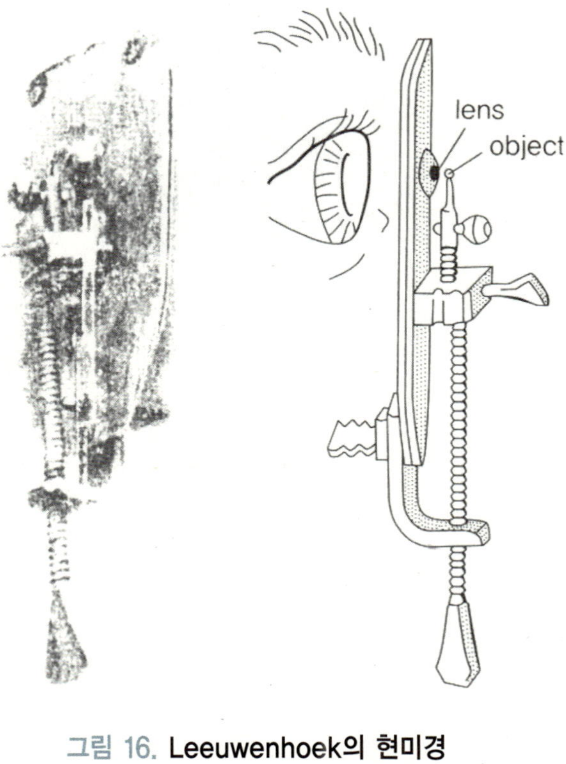

그림 16. Leeuwenhoek의 현미경

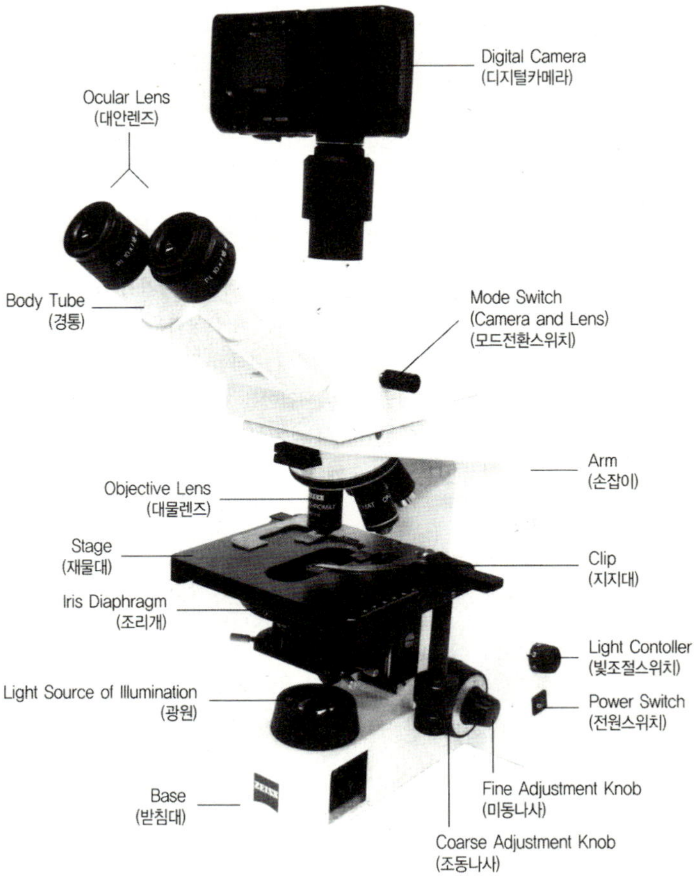

그림 17. **광학현미경**

미생물은 생명공학 발전에 중요한 매개체 역할을 하고 있는데 새로운 항생물질의 개발, 제한효소의 발견, 유전자재조합 벡터로서의 사용, 유전자 치료제로서의 응용, PCR 발전을 가져온 DNA polymerase의 개발 등이 그것이다. 가까운 미래에는 생체기능을 모방한 센서나 생체 성분을 측정함으로써 의학과 의약분야에 사용되는 센서 등 바이오센서의 개발에도 미생물이 큰 역할을 할 것으로 기대되며 포스트게놈(post-genome) 시대에도 미생물은 생명과학과 함께 할 뿐만 아니라 생명과학을 선도해 나갈 비록 작지만 그 역할이 다른 어느 생명체보다 지대한 생명체일 것으로 생각된다.

Chapter 3

DNA의 기본 구조

뉴클레오티드

DNA가 유전물질이라는 것을 인정받기까지는 상당한 시간이 소요되었다. 초기의 생화학실험 기술로는 DNA가 중합체(polymer)라는 것을 밝혀낼 수 없었기 때문이다. 유전물질로서의 조건 중 하나가 형태적 변화가 가능해야 하는데 그러려면 반드시 기본구조가 있고, 그 기본구조인 단위체가 반복되는 형태의 중합체이어야 하기 때문이다. 중합체인 DNA와 RNA의 기본구조는 뉴클레오티드(nucleotide)이다.

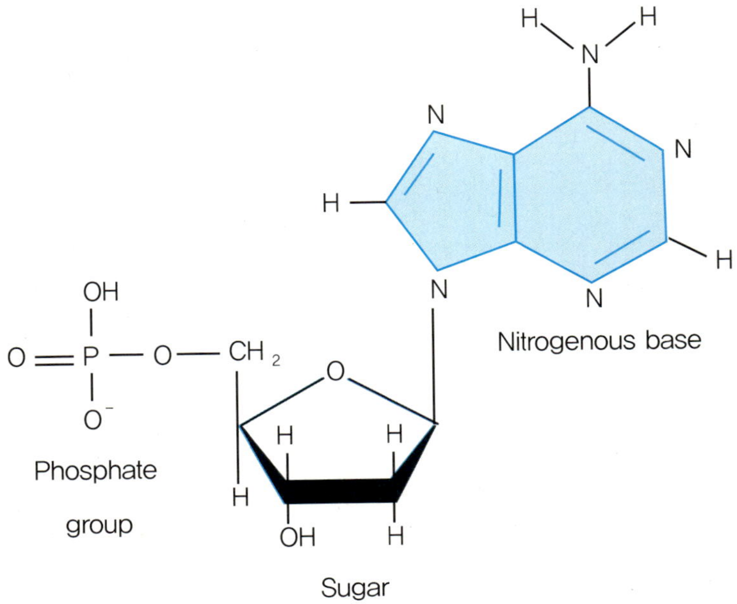

그림 18. 뉴클레오티드

핵산(nucleic acid)에는 DNA와 RNA의 두 종류가 있다. 쉽게 풀이하자면 핵산은 핵에 들어있는 산성물질이라는 뜻이다. 따라서 전기적으로 음성(-)이다. 이들 핵산의 단위체는 뉴클레오티드(nucleotide)이다. 뉴클레오티드는 당(sugar)과 염기(base), 그리고 인산(phosphoric acid)의 복합체이다. 인산이 DNA에 (-) 전기를 부여하는 부분이다. DNA를 이루는 뉴클레오티드는 dATP, dCTP, dGTP, dTTP의 4종류이다. 반면에 RNA의 뉴클레오티드는 ATP, CTP, GTP, UTP의 4종류가 있다. 이 두 가지 핵산의 차이는 당의 구조와 염기 하나에 있다.

는 것들이다(간혹 RNA의 구조적 보호 차원에서 예외적인 경우도 발견됨). 화학적으로는 이중고리를 하고 있는 아데닌과 구아닌을 퓨린(purine)계 염기로, 단일고리인 시토신과 티민, 우라실은 피리미딘(pyrimidine)계 염기로 나눌 수 있다.

폴리뉴클레오티드

개개의 뉴클레오티드들은 에스테르 결합에 의해 서로 연결된다. 에스테르 결합이란 산과 알코올 사이의 결합이다. 뉴클레오티드에서 발견되는 인은 엄밀히 말해 PO_4^-, 즉 인산이기 때문에 산으로 작용한다. 뉴클레오티드의 3차 탄소에 있는 OH기(알코올기)는 또 다른 뉴클레오티드의 5차 탄소에 있는 인산과 결합을 하게 된다. 이렇게 해서 뉴클레오티드는 사실상 무한정 길게 실처럼 연결될 수 있다. 이를 폴리뉴클레오티드(polynucleotide)라 부른다.

RNA와 DNA

대부분의 RNA는 외줄의 폴리뉴클레오티드이다. 그러나 DNA는 두 줄로 되어 있다. DNA의 두 줄이 서로 붙어있을 수 있는 이유는 염기와 염기 사이의 수소결합 때문이다. 아데닌은 항상 구아닌과 결합을 하며, 티민은 항상 시토신과 결합을 한다. 이러한 구조에서 결국 염기는 안쪽을 향하게 되고, 당과 인은 바깥쪽에서 염기를 보호하게 된다. 게다가 DNA는 꼬여있어 나선 형태를 취하고 있다. 이것이 바로 Watson과 Crick이 1953년에 발표해 노벨상을 받은 유명한 "이중나선(double helix) 구조"이다. 두 줄 사이의 수소결합은 강하지도 않고 약하지도 않은 적당한 세기의 결합이다. 그렇기 때문에 유전자가 발현되거나 복제될 때 살짝 풀릴 수 있는 "약함"과 함께 전체적으로는 강하게 붙어있어 파괴되지 않는 결합력을 제공할 수 있다.

유전정보는 염기의 서열에 들어있고, 염기의 서열은 무제한으로 변화할 수 있기 때문에 사실상 DNA의 정보 저장 능력은 무한하다 할 수 있다. 이렇게 DNA는 물리적 충격으로부터 유전정보를 보호할 수 있고(염기의 서열이 곧 유전정보이고 이는 당과 인으로 된 골격에 의해 보호받음), 또한 정보 저장도 무한하기 때문에 유전물질로서 완벽한 구조인 것이다.

RNA는 외줄이기 때문에 상대적으로 유전정보를 저장하기에 약하다. 따라서 일부 하등한 미생물을 제외하고는 유전정보를 저장하는데 쓰이지는 않는다. 보통은 레트로바이러스라 불리는 간염바이러스나 AIDS 바이러스들이 RNA를 유전정보로 가지고 있다. RNA는 DNA의 유전정보를 세포질에 있는 리보조옴으로 운반해주는 역할을 담당한다. 리보조옴은 이렇게 운반되어온 유전정보를 이용하여 단백질을 만드는 합성공장이다. 즉, DNA가 유전정보의 장기간 저장이라는 역할을 한다면, RNA는 짧은 시간 동안의 유전자발현에 이용된다.

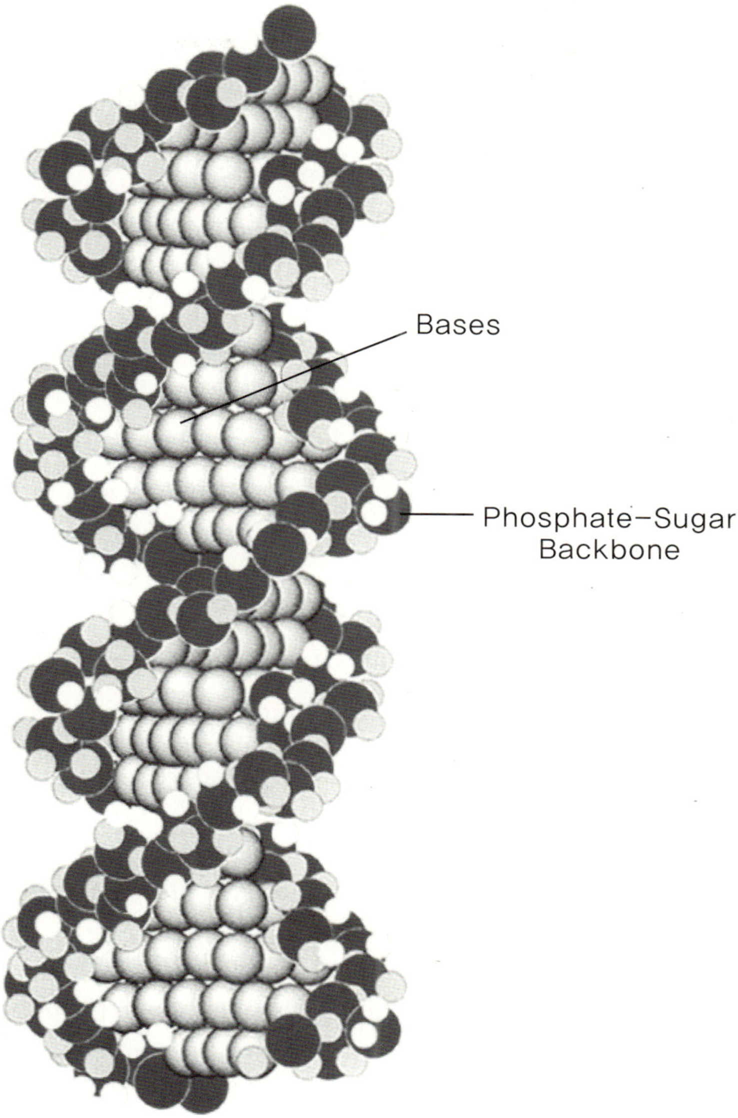

그림 21. DNA의 이중나선구조

대표적인 RNA에는 3종류인데 mRNA는 DNA로부터의 유전정보 운반을, tRNA는 단백질의 재료인 아미노산을 리보조옴으로 운반하는 일을 담당한다. rRNA는 리보조옴의 구성성분이다. 리보조옴은 DNA로부터 운반되어 온 유전정보에 따라 아미노산을 순서대로 결합해 단백질을 합성한다. tRNA와 rRNA는 mRNA에 비해 상대적으로 구조가 안정된 편이다.

사람의 DNA

눈에 보이지도 않는 작은 사람의 세포 하나에서 DNA를 꺼내 길게 늘어뜨리면 약 2m에 달한다는 보고가 있다. 사람의 몸은 약 10^{14}개의 세포로 되어 있으니까 한 사람에게서 나오는 DNA를 전부 연결할 경우 2×10^{11}km에 달할 것이다. 이는 태양과 지구를 몇 번 왕복하고도 남을 정도의 길이다. 이것만 보더라도 사람이 얼마나 복잡하고 진화된 생물체인지를 충분히 알 수 있을 것이다. 이렇게 긴 DNA에서 극히 일부만 잘못 되어도 유전병이나 선천성기형, 암 등에 걸리게 된다. 따라서 건강하다는 것이 얼마나 중한 것이지 새삼 느낄 수 있을 것이다. 아울러 생명의 존엄성도 함께 생각할 수 있어야 한다. "인간게놈프로젝트(Human Genome Project)"는 바로 이 DNA 속에 들어 있는 엄청난 양의 유전정보를 완전히 밝혀서 생명의 기원을 알아내기 위한 작업이었던 것이다.

DNA는 유전정보를 저장하는 역할을 한다. 일종의 원본 설계도와 같은 것이다. DNA의 유전정보는 앞에서 말했듯이 단백질을 만들기 위한 것이다. 일단 단백질만 만들면 모든 생리현상이 가능하기 때문이다. DNA는 이러한 단백질을 만들기 위한 생명현상을 총괄하는 작업 설계도 원본에 해당한다. 동식물의 세포는 이 중요한 원본을 핵(nucleus)이라는 장소에 안전하게 보관해 둔다. 대신에 공사현장에 해당하는 세포질에는 mRNA라는 복사본을 만들어 내보낸다. mRNA는 messenger RNA의 약어이다. "messenger"는 전령, 즉, DNA에 들어있는 유전정보를 세포질로 운반하는 RNA란 뜻이다.

mRNA가 복사해 온 유전정보에 따라 세포질에 있는 tRNA와 rRNA가 단백질을 합성한다. tRNA는 transfer RNA의, rRNA는 ribosomal RNA의 약어이다. tRNA는 단백질의 재료인 아미노산을 운반해 나르고, rRNA는 이 아미노산들을 연결하는 공장인 리보조옴의 구성성분이다.

DNA는 한 세대에서 다음 세대로 유전정보를 전달해주는, 진정한 의미의 유전물질인 동시에 생물이 살아가는데 필요한 모든 단백질에 대한 유전암호를 저장하고 있다. RNA는 이 생명현상의 과정에서 DNA를 도와 단백질을 직접 만드는 역할을 담당하고 있다.

일부 가설에 의하면 유전자도 진화를 하였다고 한다. 이 가설에 의하면 태초의 유전물질은 단순한 형태의 RNA에서 출발하였다고 한다. 그러다가 외줄로서는 염기를 충분히 보호할 수 없었기 때문에 오랜 시간에 걸쳐 두 줄의 DNA 형태로 변화하였다는 것이다. 실제로 RNA가 DNA로 바뀔 수 있다는 사실이 최근에 AIDS(후천성면역결핍증) 바이러스 등에서 확인되었기에 유전자 진화는 신빙성있는 가설로 인정받고 있다.

염색체 구조

진핵세포 염색체에 DNase를 처리하면 200bp, 400bp, 600bp 등 약 200의 배수로 DNA가 절단되는 것을 관찰할 수 있다. 이런 실험을 DNase 보호분석실험(DNase protection assay)이라고 한다. 이 실험 결과는 DNA가 단백질에 규칙적으로 감겨있음을 말해주는 결과이다. 즉, DNA가 200bp 주기로 단백질에 감겨있어 효소 공격으로부터 보호된다는 것이다. 반대로 표현하면 매 200bp 마다 주기적으로 노출되어 있다는 의미이다. 전자현미경으로 DNA를 들여다보면 마치 동그란 구슬들이 실에 꿰여 있는 것 같은 구조(beads on a string)가 관찰된다. 이 구슬같은 구조를 뉴클레오조옴(nucleosome)이라 부른다. 1975년 Robert Konberg는 뉴클레오조옴을 여러 종류의 히스톤(histone) 단백질이 동량으로 모여 만들어진 복합체라고 발표하였다. 히스톤은 종류별로 H1. H2A, H2B, H3, H4 등이 있다.

뉴클레오조옴에는 H1을 제외한 H2A, H2B, H3, H4가 각각 두 개씩 들어 있다. 뉴클레오좀을 옥타머(octamer)라 말하는 이유는 이렇게 8개의 단백질이 모여 만들어진 복합체이기 때문이다. 옥타머에는 정확하게 146bp가 감겨있다. 이 DNA를 중심 DNA(core DNA)라 부른다.

한편 히스톤 H1은 두 개의 뉴클레오좀을 연결하는 DNA와 결합하고 있다. 이 부분을 연결 DNA(linker DNA)라 부르는데 약 50~70bp에 해당한다. 상기한 DNase 보호분석실험에서 200bp 단위로 DNA가 끊어진 이유는 바로 이 연결 DNA 부분이 DNase에 노출되어 있기 때문이다. 이렇게 뉴클레오조옴에 감김으로써 DNA의 길이는 약 1/6 정도로 응축된다. 1980년경 Aaron Klug에 의하면 뉴클레오조옴들이 다시 촘촘하게 배열되어 마치 잘 쌓아올린 벽돌담처럼 되는데 이런 구조를 솔레노이드(solenoid)라 부른다.

솔레노이드 구조가 한층 더 나아가 최고로 응축되면 세포분열 중기(metaphase) 때 관찰되는 염색체 모양을 하게 된다. 이렇게 되면 광학현미경으로도 관찰이 가능하다.

세포분열은 전기(prophase), 중기(metaphase), 후기(anaphase), 말기(telophase)의 순서로 진행된다. 물론 염색체를 가장 선명하게 관찰할 수 있는 시기는 중기이다. 중기의 염색체는 이미 복제된 상태이기 때문에 동원체(centromere)에 의해 두 개의 염색체가 붙어있는 것처럼 보인다. 염색체의 각 팔들을 염색분체(chromatid)라 부른다. 어떤 생물에서 전체 염색체를 개별적으로 구별하는 과정을 핵형분석(karyotype analysis)이라고 한다.

염색체를 구별하는 일반적인 기준은 길이에 의한 구분이다. 예를 들어 사람의 염색체는 46개인데(여성 44+XX, 남성 44+XY), 가장 긴 것부터 1번으로 번호를 붙여 나간다. X와 Y는 성염색체이다. 단, 거의 구분이 안 될 정도로 비슷한 크기인 21번과 22번 사이에서는 21번이 실제로 더 작다고 판명되었다. 각 번호에 해당하는 염색체는 두 개씩인데 이들의 관계를 상동염색체(homologous chromosome)라 부른다. 즉, 상동염색체란 같은 형질에 관여하는 유전자들로 구성된 한 쌍의 염색체이다. 상동염색체의 유전자는 비록 같은 종류일지라도 한 쪽이 우성, 또 다른 쪽이 열성일 수 있다.

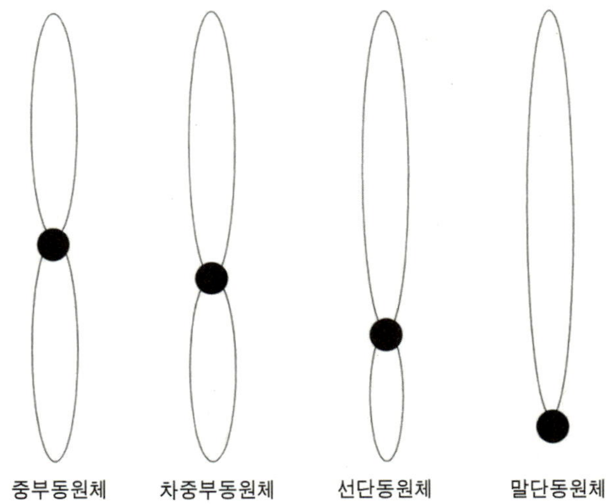

그림 22. **염색체의 종류**

두 번째 기준은 동원체의 위치이다. 동원체가 정가운데 위치하면 중부동원체(metacentric), 약간 중앙에서 벗어나면 차중부동원체(submetacentric), 거의 끝부분에 위치하면 선단동원체(acrocentric), 완전히 말단에 위치하면 말단동원체(telocentric)라 이름 붙인다. 동원체는 염색체가 분열할 때 방추사가 붙어 양극으로 이끌어 가는 역할을 하는 부분인 만큼 대단히 중요한 구조이다.

텔로미어

염색체의 중앙에 위치한 동원체와 함께 중요한 구조는 양쪽 끝에 있는 텔로미어(telomere)라고 하는 특수 구조이다. 이 부분은 동일한 염기서열이 수없이 반복적으로 되풀이되는 것이 특징이다. 사람의 염색체에서는 5'-AGGGTT-3'의 염기서열이 수 천 번 이상 되풀이되어 있다. 텔로미어는 비록 유전암호가 들어있지 않지만 몇 가지 면에서 대단히 중요한 구조이다. 첫째, 텔로미어가 양 끝에 있어 그 안쪽에 위치한 중요 유전자들을 핵산가수분해효소(nuclease)로부터 보호해 준다. 둘째, 텔로미어가 없으면 염색체의 양끝은 굉장히 반응성이 높아 서로 붙어버리고 말 것이다. 이런 상태를 우리는 점성이 높다(sticky)라고 표현하는데 결국 텔로미어 때문에 개개의 염색체가 유지될 수 있는 것이다. 셋째, 이론으로만 본다면 DNA가 매 번 복제될 때마다 텔로미어는 조금씩 짧아져야만 한다. DNA가 복제될 때에는 RNA가 일시적으로 프라이머(primer)로 사용되는데 세포는 복제가 끝나면 어떻게 해서든지 이를 제거해버려야 하기 때문이다. 이때 그 RNA 프라이머에 해당하는 DNA가 이론상 같이 제거되어야 하기 때문이다. 문제는 우리 몸은 수정란에서 시작해 약 40여회 세포분열한 결과로 만들어지는데 계속 짧아진다면 그 때문에 텔로미어도 결국 사라질 것이고 그보다 더 안쪽에 위치한 중요한 유전자들도 잘려나갈 수 있다는 우려가 생긴다. 그러나 실제로는 세포분열 후에도 텔로미어의 길이는 전혀 변하지 않는 것으로 확인되었다. 그렇다면 어떻게 이런 일이 가능한 것일까?

1985년 Elizabeth Blackburn과 Carol Greider는 원생동물인 Tetrahymena에서 텔로머라아제(telomerase)라는 효소를 발견하였다. 이 효소는 RNA와 단백질의 복합체(complex)로서 일부가 텔로미어와 상보적인 5'-CAACCCCAA-3'의 염기서열을 하고 있었다. 텔로머라아제는 상보적 결합으로 텔로미어에 달라붙은 다음 자신의 RNA를 주형(template)으로 역전사(reverse transcription)함으로써 복제 때마다 소실되는 끝 부분을 재연장시킬 수 있다는 것이 증명되었다. 이들은 이 연구의 업적을 인정받아 결국 노벨상을 수상하였고, 텔로머라아제는 암치료에 이용될 수 있다는 가능성 때문에 주목받게 되었다.

Chapter 4
유전자 구조 및 발현

유전자란 무엇인가?

생물체의 경우 사람이든 동물이든 자식 세대와 부모 세대는 서로 유사한 형태와 성질을 지니게 해주는 것이 바로 유전에 의한 것이다. 유전자(gene)는 이런 식으로 형태와 성질을 전해주는 매개체로써 유전정보의 기본단위이며, 유전인자라고도 한다. 겉으로 드러나 보이는 형태와 성질을 표현형(phenotype)이라 하고, 그에 대한 유전자 암호형을 유전형(genotype)이라 한다. 사람마다 얼굴이 조금씩 다르듯이 유전형도 다를 수밖에 없다.

유전자의 개념을 처음 언급한 사람이 바로 Mendel이다. Mendel

은 완두콩의 형질 실험을 통해 형질을 다음 세대로 전달하는 유전물질이 따로 있음을 암시하였으며, 대립형질(allele)을 지배하는 우성인자나 열성인자가 있다는 것을 확신하였다. 이후 유전자의 개념은 1909년 Joannsen이 Mendel의 유전물질을 처음으로 유전자라고 명명함으로써 더욱 명확해졌고, 초파리를 재료로 다양한 실험을 시도한 Morgan에 의해 확실하게 정립되었다. 물론 이 외에도 여러 사람들이 비슷한 견해를 발표하거나 주장하였지만 Morgan이 최종적으로 유전 현상은 염색체 위에 자리잡고 있는 유전자의 행동에 의해서 설명할 수 있다고 하는 유전자설을 1926년에 제창하였다.

이후 50여년에 걸쳐 유전자의 화학적 성질이 단백질이냐 DNA냐 하는 논쟁과 실험을 거듭한 끝에 유전물질이 DNA임이 최종적으로 밝혀졌고, Watson과 Crick이 DNA의 이중나선구조를 공간 모델을 만들어 밝힘으로써 유전자에 대한 연구는 급속한 발전을 가져오기 시작하였다.

유전자와 DNA

유전자의 본체는 DNA(deoxyribonucleic acid)이다. 물론 RNA(ribonucleic acid)를 유전자로 가진 바이러스도 발견되지만 대부분의 생명체는 DNA를 자신의 유전물질로 가지고 있다. 되풀이하여 설명하자면 DNA는 중합체(polymer)로서 뉴클레오티드

(nucleotide)라고 하는 단위체들이 여럿 모여 길게 연결된 것이다. 그리고 개개의 뉴클레오티드는 당(sugar)과 염기(base), 인산(phosphoric acid)이 서로 결합하여 형성된 구조이다. 당은 단당류로서 5탄당이다. 기본적으로 디옥시리보오스(deoxyribose)를 사용한다. 염기는 질소염기(nitrogenous base)라고도 부른다. 고리 구조 안에 질소가 여러 개 들어 있기 때문이다. DNA의 염기는 모두 4종류로서 아데닌(adenine), 구아닌(guanine), 시토신(cytosine), 그리고 티민(thymine) 등이 있다.

아데닌과 구아닌은 퓨린(purine)계 염기로서 육각형과 오각형의 고리 두 개가 연결된 구조이다. 반면에 시토신과 티민은 육각형 고리 하나만으로 되어 있고 피리미딘(pyrimidine)계에 속하는 염기들이다. 이렇게 해서 만들어진 염기와 당의 결합체를 뉴클레오시드(nucleoside)라 부른다. 뉴클레오시드에 인(phosphate)이 결합함으로써 비로소 뉴클레오티드(nucleotide)가 완성된다. 이때 인이 결합하는 위치는 당의 5' 탄소이다. 엄밀하게 말해서 인은 인산(PO_4^-)이다. 그렇기 때문에 수용액 속에서 뉴클레오티드는 (−) 전기를 띠게 된다. 인은 최고 3개까지 붙을 수 있으며 역시 위치에 따라 이름을 붙이는데 당에서 가까운 순서대로 α, β, γ라고 명명한다. 뉴클레오티드끼지 연결될 때 β와 γ 위치에 있는 인은 떨어져 나가고 α 인만 남는다. 뉴클레오티드는 DNA와 RNA 모두의 기본 단위이다. 그렇기 때문에 DNA처럼 RNA도 전기적으로 (−)이고 산성을 띠는 것이다.

RNA는 DNA와 비슷한 구조의 또 다른 핵산이다. 일부 하등한 바이러스는 DNA 대신 RNA를 유전물질로 가지고 있기도 하다. RNA는 몇 가지 면에서 DNA와 구조적 차이가 발견된다. 첫째, 아데닌, 구아닌, 시토신은 DNA와 RNA 모두에서 발견되지만 RNA에서는 티민 대신 우라실(uracil)이 발견된다. 우라실은 티민과 매우 유사하지만 5번 탄소의 메틸기(CH_3)가 빠진 구조이다. 둘째, RNA의 당은 리보오스(ribose)이다. 즉 2' 탄소에도 수소가 아닌 수산화기(OH)가 결합되어 있다. 셋째, RNA는 보통 외줄이지만 DNA는 두 줄이 서로 꼬여 감긴 이중나선(double helix) 구조를 하고 있다. 큰 수산화기가 2'와 3' 탄소에 두 개 나란히 붙어있기 때문에 RNA는 불안정할 수밖에 없고, 따라서 태초의 원시적인 바이러스는 RNA를 유전물질로 가지고 있었지만 점차 DNA로 대체되었다는 것이 정설이다.

단위체인 뉴클레오티드들이 순서에 따라 에스테르 결합(ester bond)을 하면 긴 폴리뉴클레오티드(polynucleotide)가 만들어진다. 그리고 두 줄의 폴리뉴클레오티드가 염기간의 수소 결합으로 서로 붙게 되면 DNA의 이중 구조가 형성된다. 즉 당과 인은 바깥쪽에서 뼈대(backbone) 역할을 하고 염기는 안쪽으로 향하게 된다. 핵에는 핵질이 가득 차 있기 때문에 소수성인 염기는 물을 피해 안쪽으로, 친수성인 당과 인은 바깥쪽으로 자리잡는 것이다. 어쨌든 이렇게 해서 염기에 들어있는 중요한 유전정보는 잘 보호받을 수 있게 된다. 게다가 DNA는 나선모양을 취함으로써 사방 어느 쪽으로 부터의 공격이라도 잘 막아낼 수 있게 되어있다. 유전정보는 생명의 설계도인 만큼 절대로 깨어져서는 안되기 때문이다. 염기간의 결합에서 아데닌은 티민과 이중 수소결합을, 시토신은 구아닌과 삼중 수소결합을 한다. 결과적으로 모든 수소결합이 퓨린과 피리미딘 사이에 일어나므로 DNA는 위에서 아래까지 균일한 간격을 유지할 수 있다. 이 균일성 때문에 DNA는 더욱 안정할 수 있다.

유전자의 배열

개개의 유전자란 간단히 말해 긴 DNA 분자의 각 부분 부분을 말한다. 인간게놈프로젝트에 의하면 사람의 DNA에는 적어도 25,000여 종류의 유전자가 있다고 밝혀져 있다. 각각의 길이도 다양해서 어떤 유전자는 수십 bp(base pair) 밖에 되지 않는 반면 1,000kb(kilobase pair)가 넘는 복잡한 유전자도 간혹 발견이 된다. 물론 유전자의 구조에서 가장 중요한 것은 뉴클레오티드의 서열, 즉 염기서열이다. 이 안에 유전정보가 들어있기 때문이다. 어떤 DNA 부분은 유전정보가 없고 그저 두 개의 유전자를 서로 연결해주는 역할(linker DNA)만 하는데 앞서 말한대로 이를 "유전자간 DNA(intergenic DNA)" 또는 "공간 DNA(spacer DNA)"라 부른다. 하등한 생물일수록 유전자들이 촘촘히 배열되어 있어 유전자간 DNA가 적은 반면에 고등생물의 유전자들은 펄

쳐져 있어 유전자간 DNA가 상대적으로 길다. 사람의 DNA 중 10% 미만만이 실제로 유전정보를 가지고 있다고 믿어진다.

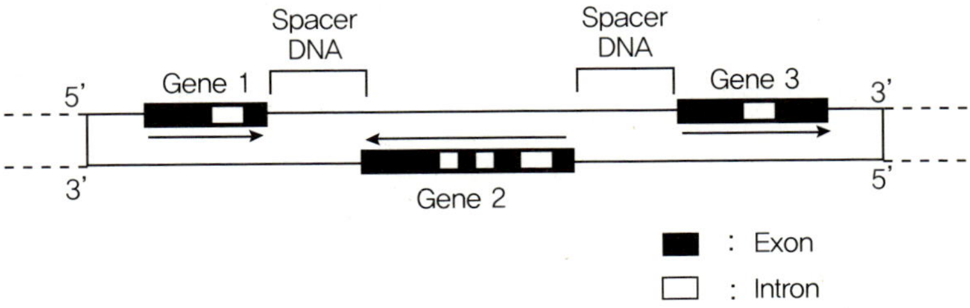

그림 23. **유전자의 배열**

그렇다면 염색체 위에 유전자가 배열되는 데에는 어떤 특별한 원칙이 있는 것일까? 이에 대해 조사해보면 대부분의 유전자들은 특별한 순서 없이 여기저기에 펼쳐져 있는 것처럼 나타난다. 유전자의 방향도 좌우가 뒤바뀌어 있기도 하고, DNA 두 줄 중 어떤 쪽이라 말할 수도 없게 무작위적으로 배열되어 있다. 다만 간혹 유사한 기능을 가졌거나 같은 생화학대사에 관여하는 유전자들이 한데 뭉쳐서 발견되는 경우가 발견되는데 이런 경우 유전자가 집단을 이루고 있다고 표현한다. 이렇게 유전자가 집단을 이루고 있으면 전체적으로 조화있는 발현을 조절하기 용이하다는 것이 장점이다. 즉, 특별한 대사작용이 특정한 조건에서만 수행될 필요가 있을 때 관련된 유전자들의 집단을 한꺼번에 발현시키거나 꺼줌으로써 필요없는 에너지 소모를 줄일 수 있다는 장점도 있다. 세균에서 발견되는 대표적인 예가 오페론(operon)이고 사람을 비롯한 고등생물에서 볼 수 있는 예가 다중유전자족(multigene family)이다. 좋은 예가 헤모글로빈의 유전자들이 동일한 염색체 상에 발현 순서대로 배열되어 있는 것이다.

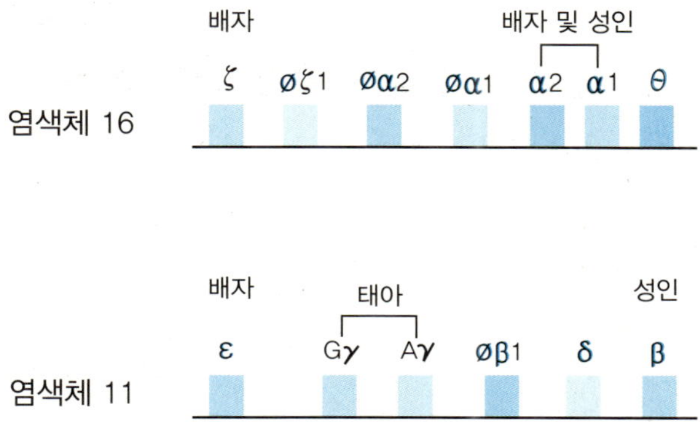

그림 24. **헤모글로빈 유전자의 배열**

Lac 오페론

대장균의 여러 종류 오페론 중 가장 연구가 많이 되고, 정확하게 기능이 알려진 것은 젖당(lactose) 분해에 필요한 유전자들이 모인 *lac* operon이다. *lac* operon에는 투과효소(permease), β-갈락토시다아제(β-galactosidase), 아세틸기전달효소(transacetylase) 등 3개 유전자가 나란히 모여 있다. 투과효소는 젖당을 세포 안으로 투과시켜 주는 역할을 하고, 갈락토시다아제와 아세틸기전달효소는 이당류인 젖당을 단당류인 포도당(glucose)과 갈락토오스(galactose)로 분해해 주는 효소이다. 사실 이들 유전자는 항상 발현되어야 하는 것들은 아니다. 단지 젖당이라는 영양분이 주어졌을 때에만 필요한 유전자들이다. 그렇기 때문에 필요할 때에는 동시에 발현되었다가 또 동시에 중지될 수 있는 오페론 구조를 취하고 있는 것이다. *lac* operon은 유전자 클로닝에 많이 활용되기 때문에 확실하게 이해하고 넘어갈 필요가 있다.

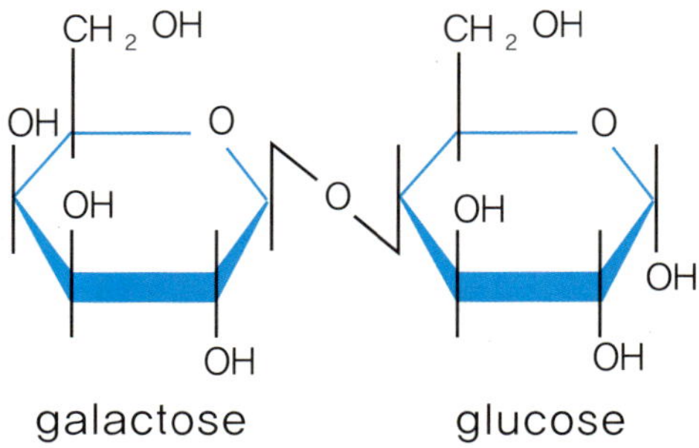

그림 25. lactose

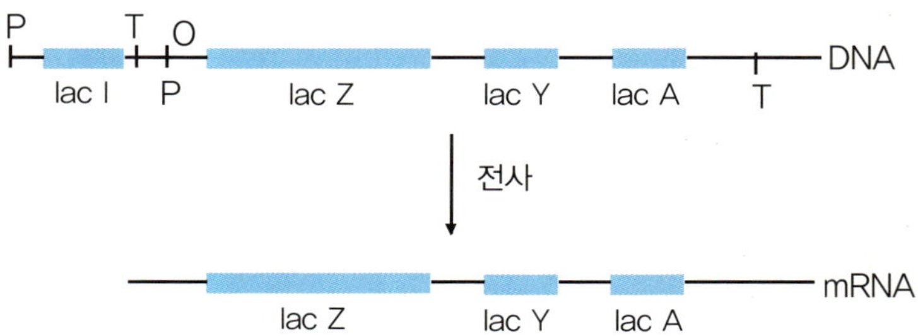

그림 26. lac operon

Exon과 intron

진핵세포의 유전자에서 볼 수 있는 또 하나의 특징은 하나의 유전자가 엑손이라 부르는 부분과 인트론이라 부르는 부분으로 나뉘어져 있다는 것이다. 인트론은 두 개의 엑손을 서로 이어주는 부분이다. 때문에 인트론은 유전자 발현 과정에서 어떻게서든지 떨어져 나와야 하고 엑손은 서로 이어져야만 한다. 이런 과정을 RNA 이어맞추기(RNA splicing)라 하는데 염기서열 하나의 오차도 없이 정확해야만 하는 아주 정교한 과정이다. 처음에 DNA가 전사될 때는 일단 엑손과 인트론을 구별하지 않고 한꺼번에 RNA로 전사되는데 그런 다음 인트론에 해당하는 부분만을 구별하여 잘라내게 된다. 그런 다음 엑손들끼리 이어주는데 이때 어떤 엑손끼리 이어지느냐에 따라 유전자 발현의 결과가 달라질 수 있다.

그림 27. Exon과 Intron의 예

보편적으로 엑손은 유전정보가 들어있는 부분을, 인트론은 유전정보는 없지만 두 개의 엑손 사이에서 서로를 이어주는 부분을 지칭한다. 그러나 엄밀하게는 세포질에 발견되는 성숙한 mRNA에 최종적으로 나타나는 유전자 부분을 엑손, 전사되는 과정에서 제거되어 없어지는 부분을 인트론이라 한다.

결국 진핵세포는 유전자간 DNA뿐 아니라 하나의 유전자 안에서도 인트론이라는 연결 DNA를 가지고 있는 셈이다. 진핵세포의 유전자가 원핵세포와 달리 왜 인트론에 의해 토막이 나있는지 전체적으로 설명할 수 있는 근거는 아직 없다. 다만 앞에서 설명했던 것처럼 미니유전자(minigene)와 유전자의 진화로 일부 설명될 수는 있다. 사람의 전체 DNA 중 약 85% 이상이 유전자간 DNA이거나 인트론, 또는 가짜 유전자에 해당하기 때문에 실제 중요한 유전자는 15% 미만일 것으로 추정을 한다.

생명의 근본물질로서 유전자 기능

유전자의 기능은 크게 두 가지로 볼 수 있다. 바로 자기복제와 단백질 생산이다. 단백질 생산은 유전자 발현을 통해 이루어진다. 이 두 가지는 생명현상의 기본적인 현상이기에 유전자가 생물의 연속성에서 얼마나 중요한 역할을 하는지 알 수 있다. 부모가 자녀에게 자기를 닮은 비슷한 형질을 물려줄 수 있는 것은 바로 유전자가 자기복제를 통해서 전달되기 때문이다.

단백질은 생명현상을 조절하는 중요한 역할을 한다. 이는 다양한 효소로 작용해서 물질대사를 조절할 수도 있고 액틴(actin)이나 미오신(myosin)처럼 근육의 주성분으로서 수축운동을 일으킬 수도 있으며, 인슐린(insulin)같은 호르몬 작용으로 체내의 생리현상을 조절해 줄 수도 있고, 헤모글로빈처럼 운반 작용도 해주기 때문이다. 이 외에도 단백질은 에너지원이 될 수 있고, 항체로서 면역작용을 해주는 등 살아가면서 필요한 모든 생화학 반응의 주체이다. 그러나 이렇게 중요한 역할을 하는 단백질은 유전자의 본체인 DNA에 들어있는 유전정보에 따라서 만들어지기 때문에 유전자야말로 생명의 근본물질이라고 말하는 것이다.

유전자 발현

Crick은 1958년에 "단백질합성에 관하여(On the protein synthesis)"이라는 주제 하에 이중나선 구조인 DNA가 어떻게 생명이 중심이 될 수 있는지를 설명하였다. Crick의 중심설(central dogma)은 한마디로 말해 DNA에서 단백질이 만들어지는 단계를 요약한 것이다. 이때 발현의 중간 단계로서 RNA가 등장하는데 어떤 생명체에서는 RNA가 중간물질이 아니고 아예 그 자체가 유전물질이기도 하다. 이렇게 DNA의 유전정보에 따라 단백질이 만들어지는 전체 과정을 유전자발현(gene expression)이라 하는데 이는 다시 두개 단계로 이루어진다. 첫 번째는 유전정보가 RNA로 복사되어 나오는 전사(transcription) 과정이고, 두 번째 단계는 전사된 RNA를 기초로 단백질이 만들어지는 해석(translation) 과정이다. 해석은 번역이라고도 말한다.

전사과정은 DNA의 이중가닥 중 한 가닥을 주형으로 RNA가 만들어지는 과정을 말하며 이 때 만들어지는 RNA는 mRNA라는 유전정보를 가진 mRNA이다. mRNA에는 DNA의 유전암호가 고스란히 복사되어진다. 이렇게 전사된 mRNA는 tRNA와 rRNA의 협조를 받아(실제로는 rRNA가 리보솜의 구성 성분으로 작용한다) 세포질에서 단백질을 만들어 내는데 이 과정이 바로 해석이다. 해석 과정을 통해 만들어진 아미노산의 긴 사슬, 즉 단백질은 소포체를 통해 골지체로 이동되어지고, 여기에서 여러 종류의 당이 첨가되어 최종 기능을 갖춘 3차원 또는 4차원 구조의 성숙한 단백질이 된다. 이러한 전체 과정을 유전자 발현이라고 한다.

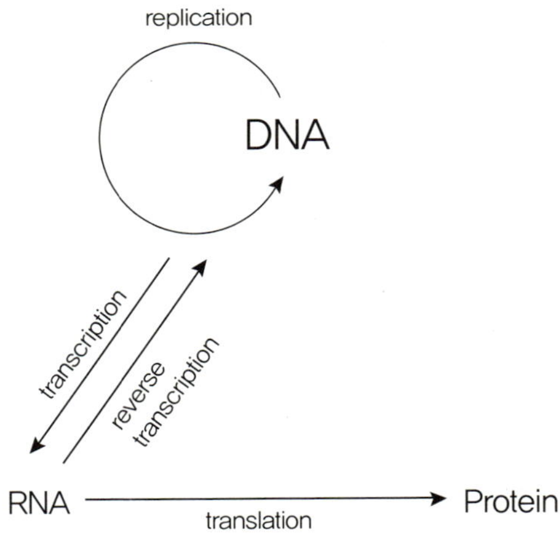

그림 28. **중심설**

유전암호

tRNA와 rRNA의 도움을 받아 mRNA의 염기서열이 단백질의 아미노산 서열로 바뀌어지는 과정이 해석이다. 아미노산은 유전암호(genetic code)에 따라 결정되기 때문이다. 즉, 유전암호 속에 들어있는 정보들은 순서에 맞추어 단백질의 아미노산 서열로 흐른다고 이야기한다.

첫 번째 자리 (5' 말단)	두 번째 자리				세 번째 자리 (3' 말단)
	U	C	A	G	
U	Phe	Ser	Tyr	Cys	U
	Phe	Ser	Tyr	Cys	C
	Leu	Ser	정지	정지	A
	Leu	Ser	정지	Trp	G
C	Leu	Pro	His	Arg	U
	Leu	Pro	His	Arg	C
	Leu	Pro	Gln	Arg	A
	Leu	Pro	Gln	Arg	G
A	Ile	Thr	Asn	Ser	U
	Ile	Thr	Asn	Ser	C
	Ile	Thr	Lys	Arg	A
	Met	Thr	Lys	Arg	G
G	Val	Ala	Asp	Gly	U
	Val	Ala	Asp	Gly	C
	Val	Ala	Glu	Gly	A
	Val	Ala	Glu	Gly	G

그림 29. **유전암호표**

유전암호(codon)는 세 개의 뉴클레오티드가 하나의 단위이다. 유전암호의 서열은 곧 단백질의 아미노산 서열로 이어지기 때문에 유전자와 단백질의 방향성은 대단히 중요하다. DNA는 방향성이 있으며 두 줄이 서로 역방향으로 평행하게 달린다. 유전정보는 항상 5'→ 3' 로 흐르기 때문에 아미노산의 서열도 이에 맞추어 N-말단(N-termini)에서 C-말단(C-termini)으로 흐르게 된다. 물론 유전암호와 아미노산 서열들은 순서가 완전히 일치하므로 중간에 하나쯤 교차되거나 건너뛰는 일이 전혀 있을 수 없다. 유전암호가 각기 세 개의 뉴클레오티드, 즉 염기서열이라는 것은 총 64개의 유전암호가 가능하다는 것을 의미한다. 그러나 이에 해당하는 아미노산은 불과 20종류이므로 유전암호는 실제로 필요한 만큼보다 오히려 남을 수밖에 없는 것이다. 모두 64개의 유전암호가 Nirenberg와 Khorana 등에 의해 완전히 해석되었고 이들은 이 공로로 후에 노벨상을 수여받았다.

유전암호의 특징은 다음처럼 몇 가지로 정리해 볼 수 있다. 첫째는 유전암호들이 퇴화되어 있다는 것이다. 여기서 퇴화라는 의미는 유전암호가 64종류임에 비해 아미노산은 불과 20여 종이기 때문에 생기는 현상이다. 즉, 아미노산마다 유전암호가 1 : 1로 맞아 떨어지지 못하기에 퇴화되었다는 의미이다. 유전암호표를 보면 아미노산마다 해당 유전암호의 수가 다른 것을 알 수 있다. 어떤 아미노산은 단 하나의 유전암호를 갖지만 어떤 것은 심지어 여섯 개까지 해당 유전암호가 다양하다. 예를 들어 trp, met 등은 각각 유전암호가 TGG, ATG로 하나인 반면에 his, gln 등은 두 개의 유전암호가, ile은 세 개, 기타 gly, val 등은 네 개의 유전암호, 그리고 arg, ser 등은 여섯 개의 유전암호가 있다. 그리고 정지암호도 TAA, TGA, TAG의 세 개나 된다. 결국 met만을 제외하고는 모든 아미노산이 퇴화(degeneracy) 된 셈이다. 정교해야만 하는 유전암호가 생물체 안에서 왜 퇴화되어 있는 지 정확한 이유는 알려져 있지 않다. 그러나 대체적으로 해석의 속도를 증가시키거나 돌연변이의 악효과를 억제하려는 의도로 보고 있다.

둘째 유전암호에도 시작과 끝이 있다. 시작은 met의 AUG로 시작이 되며 끝에 해당하는 유전암호는 모두 세 종류(TAA, TGA, TAG)이다. 이들은 정지암호이다. AUG 때문에 새로 만들어지는 단백질은 이론상 met으로만 시작될 수 있다. 그럼에도 불구하고 실제로는 세포 안에서 발견되는 단백질들의 시작이 met이 아닐 수 있는데 그 이유는 해석 후 변형과정(post-translational processing)에 의해 N-말단이 제거되기 때문이다. 물론 제거되지 않는 경우도 많다. 또한 AUG는 하나의 유전자에서 첫번째 아미노산을 나타내는 코돈(codon)일 수도 있지만 그 유전자의 안쪽에서도 나타날 수 있는데 이 두 개가 세포에서 어떻게 구별되는지는 아직도 의문이 많다.

셋째, DNA를 이 생물에서 다른 생물로 옮겨 형질을 바꾸어 주는 유전공학이 가능한 이유는 유전암호가 모든 생물에 공통이기 때문이다. 유전암호, 즉 어떤 codon이 어떤 아미노산을 지정하고 있는가 하는 것까지도 동일하기 때문이다. 단지 미토콘드리아나 엽록체 처럼 별도의 유전자 체계를 가지고 있는 세포소기관은 일부 유전암호가 다를 수도 있다. 그리고 이를 통해 우리는 미토콘드리아나 엽록체가 아주 먼 옛날 독립세포였을거라고 추정할 수 있는 것이다.

단백질

유전자발현의 최종산물은 단백질이다. 그리고 단백질은 20여 종류의 아미노산(amino acid)이 연결되어 만들어진 중합체(polymer)이다. 이들 아미노산이 어떤 순서로 조합되는가에 따라 다양한 종류의 단백질이 만들어진다. 대체적으로 분자량이 적으면 폴리펩티드(polypeptide)라 부르지만 일정 크기 이상이 되어 3차원적 구조를 갖추게 되면 단백질이라 부른다. 우리 몸에는 약 5 만여 종의 단백질이 있는 것으로 알려져 있다. 유전자가 25,000여 개인데 비해 단백질이 50,000여 개나 되는 이유는 RNA splicing 때문이다. 그리고 인트론이 이 과정에서 어느 엑손끼리 서로 이어질지를 결정하고 있다고 생각하는 사람도 있다.

아미노산의 기본 구조는 다음과 같다. 정가운데에 위치한 탄소를 알파(alpha) 탄소라 부르며 주위에 아미노기(NH_2)와 카르복시기(COOH), 그리고 수소원자(H)가 위치하고 있다. R은 곁사슬(side chain)로서 아미노산 종류에 따라 간단한 수소원자로부터 복잡한 고리구조에 이르기까지 다양하다. 곁사슬이 가장 단순한 아미노산은 gly이다. Gly의 곁사슬은 수소원자이다. 아미노산마다 화학적 성질이 달라지는 것은 바로 이 곁사슬의 차이 때문이다. 수용액 속에서는 아미노기가 (+) 전기를, 카르복시기가 (−) 전기를 띠게 된다. 물론 서로 상쇄를 하기 때문에 하나의 아미노산 전체적으로는 중성을 나타내지만, 곁사슬에 (+)나 (−) 전기가 또 다시 추가되는 경우 그 아미노산은 산성(−) 또는 염기성(+)이 되게 된다.

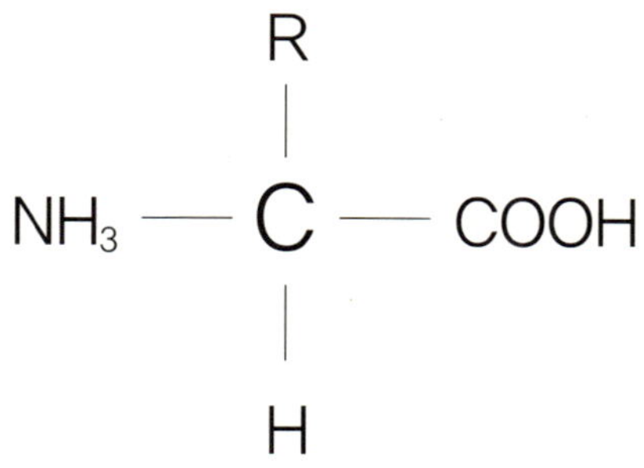

(R : 곁사슬)

그림 30. **아미노산의 기본 구조**

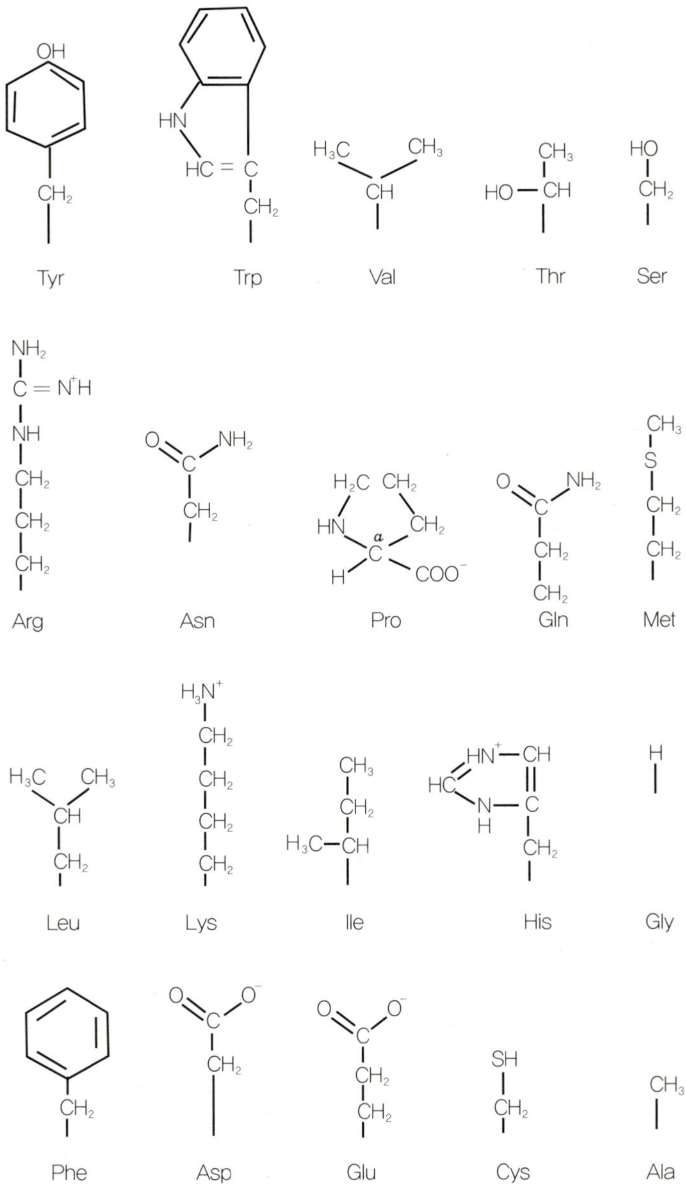

그림 31. 20 종류의 아미노산

산성아미노산과 염기성아미노산

어떤 아미노산은 곁사슬에도 카르복시기를 가지고 있다. 이들은 특히 수용액 속에서 (-) 전기를 띠게 되기에 산성아미노산(acidic amino acid)이라 부른다. 또 곁사슬에도 아미노기, 또는 이와 유사한 구조가 있어 (+) 전기를 띠는 것들을 염기성아미노산(basic amino acid)이라 부른다. 산성아미노산에는 글루탐산(Glu)과 아스파트산(Asp)이 있으며, 염기성아미노산에는 리신(Lys), 아르기닌(Arg), 히스티딘(His)들이 있다. 하나의 단백질 안에 산성아미노산과 염기성아미노산이 어떻게 분포되어 있느냐에 따라 전체 단백질의 전기적인 성질이 결정된다. 고기를 구울 때 유황냄새가 나는 것은 아미노산 중에 황을 포함하는 것이 있기 때문이다. 메티오닌(Met)과 시스테인(Cys)이 그 예이다.

아미노산의 명칭

아미노산은 이름이 길기 때문에 대개는 약어를 사용한다. 첫 번째 3개 알파벳이 약어이다. 그러나 서로 겹치거나 혼동하기 쉬운 경우에는 약간의 변형이 있을 수도 있다. 특별히 Asp(아스파트산)과 Asn(아스파라긴), Glu(글루탐산)과 Gln(글루타민), 그리고 Trp(트립토판)과 티로신(Tyr) 등을 서로 혼동하지 않도록 주의하여야 한다. ile도 이름에 주의가 필요한 아미노산이다.

단백질의 다양한 구조

아미노산 사이의 결합은 펩티드 결합(peptide bond)이다. 이 반응 역시 탈수반응(dehydration synthesis)이다. 아미노산 두 개가 연결되면 디펩티드(dipeptide), 세 개가 연결되면 트리펩티드(tripeptide) 등으로 명명한다. 그 이상의 아미노산이 연결되면 그냥 폴리펩티드(polypeptide)라고 부른다. 폴리펩티드와 단백질은 흔히 같은 의미로 사용하지만 대개 분자량 5,000Da 이하일 때는 폴리펩티드로, 그 이상은 단백질이라 부른다. Da(dalton)은 아미노산의 분자량을 나타내는 단위로서 달톤이라 읽는다. 아미노산의 평균 분자량을 약 120Da으로 보면 단백질의 최소 단위는 약 40개의 아미노산이라는 것을 알 수 있다. 단백질은 1차 구조에서 4차 구조까지 다양한 형태로 존재할 수 있다.

① 1차 구조(primary structure)

어떤 아미노산들이 순서에 의해 결합되었는가가 1차 구조를 결정하는 요소이다. 1차 구조에서는 펩티드 결합만이 존재한다. 즉, 1차 구조란 단백질의 가장 기본적인 구조로서 단순한 직선상 구조이다. 1차 구조만으로는 단백질이 기능을 할 수 없지만 2, 3, 4차 구조를 차례로 결정하는 기본이기 때문에 근본적으로 중요한 구조이다. 그리고 1차 구조는 DNA의 염기서열에 의해 직접 결정된다.

② 2차 구조(secondary structure)

단백질의 2차 구조에는 알파-나선구조(α-helix)와 베타-병풍구조(β-sheet)가 있다. 2차 구조는 인접한 아미노산의 곁사슬들 사이에 생겨나는 수소결합(hydrogen bond) 때문에 만들어진다. 즉, 2차 구조는 펩티드결합에 수소결합이 하나 더 첨가된 셈이다. 알파구조란 인접한 아미노산과의 수소결합 때문에 전체적으로 1차 구조가 줄어들면서 결국 나선 형태를 취하게 된 것이다. 베타구조는 한 줄의 긴 단백질이 중간에 엿가락처럼 구부러지면서 두 줄이 나란히 달리게 되는 부분이 생기거나, 또는 두 개의 서로 다른 단백질이 공간 속에 나란히 배열되었을 때 역시 인접한 아미노산 사이에 수소결합이 일어나 만들어지는 것이다. 아직 2차 구조의 단백질은 기능을 할 수 없다.

③ 3차 구조(tertiary structure)

단백질의 3차 구조는 두 개의 시스테인 사이에서 일어나는 결합이다. 시스테인은 SH기를 가지고 있기 때문에 만일 두 개의 시스테인이 접촉하게 된다면 이 사이에서 -S-S- 결합이 생겨날 수 있다. 이 결합의 이름은 이황화물 결합(disulfide bond)이다. 먼 곳에 있는 시스테인 사이에서 이 결합이 생긴다면 단백질은 공간 속에서 접히게 될 것이다. 이렇게 접히면 단백질 구조에는 이쪽 저쪽에 주머니(pocket) 형태가 생길 수 있고, 이 주머니의 형태는 그 단백질을 이루는 아미노산의 서열에 따라 다양할 것이다. 이

다양한 모양의 주머니들이 곧 다양한 기질(substrate)과 결합하는 단백질의 실질적인 기능 부위이다. 대부분의 단백질은 이렇게 접히고 또 접히면서 구형 모양의 3차원적 구조를 이루어 비로서 기능을 할 수 있게 된다.

④ 4차 구조(quaternary structure)

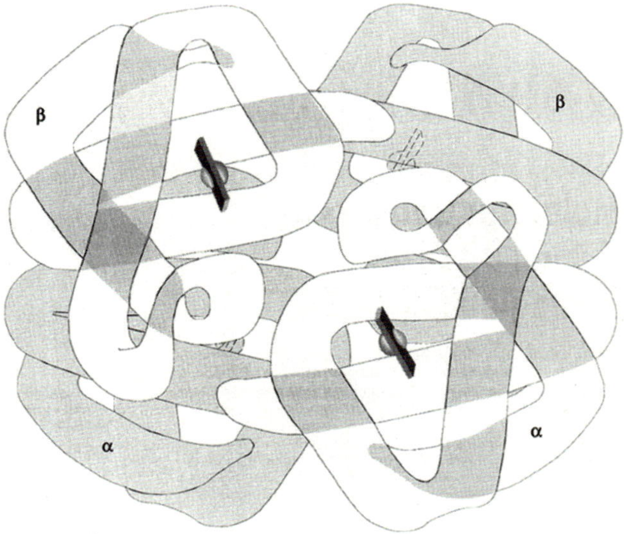

그림 32. **헤모글로빈**

일부 단백질은 4차 구조가 되어야 제대로 기능을 할 수 있다. 4차 구조는 단백질이 취할 수 있는 최고 단계의 구조이다. 4차 구조란 여러 개의 3차 구조 단백질이 이온결합(ionic bond) 등에 의해 또다시 결합한 것이다. 4차 구조의 대표적인 예는 헤모글로빈

(hemoglobin)이다. 헤모글로빈 한 분자는 모두 4개의 글로빈, 즉 각각 두 개의 α-글로빈(α-globin)과 두 개의 β-글로빈(β-globin)으로 되어 있는데 각각의 글로빈들은 모두 3차 구조이다. 각각의 글로빈은 그 자체로는 산소를 운반할 수 없지만 일단 모여서 4차 구조를 이루면 산소를 운반할 수 있게 된다. 4차 구조의 또 다른 예로는 박테리오파아지의 껍질을 들 수 있다.

어린이들이 열이 날 때 그 원인이 무엇이든지 간에 일단 빠르게 해열시키는 것이 중요하다는 것을 우리는 잘 알고 있다. 그 이유는 열이 계속 지속되면 4차 구조를 지탱하는 이온 결합들이 풀려버리게 되고 단백질로서의 기능이 사라져버리기 때문이다. 이렇게 결합이 풀려 기능이 없어지는 현상을 변성(denaturation)이라 한다. 만약 생명현상에 필수적인 단백질이 변성되어 버리면 치명적이며 정신박약이나 심각한 신체적 장애가 뒤따를 수도 있다. 단백질의 2, 3, 4차 구조는 1차 구조에 의해 자동적으로 결정되므로, 아무리 변성되더라도 1차 구조가 유지되고 있는 한 온도가 다시 낮아지면 원래의 정상구조로 돌아올 수 있게 마련이다. 이를 회복(renaturation)이라 말한다. 물론 지나치게 높은 온도에서 1차 구조마저 변성되거나 펩티드 결합이 파괴되면 회복이 불가능하다. 하나의 단백질을 이루는 아미노산의 순서가 중요한 이유는 바로 이것이 1차 구조의 핵심이기 때문이다. 그리고 DNA가 생명의 근본 설계도인 이유는 DNA에 들어있는 유전암호, 즉 염기서열이 바로 단백질의 1차 구조를 최종적으로 결정해 주기 때문이다.

단백질의 생화학적 기능

유전학의 연구 범위는 전사와 해석, 즉 단백질을 만드는 명령까지이다. 그리고 이렇게 해서 만들어진 단백질이 우리 몸속에서 행하는 다양한 생리작용은 생화학에서 연구할 부분이다. 앞에서 말한 것처럼 단백질은 각종 효소로서, 몸의 구성 성분으로서, 호르몬으로서, 항체로서, 에너지원으로서 모든 생명현상에 관여하고 있기 때문에 DNA, RNA와 함께 생명의 3대 고분자(macromolecule)라 불리고 있다.

Chapter 5

중심설과 레트로바이러스

집을 지을 때의 상황을 상상해 보자. 꼭 필요한 것은 건축 설계도이다. 그러나 설계도 원본을 건축 현장에 직접 들고 다니는 바보같은 사람은 거의 없을 것이다. 비가 오면 설계도가 훼손될 우려가 있기 때문이다. 그렇기 때문에 설계도의 원본은 캐비넷 깊숙이 보관해 두고 대신 복사한 청사진들을 가지고 다닐 것이다. 원본을 안전하게 간직하고 있는 한 청사진이 훼손되면 곧 새로 복사해 낼 수 있기 때문이다.

DNA는 유전정보의 원본 설계도이다. 따라서 세포의 캐비넷에 해당하는 핵 속에 깊숙이 잘 감추어져 있다. 그리고 이 유전정보는 RNA라는 청사진으로 복사가 되어 세포질로 이동한 다음 리보조옴 등에 의해 단백질이라는 집을 짓는데 이용되는 것이다.

RNA는 2' 탄소에 붙어 있는 수산화기(OH) 때문에 다른 물질과 쉽게 반응을 할 수 있다. 이것은 다른 말로 자기 자신이 불안정하다는 표현도 된다.

이론에 따르면 최초의 유전물질은 RNA이었다고 믿어진다. 왜냐하면 구조가 간단하면서도 반응성이 좋아 원시 환경 속에서 쉽게 만들어질 수 있었으리라 보기 때문이다. 그러나 생물체가 진화하고 유전체계가 복잡해지면서 보다 안정된 구조가 필요하게 되었고 염기를 보호하기 위해 두 줄로, 그리고 나선구조의 DNA로 진화하였다고 믿고 있다. 유전자가 RNA에서 DNA로 점차 진화하였다는 증거는 생명현상의 여러 분야에서 나타나고 있다. 대표적으로 AIDS 바이러스와 같은 레트로바이러스(retrovirus)의 경우에는 유전물질이 RNA인데, 이것이 숙주세포 내에서 DNA로 바뀌는 것을 볼 수가 있다. 이런 현상을 역전사(reverse transcription)이라 하는데 이는 RNA가 DNA로 진화할 수 있다는 실제적인 보기인 것이다.

Watson과 Crick이 DNA 이중나선 구조를 처음 발표하기 이전에도 DNA를 직접 사진으로 찍고자 노력한 사람이 여럿 있었다. 그중의 한사람이 바로 영국의 Franklin이다. 그러나 최종적으로 DNA가 두 줄의 나선구조라는 것을 공간적 모델로 만들어 완성, 발표한 것은 Watson과 Crick이다. 최근에는 Franklin이 너무 과소평가되었다는 아쉬움 속에 그녀의 업적을 재조명하려는 움직임도 일어나고 있다.

Crick은 앞서 말한대로 1958년에 “단백질 합성에 관하여(On the Protein Synthesis)”라는 강연에서 DNA가 생명현상을 어떻게 조절하는 지에 관한 가설을 밝혔다. 그것이 바로 “중심설(Central Dogma)”이다. 이 이론에 의하면 DNA는 스스로 복제를 할 수 있기 때문에 딸세포에 유전정보를 전해줄 수 있으며 동시에 유전자 발현하여 살아가는데 필요한 모든 단백질을 만들어 낼 수 있다. 그리고 단백질은 생명현상의 일선에서 직접 모든 생화학적 기능을 조절해준다. DNA가 유전정보를 다음 세대에 전해주고, 또 단백질은 DNA에 들어있는 유전정보에 따라서 만들어지기 때문에 DNA야말로 생명의 근본물질이라고 말하는 것이다.

DNA의 유전정보에 따라 단백질이 만들어지는 과정을 유전자 발현(gene expression)이라 하는데 두 단계로 이루어진다. 첫 번째는 유전정보가 RNA로 복사되어 나오는 전사(transcription) 과정이고, 두 번째 단계는 전사된 RNA를 기초로 단백질이 만들어지는 해석(translation) 과정이다. 해석과정은 번역이라고도 한다.

Crick이 발표한 중심설은 1970년에 들어와 Howard Temin과 David Baltimore에 의해 다소 수정되었다. AIDS 바이러스에서처럼 RNA의 정보가 거꾸로 DNA로 바뀔 수 있다는 것이 밝혀졌기 때문이다. 연구에 의하면 AIDS 바이러스인 HIV(Human Immunodeficiency Virus) 뿐 아니라 여러 또 다른 원시 생명체에서 RNA가 유전물질로 발견되고 있다.

앞에서 언급한 것처럼 AIDS 바이러스처럼 역전사를 할 수 있는 바이러스들을 레트로바이러스(retrovirus)라 부르며 숙주세포(host cell)의 DNA 속으로 끼어 들어갈 수 있는 성질 때문에 유전공학에 중요한 도구로 사용된다. 그러나 아직까지도 역해석(reverse translation)에 대한 증거는 없다. 근에 프리온(prion)이 광우병(mad cow disease)을 일으킨다는 보고와 함께 프리온은 그 내부에 핵산이 전혀 없어도 번식을 하기 때문에 혹시 단백질이 유전물질인 또 다른 예가 아닐까 하는 추측도 조심스럽게 나오고 있다. 만약 단백질 자체가 유전물질이라면 단백질이 RNA로 바뀌는 역해석도 가능할 것이기에 앞으로의 연구 결과가 흥미롭다.

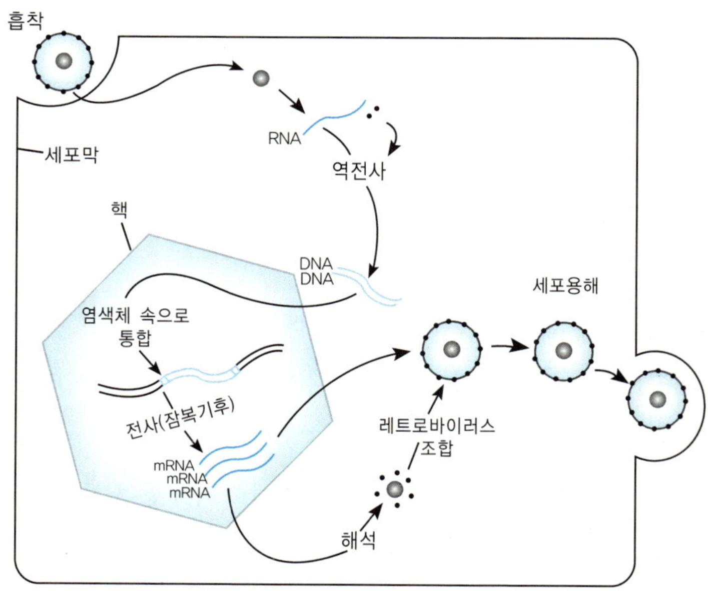

그림 33. 레트로바이러스의 생활사

레트로바이러스의 생활사(life cycle)를 구체적으로 살펴보면 다음과 같다. 먼저 레트로바이러스는 숙주세포에 접근해서 자기의 RNA 유전자를 집어넣게 된다. 이때 역전사효소(reverse transcriptase)도 함께 들어가게 된다. 숙주세포의 세포질에서 RNA는 두 줄의 DNA로 바뀌게 되는데 이를 cDNA(copy DNA 또는 complementary DNA)라고 부른다. 이렇게 만들어진 cDNA는 핵 속으로 침투해서 숙주세포의 DNA로 끼어들어가서 일정한 잠복기를 거친 다음 발현되어서 다시 RNA를 만들고 이에 따라 레트로바이러스를 만드는데 필요한 단백질 껍질이 만들어져 재조합된 후 숙주세포를 용해시키고 나오게 된다.

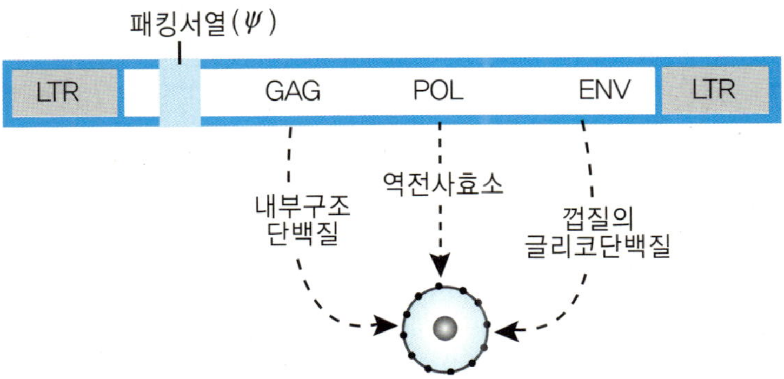

그림 34. **레트로바이러스의 유전자**

레트로바이러스에는 3가지 중요한 유전자가 있다. Gag와 pol, 그리고 env라 불리는 유전자들이다. 가장 중요한 것은 pol인데 역전사효소를 만들어 바이러스가 복제할 수 있게 해주는 유전자이기 때문이다. 레트로바이러스에서 또 중요한 구조는 좌우에 있는 LTR(long terminal repeat)이라는 것이다. LTR은 레트로바이러스의 유전자가 숙주의 염색체 속으로 끼어 들어가기 위한 필수 구조이다.

만약에 pol을 항암유전자로 바꾸어 재조합한 다음 숙주세포에 넣어주면 cDNA가 만들어져 숙주세포의 DNA로 끼어 들어가기는 하지만 자기 바이러스를 복제하는 대신에 항암제를 생산해 내게 될 것이다. 즉 숙주세포가 백혈구라면 암세포를 찾아갈 것이고 항암제를 뿌리면서 암을 치료할 수 있을 것이다. 또 다른 예로 pol을 인슐린 유전자로 대체한다면 AIDS 바이러스는 병을 일으키는 대신에 당뇨병 치료제로 둔갑할 것이다. 이것이 바로 유전자 치료의 기본 원리이다.

Chapter 6

유전자 클로닝

유전자 재조합이란?

유전자 재조합이란 간단히 말해 특정 생물의 유전자에 다른 유전자를 재조합하여 그 생물체의 형질을 바꾸는 것을 의미한다. 이와 같이 외래 유전자를 다른 세포에 도입하여 발현시키는 과정을 "형질전환(transformation)"이라 하며, 여러 가지 미생물을 비롯해서 동·식물의 세포가 유전자 재조합의 대상으로 이용되고 있다. 유전자 치료는 바로 형질전환에 기초하고 있으며 "유전자 이식(gene transfer)"이라는 말로 대변할 수도 있다. 유전자를 다른 세포로 운반해주는 운반체를 벡터(vector)라 하고, 운반되어지는 유전자를 보통 삽입유전자(insert)라고 말한다.

앞에서 언급한 바와 같이 유전자 재조합기술을 이용하여 인슐린 같은 사람 유전자를 대장균에 도입해 발현시키는데 성공함으로써 이제는 여러 가지 의약물질을 값싸게 대량 생산할 수 있게 되었다. 뿐만 아니라 식량 증대와 같은 목적으로도 유전자 재조합 기술을 이용할 수 있게 되었다.

유전자 재조합의 예

되풀이하여 언급되고 있지만 역사적으로 유전자 재조합의 가장 좋은 예는 인슐린 유전자를 대장균에 넣어 대량생산해낸 상품명 "휴물린(Humulin)"이라 할 수 있다. 그 외에도 사람의 성장 호르몬을 생쥐에 넣어 크기가 일반 생쥐보다 약 두 배 정도가 더 커진 '수퍼마우스(supermouse)'를 들 수 있다. 이와 같이 외래 유전자를 동물이나 식물체에 도입, 발현시킨 키메라(chimera) 생물을 형질전환동물(transgenic animal) 또는 식물이라고 한다.

여기서 키메라라는 것은 그리스 신화에서 유래된 동물로, 종(種)이 다른 동물간의 잡종을 뜻하는 것이다. 최초의 키메라 동물은 1961년에 폴란드에서 검은 쥐와 흰쥐를 융합해서 만들어낸 검은 털과 흰 털을 동시에 가진 얼룩쥐이다. 1983년에는 영국에서 더욱 진보된 기술을 선보였는데 종이 완전히 다른 양과 염소를 서로 융합하여 '기프'라는 이름의 키메라 동물을 만들어 낸 것이다. 얼룩쥐가 단순히 같은 종에서 다른 형질만을 서로 융합시킨 것인데 비해 기프는 종과 염색체 수가 서로 다른 생명체끼리의 결합이라는 것이 특징이다.

최근에 우리 나라에서도 KIST에서 인슐린과 인터루킨 2(interleukin-2) 같은 사람의 유전자를 식물체인 담배나무에서 발현시키는데 성공한 바 있다. 이를 계기로 앞으로 의약품과 같은 유용한 물질을 형질전환동물 뿐만 아니라 식물체에서도 생산해 낼 수 있을 것으로 기대되고 있다.

유전자 재조합 기술

가장 일반적인 유전자 재조합기술은 세균의 플라스미드(plasmid)를 운반체로, 대장균을 클로닝의 숙주로 사용하는 방법이다. 그 과정은 다음과 같다. 먼저 대장균으로부터 플라스미드를 분리한다. 그리고 제한효소를 사용하여 재조합하고자 하는 외래 유전자를 끊어내고 역시 분리한 플라스미드를 동시에 잘라낸다. 외래유전자와 플라스미드를 리가아제로 서로 연결하여 재조합 DNA를 만든다. 이렇게 만들어진 재조합 DNA를 플라스미드가 없는 대장균에 넣어준다. 넣어주는 방법은 칼슘을 이용하거나 전기충격을 이용하는 법 등 다양한 기술이 개발되어 있다. 재조합 DNA가 들어가서 형질전환(transformation)된 대장균을 적당한 시간과 온도로 배양하면 재조합 DNA도 대장균과 함께 복제되어 목적하는 DNA가 대량으로 생성된다. 많은 경우에 외래유전자가 재조합되면 DNA만 대량 복제되는 것이 아니고 그 DNA에 들어있는 유전자가 지시하는 산물을 함께 대량으로 만들어낼 수 있다.

식물을 대상으로 하는 유전자 재조합 방법은 다음과 같다. 먼저 아그로박테리움(Agrobacterium)의 Ti-플라스미드를 분리해낸 다음 Ti-플라스미드의 T-DNA 부위에 목적하는 DNA를 삽입시켜 재조합 DNA를 만든다. 그런 다음 재조합 DNA를 아그로박테리움 세포에 주입시키고, 형질전환된 세균만을 골라 식물체에 감염시키면 형질전환 식물을 얻을 수 있다.

① 제한효소

유전자 재조합의 시초는 1960년대부터라고 할 수 있다. 이 시기에 처음으로 세균에서 DNA를 절단하는 효소인 제한효소(restriction enzyme)를 발견함으로써 미생물이 유전공학에 이용되는 계기가 되었다. 제한효소는 원래 세균에서 면역작용을 하는 효소이다. 박테리오파아지(bacteriophage)의 생활사를 보면 세균에 달라붙은 후 자신의 DNA를 세균 안으로 밀어 넣어 복제함으로써 세균을 자신의 번식 공장으로 바꾸어버린다. 세균도 이때 박테리오파아지에 맞서 면역 작용을 하는데 이때 내어놓는 효소가 바로 제한효소이다. 제한효소라는 이름은 효소의 작용범위가 제한적이라는 뜻인데 그 세균에 침입하는 박테리오파아지의 DNA만을 제한적으로 자르기 때문이다. 각각의 박테리오파아지마다 자기가 기생하는 숙주세포가 특이적으로 정해져 있다는 것은 우리가 이미 잘 알고 있는 사실이다. 예를 들어 대장균인 *E. coli*에 기생하는 박테리오파아지의 유전자에는 5'-GAATTC-3'라는 염기서열이 들어있는데 대장균은 바로 이 염기서열을 인식하고 DNA를 자르는 제한효소를 만들어낸다. Smith와 Nathans은 이런 제한효소들을 따로 분리 · 정제하여 실험실에서 사용할 수 있는 조건을 확립함으로서 재조합 DNA 기술(recombinant DNA technology) 발전에 이바지하였다. 그리고 최초로 재조합 DNA를 개발하였고, virus DNA를 절단하여 세균에 도입하는데 성공함으로써 1980년에 노벨상을 받았다.

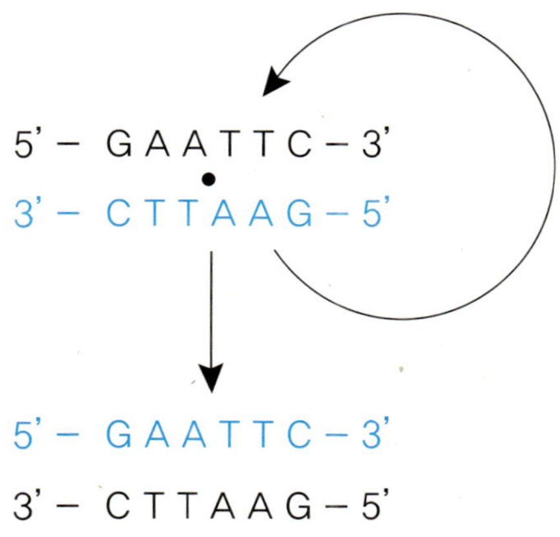

그림 35. 회문구조

대부분의 제한효소는 DNA상에서 6개의 대칭성 염기를 인식하여 절단하지만 어떤 것은 4개 또는 8개의 대칭성 염기를 절단하기도 한다. 대칭성 염기란 정확하게는 회문구조(palindrome)를 의미한다. 회문구조란 염기서열 중앙 부분을 축으로 하여 180도 회전하였을 때 원래 염기서열로 되돌아오는 구조이다. 회문구조는 내부적으로도 수소결합을 할 수 있어서 특징적인 십자 형태를 하게 되는데 제한효소가 바로 이를 인지하고 절단하는 것이다. 제한효소가 자른 자리는 점성말단(sticky end)이 될 수도 있고, 뭉툭말단(blunt end)이 될 수도 있다. 같은 제한효소로 자른 점성말단끼리는 리가아제로 쉽게 붙일 수 있지만, 다른 제한효소에 의한 점성말단끼리는 붙을 수가 없다. 뭉툭말단끼리는 어떤 제한효소로 잘라서 만들어졌든지 서로 붙을 수 있지만 효율면에서 점성말단보다 1/100 이상 떨어진다. 따라서 유전자 클로닝을 할 때는 가능한 같은 제한효소로 벡터와 외래 유전자를 절단하도록 전략을 짜는 것이 중요하다. 이미 수 백 종류의 제한효소가 알려져 있음에도 불구하고 계속해서 새로운 제한효소들이 발견되고 있다.

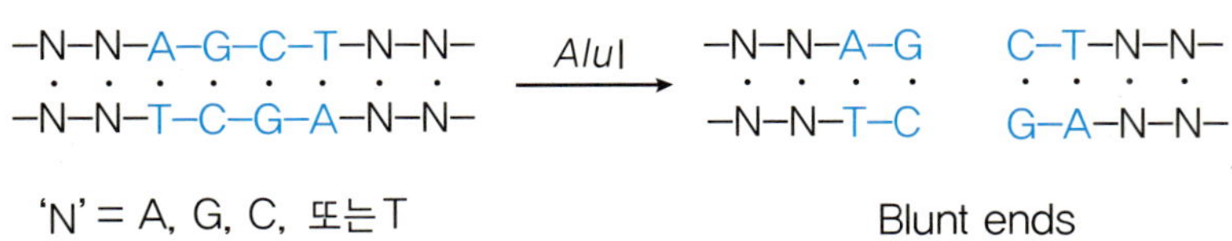

그림 36. **점성말단과 뭉툭말단**

DNA 리가아제(ligase)는 모든 세포에서 생성되며 DNA 복제에 사용되는 효소이다. 인접한 두 개의 뉴클레오티드 사이에서 인산에스테르 결합을 촉매하여 DNA 가닥의 끊어진 곳을 서로 이어준다.

표 2. 대표적인 제한효소와 염기서열

제한효소	염기서열	염기수	말단	비고
*Eco*RI	GAATTC	6	점성말단	N : A, G, C, T
*Bam*HI	GGATCC	6	점성말단	
*Bgl*II	AGATCT	6	점성말단	
*Pvu*I	CGATCG	6	점성말단	
*Pvu*II	CAGCTG	6	뭉툭말단	
*Hind*III	AAGCTT	6	점성말단	
*Hinf*I	GANTC	5	점성말단	
*Sau*3A	GATC	4	점성말단	
*Alu*I	AGCT	4	뭉툭말단	
*Taq*I	TCGA	4	점성말단	
*Hae*III	GGCC	4	뭉툭말단	
*Not*I	GCGGCCGC	8	점성말단	

② 클로닝과 벡터

유전자 재조합과 클로닝의 기본은 자르고 붙이는 것이다. 그러려면 가위도 필요하지만 풀도 있어야 한다. 가위의 역할을 하는 것은 제한효소이고 풀은 DNA 리가아제(DNA ligase)이다. 이외에도 클로닝에는 DNA 운반체(vector)와 대량생산에 필요한 숙주세포 등 몇 가지추가적인 도구를 필요로 한다. DNA 운반체인 벡터는 클로닝하려는 외래 유전자를 숙주세포에 넣기 위한 것이다.

현재 개발되어 있는 벡터는 주로 대장균의 플라스미드(plasmid)나 바이러스를 변형시킨 것이다. 그 외에도 미니염색체(minichromosome) 등 여러 가지 다양한 벡터들이 계속 개발되고 있다. 플라스미드는 가장 널리 사용되는 벡터로서, 세균이 가지고 있는 본래 염색체 이외에 별도로 존재하는 고리 모양의 작은 DNA를 말한다. 플라스미드는 생존 자체에 필수적인 것은 아니지만 항생제 내성 유전자가 들어있어 외부 환경이 안 좋을때 세균이 극복하고 살 수 있도록 해주는 구조이다. 게다가 자유롭게 세균 속으로 넣었다 뺐다 할 수 있기 때문에 외래 유전자를 세균 속으로 운반해주기에 아주 적합한 벡터이다. 플라스미드에는 완만제어 플라스미드(relaxed plasmid)와 엄격제어 플라스미드(stringent plasmid)의 두 종류가 있다. 완만제어 플라스미드는 세균이 분열할 때 같이 분열도 하지만 세균의 분열과 상관없이 스스로도 복제가 가능하다. 즉 세균의 통제를 받지 않고 스스로 자유로이 복제할 수 있다는 뜻에서 "완만제어"라 부른다. 완만제어 플라스미드는 세균은 분열하지 않고 있는데도 수천~수만개까지 빠르게 복제해 버리므로 유전자 클로닝을 통해 외래 유전자를 대량 증폭하거나 그 산물을 대량으로 만드는데 아주 유용하다. 클로닝에 사용되는 플라스미드들은 대부분 완만제어 플라스미드로서 크기는 3~10kb 이하가 보통이다. 대표적인 예는 pBR322와 pBluescript 같은 것들이 있다. 엄격제어 플라스미드는 30~50kb 정도로 너무 크기 때문에 스스로 복제하기가 어렵고 세균의 통제를 받아 세균과 함께 한번에 하나씩 분열한다. 때문에 대량 복제를 요하는 클로닝에는 적합하지 않아서 특수한 숙주세포로의 운반이 필요한 경우외에는 거의 벡터로 사용되지 않는다.

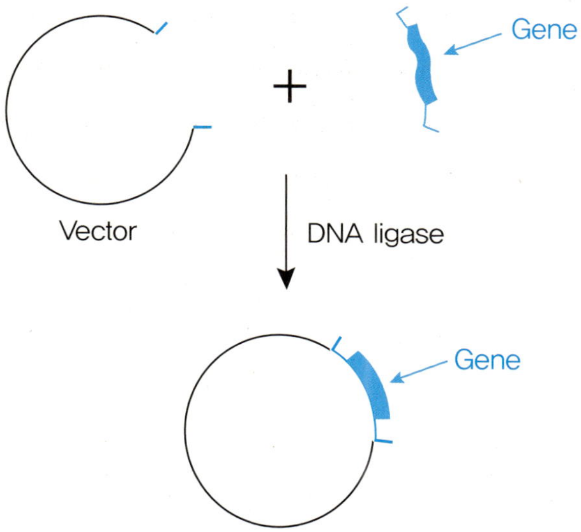

그림 37. 클로닝(자르기와 붙이기)

③ 플라스미드 벡터의 구조

플라스미드 벡터는 기본적으로 3가지 필수 구조를 가지고 있다. 첫째는 *ori*라고 부르는 구조이다. *Ori*는 replication origin의 약자로서 플라스미드가 스스로 복제하기 위해서 꼭 필요로 하는 구조이다. 둘째는 항생제 내성 유전자이다. 보통은 페니실린

계통의 항생제인 암피실린(ampicillin) 내성 유전자를 사용하는데 간혹 테트라사이클린(tetracyclin) 내성 유전자를 이용하기도 한다. 항생제 내성 유전자는 유전자 클로닝 실험에서 벡터가 숙주세포로 제대로 들어갔는지를 확인하는데 필요하다. 세 번째 구조는 MCS(multiple cloning site)라고 부르는 외래 유전자를 재조합하는 부위이다. MCS 부분은 원래 *lac* operon의 β-galactosidase 유전자인데 가능한 여러 종류의 제한효소가 이를 자를 수 있도록 변형시켜 놓은 것이다. 예를 들어 인슐린 유전자를 *Eco*RI으로 클로닝하려면 MCS 부위에 *Eco*RI 염기서열이 있어야 할 것이다. 또 헤모글로빈 유전자를 *Bam*HI으로 잘라 MCS 부위에 넣으려면 *Bam*HI 염기서열이 MCS에 있어야 할 것이다.

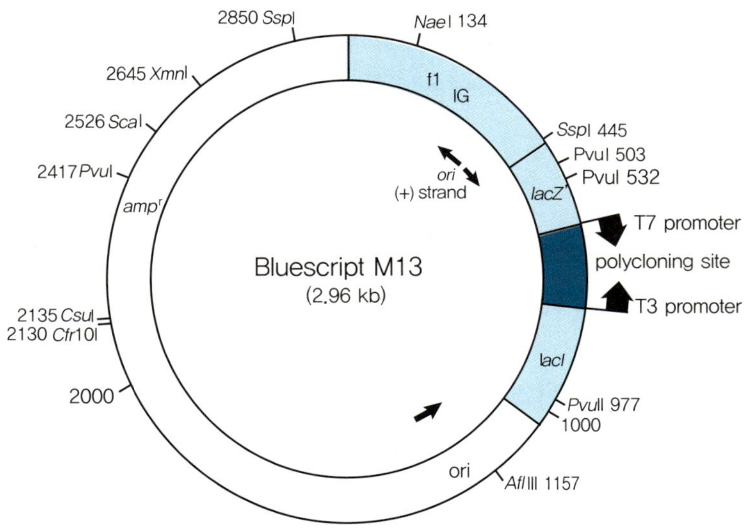

그림 38. pBluescript의 구조

④ Blue-white 선별

클로닝 실험의 결과는 3가지로 예측된다. 첫째, 플라스미드 벡터가 아예 대장균에 들어가지 못한 경우, 둘째, 플라스미드 벡터가 대장균에 들어갔지만 MCS에 외래유전자 재조합이 실패한 경우, 셋째, 외래유전자가 MCS에 성공적으로 재조합되고 플라스미드가 대장균에도 들어간 경우이다. 물론 우리가 원하는 클로닝 결과는 세 번째가 될 것이다. 첫 번째 경우는 항생제 배지에서 자랄 수 없으므로 배제될 수 있다. 그러면 두 번째와 세 번째는 어떻게 구별할 수 있을까? 이를 위해서는 lac operon의 원리를 응용하면 된다. 배지에 X-gal을 넣고 배양하면 대장균은 X-gal을 젖당인 줄 알고 받아들인다. X-gal은 젖당과 달라 분자량이 작기 때문에 투과효소가 없더라도 자연스럽게 세포막을 통과해 세균 속으로 들어갈 수 있다. 일단 들어가면 β-galactosidase(MCS 부분) 유전자가 X-gal을 젖당인줄 알고 분해하려 하지만 분해되는 대신에 X-gal은 파란색을 나타내 보인다. 그러나 만약 MCS에 외래유전자가 재조합되어 들어가면 β-galactosidase가 깨어져버렸기에 X-gal은 아무런 색을 나타내지 않는다. 즉 외래유전자가 재조합되면 세균은 흰색의 콜로니를 형성하고, 재조합되지 않으면 파란색을 나타내게 된다. 우리가 원하는 것은 결국 항생제와 X-gal이 들어간 배지에서 하얀색을 띠는 콜로닝이다.

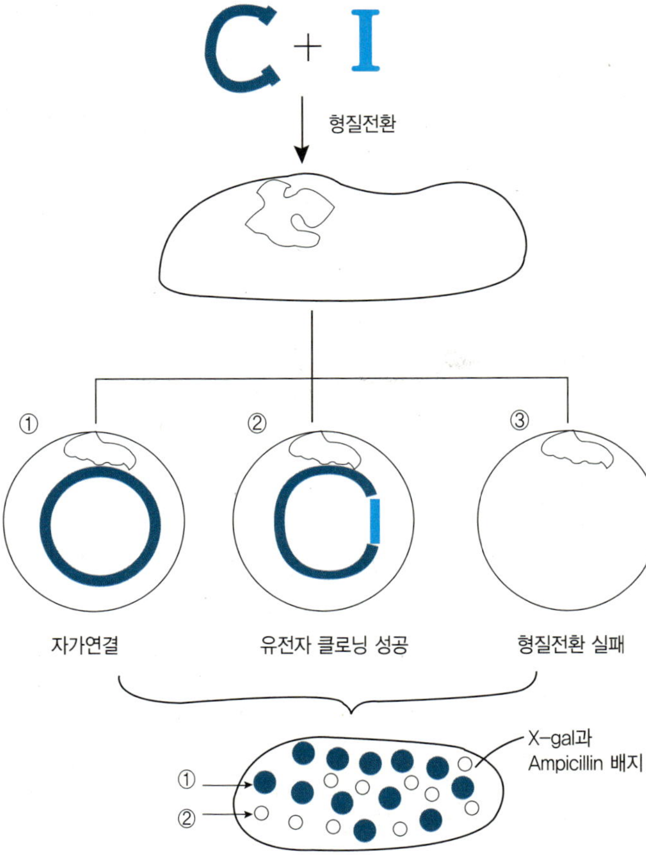

그림 39. **유전자 클로닝의 결과**

⑤ 기타 벡터들

이외에도 박테리오파아지와 같은 바이러스도 외래 유전자를 가지고 숙주로 들어가기에 적합한 성질을 가지고 있다. 대표적인 예로는 λgt11이 있다. 또 동물바이러스나 식물바이러스도 유전자 벡터로 이용되고 있다. 심지어는 AIDS의 병원균인 HIV 바이러스도 유전자 치료를 위한 벡터로서의 가능성이 실험되고 있다.

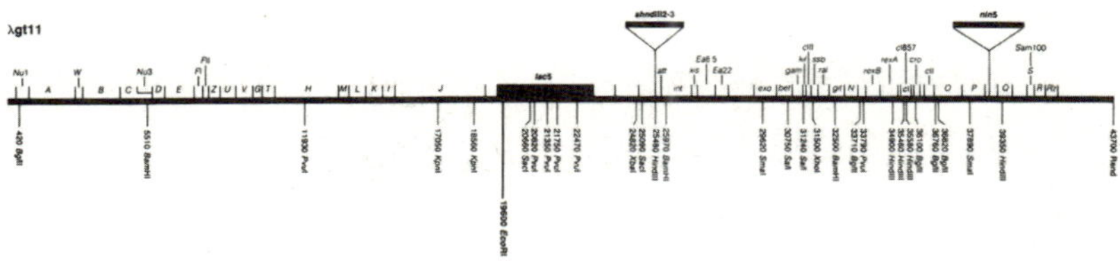

그림 40. λgt11

식물을 대상으로 하는 유전자 재조합에서 주로 사용하는 벡터로는 식물체에 존재하는 아그로박테리움(*Agrobacterium tumerfaciens*)에서 발견된 Ti-플라스미드가 있다. Ti-플라스미드는 식물 염색체로 삽입되기 때문에 효과적인 식물 유전자 운반체로 사용되고 있다.

이와 같이 생명과학의 비약적인 발전에 이바지한 유전공학은 유전자 재조합과 유전자 클로닝을 이용한 학문 분야라고 할 수 있다. 이들 기술은 이제 유전자 치료에의 적용을 위한 도구로서 각광받고 있다.

유전자 재조합의 활용

먼저 앞에서 언급한 것과 같이 유전자 재조합을 통해 인터페론이나 인터루킨, 인슐린과 같은 의약품을 좀더 쉽고 값싸게 대량으로 제조할 수 있다. 그 외에도 유전자 재조합의 기술을 한 단계 발전시켜 형질전환동물을 만들어냄으로써 인간에게 필요한 물질이나 장기 등을 얻어낼 수 있다.

식물에서는 유전자 재조합 기술을 형질전환식물을 얻거나 식물육종학에 이용하기도 한다. 또한 GMO라고 불리우는 유전자변형산물을 통해 식량문제의 해결책을 제시하기도 한다.

가장 큰 성취는 유전자 재조합 기술을 사람에게 직접 적용할 수 있게 되었다는 것이다. 유전자 치료가 바로 그것인데 고장난 유전자 대신에 건강한 유전자를 사람에게 직접 넣어주는 것이다. 다만 아직은 고장난 유전자를 그대로 둔 채로 건강한 유전자를 넣어주는 수준이지만 앞으로 기술이 더욱 발달하면 완전히 치환하는 단계까지 발전할 수 있을 것으로 기대한다.

유전자 재조합과 유전공학

유전공학이란 말 그대로 유전자를 목적에 따라 임의로 조작하는 생명과학의 한 분야를 말한다. 즉 유용한 유전자는 임의로 붙여주고 질병에 관련된 유전자는 잘라내어 버리는 과정을 통하여 목적에 맞는 유전자를 조작해내는 것이 유전공학의 핵심이라 할 수 있다. 유전자의 구조와 기능이 밝혀지고 난 후 유전자를 연구하는 학문은 분자생물학이라는 학문을 탄생시켰고, 분자생물학이 급속적으로 발전함에 따라 실질적으로 의학이나 농업, 산업에도 많이 이용되기 시작하였다. 이렇게 이론적인 분자생물학이 응용되는 공학을 유전공학이라 한다. 유전자를 옮겨 주거나 바꾸어준다는 의미에서 유전자 치료는 유전공학을 사람에게 직접 응용한 사례라고도 할 수 있다.

유전공학을 처음으로 이용하게 된 사례로는 인슐린의 대량생산을 들 수 있다. 인체의 혈당량을 유지시켜주는 역할을 하는 인슐린이 유전적인 결함으로 인해 제대로 분비되지 못하게 되는 경우가 있는데, 이러한 경우 잘 알려진 대로 당뇨병이 된다. 초기에는 동물의 췌장에서 인슐린을 직접 추출하여 사용하는 방법밖에 없었기에 그 희소성과 비싼 가격 때문에 제대로 치료를 받지 못하고 죽는 환자가 다수였다. 그러나 1983년부터 유전공학을 이용하여 인슐린 유전자를 대장균에 넣어 대량 생산한 당뇨병치료제가 시판되기 시작하였고 유전공학이 의약 및 산업에 이용되는 시초가 되었다. 지금은 인슐린 뿐만 아니라 인터페론 같은 항암제도 대량 생산하게 되어 유전적 질병을 치료하는 데 이용할 수 있게 되었다.

유전공학에 사용되는 기술은 크게 세 가지로 나누어 볼 수 있다. 첫 번째는 재조합 DNA 기술을 응용한 유전자조작이고, 두 번째는 두 개의 세포를 합치는 세포융합기술이며, 마지막이 핵이식기술이다. 이 세 가지의 기술들은 점차 발전을 거듭하여 오늘날 화제가 되고 있는 복제나 형질전환에 이용되고 있다.

유전공학의 빠른 발전

1866년에 “식물 잡종에 관한 연구”라는 논문을 통해 멘델이 유전의 법칙을 세상에 발표한 이후, 인류는 유전물질이 무엇이냐 하는 문제를 해결하기 위해 노력해왔고, 1953년 왓슨과 크릭이 DNA가 이중나선구조라는 것을 밝혀내기에 이르렀다. 그 후 50년이 지난 지금에 와서 인류는 상상도 못할 만큼 빠른 속도로 발전해 온 유전공학과 DNA를 이용하여 여러 가지 혜택과 함께 문제점의 중심에 서 있게 되었다. 이렇게 짧은 시간 안에 다른 학문과는 비교할 수 없을 만큼의 성장을 보인 데에는 여러 가지 이유가 있겠지만, 지금부터 언급할 몇 가지의 기술과 도구들의 발명과 발견이 뒤따랐기 때문이라 할 수 있을 것이다.

① PCR(Polymerase Chain Reaction)

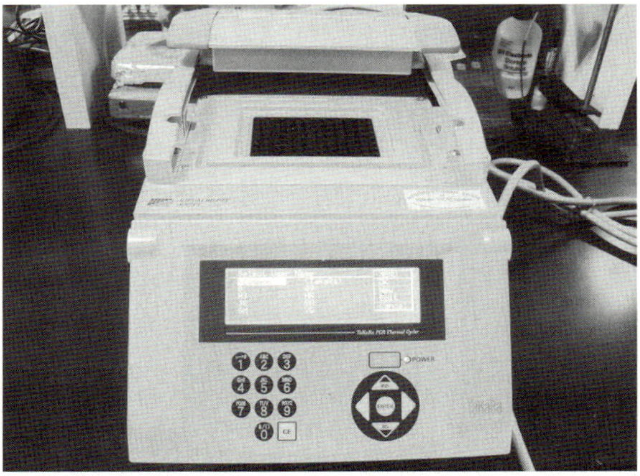

그림 41. PCR 기계

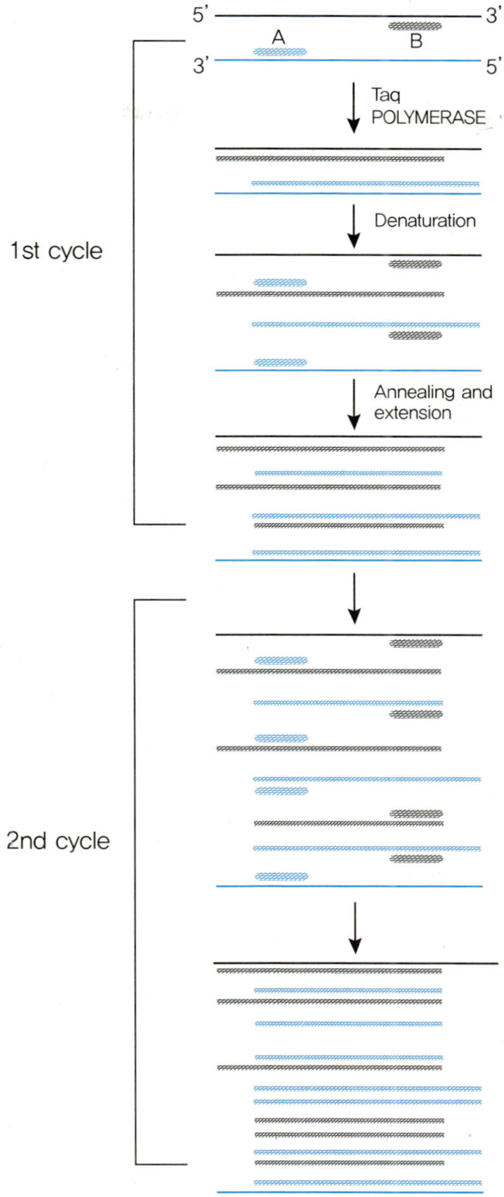

그림 42. PCR 반응의 원리

몇 가닥의 머리카락에서 추출한 DNA의 양은 정확한 유전 검사를 하기에는 많이 부족하기 마련이다. 그래서 개발된 방법이 유전자증폭기술인 PCR (polymerase chain reaction)이다. 이 기술은 영화 "쥬라기 공원"에서 보았듯이 모기의 침에서 공룡 혈액 한 방울을 채취해 그 공룡을 되살려낸 바로 그 기술이다. PCR 기술을 이용하면 불과 두세 시간 만에 DNA를 100만 배 이상 증폭해 낼 수 있기 때문에 환자로부터 아주 적은 양의 혈액을 채취하거나 심지어는 머리카락 한 올만 있어도 검사에 필요한 유전자를 확보할 수 있다. PCR은 DNA 복제의 원리를 따른 것인데 두 줄의 DNA를 일단 끓여서(94℃) 변성시킨 다음(denaturation) 여기에 미리 제조한 짧은 프라이머(primer)를 한 쌍 첨가하면서 반응 온도를 낮추어(37~70℃ 사이) 주형에 붙여주고(annealing), 72℃로 온도를 올려 Taq DNA polymerase가 새로운 DNA를 합성하도록 해준다. 한 번의 반응 사이클이 끝나면 다시 94℃로 온도를 올려 변성시키고 동일한 과정을 되풀이한다. 이처럼 매 회 반응 사이클이 되풀이될 때마다 DNA는 2n으로 증폭되기 때문에 불과 수 시간 만에 아주 적은 샘플에서 검사에 충분한 DNA를 확보해 낼 수 있다. 보통은 30~40 사이클을 되풀이하는데 전체 걸리는 시간은 불과 2시간 정도이다. 이처럼 빠른 시간에 DNA를 증폭시킬 수 있고 또 적은 양의 DNA도 증폭시킬 수 있기 때문에 유전자 검사 뿐 아니라 친자확인 내지는 범죄 용의자 확인에까지 널리 쓰이는 기술이다. 참고로 PCR은 두 개의 프라이머 사이를 증폭하기 때문에 primer의 위치를 잘 조절해 디자인해야 한다. Taq DNA polymerase는 온천 등지에서 서식하는 미생물인 Thermophilus aquaricus에서 추출한 것이기 때문에 고온에서도 견디는 성질이 탁월하다. Taq DNA polymerase 덕분에 연속적인 반응 사이클을 수행하는 것이 가능해졌다.

PCR의 원리를 개발한 Mullis는 1993년에 노벨상을 받았다. PCR 기술은 이제 유전공학뿐만 아니라 여러 가지 생명현상을 다루는 영역에서 없어서는 안되는 필수적인 기술이 되고 말았다.

② DNA sequencing

또 다른 핵심 기술은 DNA 염기서열결정법(DNA sequencing)이다. 염기서열을 결정하는데 사용되는 기계의 이름은 DNA 전기영동기(DNA sequencer)이다. 유전암호는 A, C, G, T라는 네 개의 알파벳으로 결정되는데 인간게놈프로젝트는 사람의 염기, 즉 3 × 109개의 알파벳 서열을 모두 파악해내려는 야심찬 연구였다. 엄청난 예산과 작업량에도 불구하고 연구를 밀고 나갔던 이유는 건강한 사람의 염기서열을 알아야 특정 질환에 걸린 사람의 유전자 서열과 비교하여 원인이 되는 변이를 찾아낼 수 있기 때문이다. 또 원인을 알아야 치료도 가능하기 때문이다.

여하튼 인간게놈프로젝트는 비록 어마어마한 경비와 시간이 투자되었지만 언젠가는 우리가 반드시 해야 할 프로젝트였고 결국

2001년에 완성되었다. 그래서 어떤 사람은 지금 우리가 포스트 게놈(post-genome) 시대에 살고 있다고 말하기도 한다. 사람의 염기서열을 한글 프로그램 10point로 A4 용지에 써 내려가면 약 250m 두께의 책이 될 수 있는 분량이다. 그만큼 사람의 유전자는 방대하고 또 정교한 것이다. 따라서 이제는 생물학만 발달해서는 이런 대규모 프로젝트가 절대 불가능하고 용량이 크고 빠른 컴퓨터가 병행되어 개발되어야 하는 시대가 되었다. 이런 이유로 생물학과 정보통신을 합친 생물정보학(bioinformatics)이 21세기에 중요 학문으로 부상하고 있다.

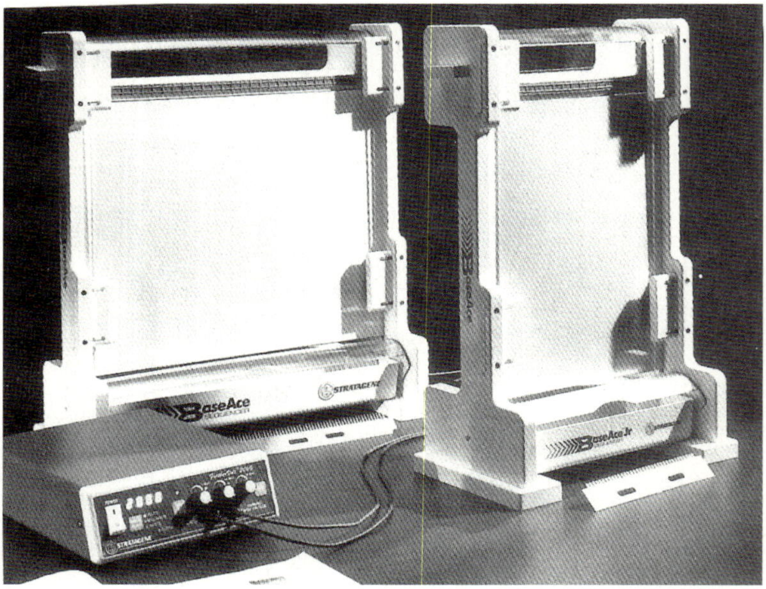

그림 43. DNA sequencer

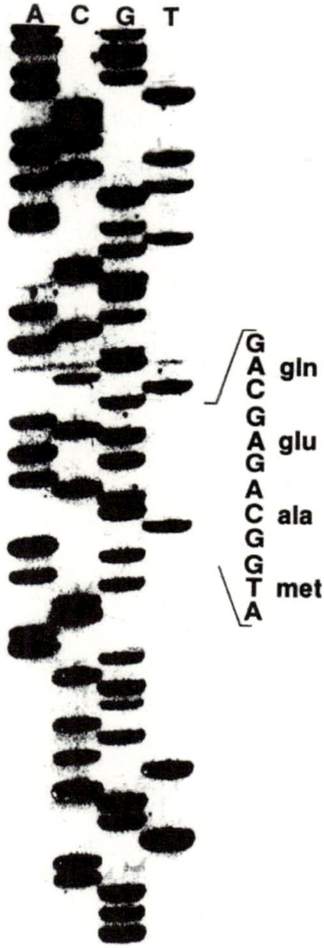

그림 44. **DNA 염기서열 사진**

③ 인간게놈프로젝트와 슈퍼컴퓨터

1990년 HUGO라는 국제 컨소시엄에서 시작한 인류 최대의 자연과학 프로젝트인 인간게놈프로젝트는 인류의 신비를 밝히고, 질병 극복과 수명연장의 청사진을 제시하여 2001년 2월, 드디어 완성되었다. 이는 HUGO와 민간 기업인 Celera Genomics 사이의 라이벌 관계가 촉매제 역할을 하여 처음 계획했던 시한보다 훨씬 더 빠르게 진행되었던 것이다. Celera Genomics는 HUGO보다 9년 정도 늦은 1998년에 시작하였음에도 불구하고 상상할 수 없을 정도의 빠른 속도로 게놈을 밝혀나갔고 이에 자극을 받은 HUGO도 지지 않을세라 빠르게 게놈을 분석하였기에 이른 완성을 할 수 있게 되었던 것이다.

Celera Genomics가 9년이나 늦게 시작하였음에도 불구하고 HUGO의 속도를 따라갈 수 있었던 데는 슈퍼컴퓨터의 역할이 절대적으로 컸다. HUGO와는 다른 분석 방법을 택했던 Celera Genomics는 그 복잡한 분석을 수퍼컴퓨터에게 맡김으로써 방대한 데이터를 빨리 처리할 수 있었던 것이었다.

지금까지 우리는 유전공학을 빠르게 성장시킬 수 있었던 몇 가지 계기를 살펴보았다. 이러한 계기들을 통해 우리는 금시대에 인간게놈프로젝트를 완성시킬 수 있었고, 유전자 재조합을 통해 의학과 산업의 획기전인 발전을 이루어낼 수 있었다. 그러나, 이러한 기술 이전에 학문을 향한 과학자들의 끊임없는 호기심과 열정, 그리고 보다 나은 미래를 향한 인류의 관심이 있었기에 이 모든 것이 가능했으며, 앞으로도 그렇게 될 것이라는 사실을 절대 잊어서는 안될 것이다.

④ RFLP

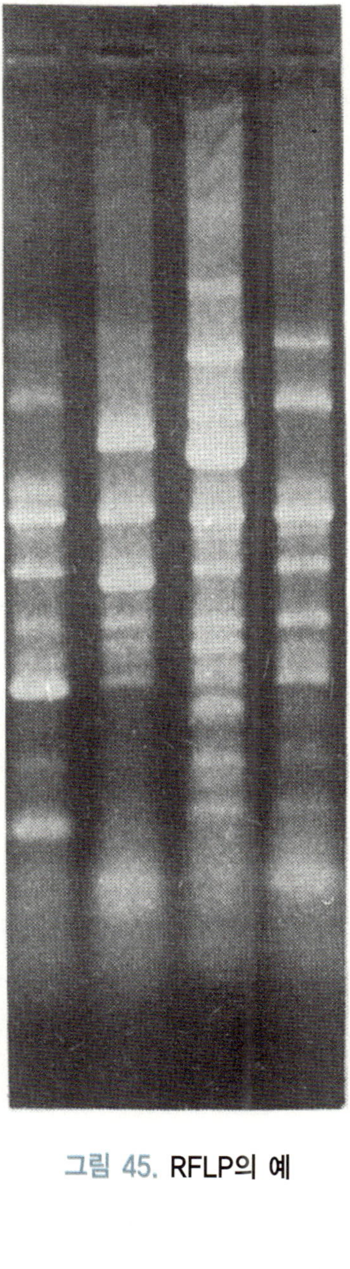

그림 45. RFLP의 예

인간의 DNA는 전체적으로 볼 때 기본 구조가 같지만 일부 염기서열은 각 사람의 얼굴이 조금씩 틀리듯 각기 차이가 있다. 이렇게 조금씩 다른 염기서열은 유전자의 기능에는 영향을 미치지 않으면서 그냥 다를 뿐이다. 그러나 이 차이 때문에 제한효소에 의해 잘리는 패턴이 달라지므로 전체 DNA를 제한효소를 자르면 그 결과 생기는 토막 또는 단편(fragment)들이 개인별로 조금씩 길이가 틀리게 된다. 이를 RFLP(Restriction fragment length polymorphism: 제한효소 절단분획 다형)라고 한다. RFLP는 보통 방사성동위원소(radioisotope)로 표지한 DNA 탐침(probe)과 함께 사용된다. 때로는 PCR로 일정 부분만을 증폭한 뒤 RFLP를 실시할 수도 있다. RFLP는 개인 식별에 활용할 수 있는데, 마치 지문처럼 개인별 차이를 보인다고 해서 DNA 지문(DNA fingerprint)이라고도 한다.

구체적인 방법은 다음과 같다. 감정의 대상이 되는 세포에서 DNA를 추출하여, 전체 DNA 중 비교가 쉬운 일정한 부위를 PCR 기술로 수 만 배 증폭시킨 후 제한효소로 잘라서 조각으로 만든다. 경우에 따라서는 제한효소로 자르는 대신 PCR 프라이머를 특이하게 만들어 개인별로 다르게 증폭되는 결과를 확인하기도 된다. 어떠한 방법을 사용하든지 RFLP의 결과를 전기영동을 통해 확인하게 되면 DNA 단편들이 크기별로 분리되어 나타나게 된다. 이때 그 단편들이 서로 같은 패턴을 보인다면 동일인물의 DNA일 것이고, 그렇지 않고 서로 다른 패턴을 보인다면 다른 인물의

DNA일 것이다. 이는 앞에서 언급하였듯이 특정한 염기서열만을 자르는 제한효소의 성질과 개인별 염기서열의 차이를 이용한 것이다.

전기영동이란 전기장 속에서 겔(gel)을 통해 이동하는 DNA 단편을 크기별로 구별해내는 장치이다. DNA는 (−) 전기를 가지고 있으므로 전기장 속에서 (+) 탐침쪽으로 이동하는 성질을 이용한 것이다. 전기영동을 이용하면 DNA 뿐 아니라 단백질도 선택적으로 구별해낼 수 있다.

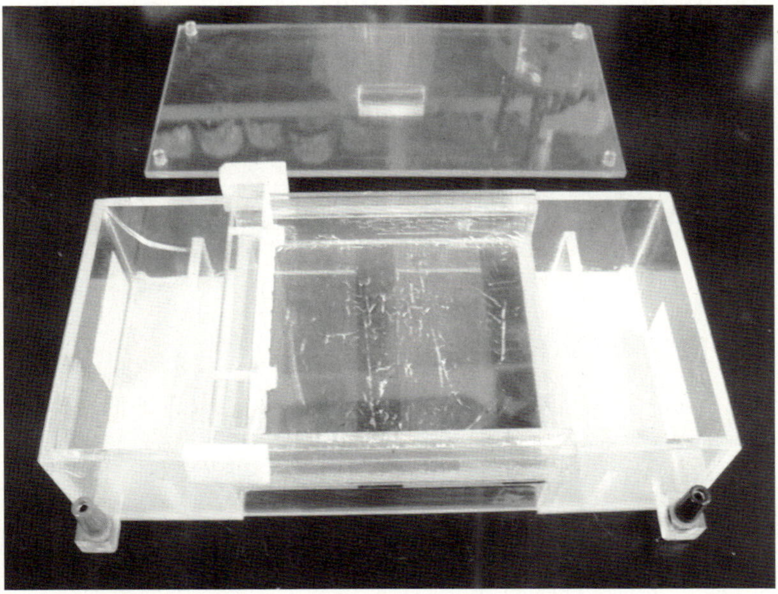

그림 46. **전기영동장치**

⑤ DNA 표식자와 DNA 프로필

다양한 매체에서 사용하는 용어를 보면 최근에는 DNA 지문보다 DNA 프로파일링(DNA profiling)이라는 말을 더 많이 사용하고 있다. DNA 프로파일링은 DNA 표식자(marker)를 이용하여 개인 식별이나 유전자 지도 작성, 진화 유전학 분야 등에서 유용하게 사용되고 있다. DNA 표식자는 소위 위성 DNA(satellite DNA)라고 부르는 DNA 반복서열을 찾아내기 위해 고안된 것이다. 사람의 DNA 중 85% 이상이 인트론이나 연결 DNA로서 별다른 기능이 없다는 것은 이미 알고 있는 사실이다. 게다가 이런 부위의 DNA는 종종 의미없는 염기서열이 반복되는 것이 특징이다. 이런 반복 염기서열에 해당하는 짧은 외줄의 DNA를 만들어 방사성동위원소(radioisotope)를 붙인 것을 탐침(probe)이라고 하는데 RFLP를 하듯 전체 DNA를 제한효소로 자르고 전기영동한 뒤이 탐침으로 조사하면 개인별로 특이한 패턴이 얻어진다.

⑥ Y 염색체 marker

성염색체의 하나인 Y 염색체는 가장 작은 염색체 중 하나이며 SRY(sex-ralated Y region) 등 성결정과 관련된 몇 개 정도의 유전자만 그 안에 들어있다. 구조는 크게 두 부분으로 나뉘어지는데 교차가 일어나는 양 말단부위와 교차가 일어나지 않는 NRPY(non-recombination portion of the Y chromosome) 부위로 나뉜다. Y 염색체의 NRPY 부위는 X 염색체와 교차가 일어나지 않고 부계로만 유전되기 때문에 부계의 유전정보를 그대로 가지게 된다. 이러한 점에서 여러 종류의 Y-DNA 표식자를 개발하면 개인 식별을 하거나 법의학 분야에 유용한 정보를 얻을 수 있어서 남자와 관련된 문제 해결에 적절히 활용 될 수 있다.

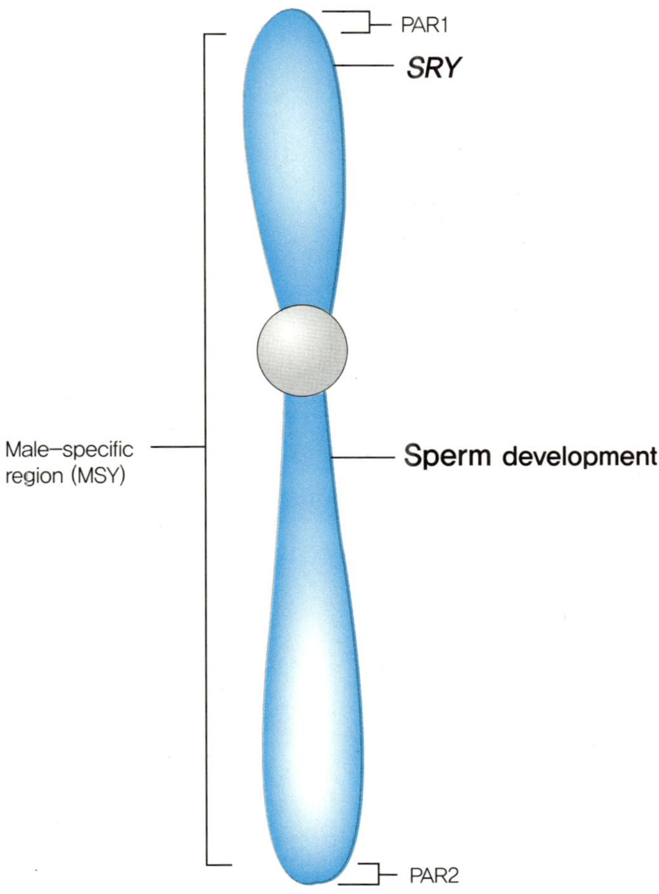

그림 47. Y 염색체

⑦ VNTR 및 STR

사람의 DNA에는 반복되는 구조가 존재하는데, 이 반복서열(repeated sequence)에서 반복단위(repeating unit)의 반복횟수가 사람에 따라 여러 형태로 나타나는 유전자 좌위가 있다. 이때 반복단위의 염기서열이 대개 14~70bp인 것을 VNTR (variable number of tandem repeats)이라 하고, 2~7bp인 것을 STR (short tandem repeats)이라고 부른다. VNTR이나 STR은 모두 일정한 중심염기서열이 반복되는 반복염기서열(repetive sequence)로써 그 반복 횟수가 사람마다 다른 길이의 다형성(polymorphism)이다. 따라서 이런 반복서열에 있어서의 다형성은 대립유전자의 수가 매우 많고 반복되는 중심서열의 종류도 다양하여 법의학적인 개인 식별에 중요한 표식자로써 이용된다. 또한 STR 같은 특정 염기의 반복은 세대를 거쳐 유전이 되기 때문에 유전자 감식을 이용한 친자 확인에 이용되기도 한다.

⑧ 유전자 감식

이제 DNA의 개인별 염기서열 차이를 이용하여 유전자를 감식하는 것이 점차 일반화되고 있다. 앞에서 말한 DNA 표식자를 이용한 친자 확인 및 개인 식별, 그리고 Y 염색체 DNA 표식자를 이용한 친자 확인 및 개인 식별법이 요즘은 법의학과 유전질환 진단에 일상적으로 사용되는 표준 진단법이 되고 있을 정도이다.

대표적인 예로써 1991년에 발견된 러시아의 로마노프 왕조의 황제인 니콜라이 2세와 그 가족의 사체를 확인하기 위해 유전자 감식을 행한 경우가 있었고, 1997년 11월에는 유전자 감식을 통해 프랑스의 배우, 이브 몽땅의 친자를 확인한 사례가 있다. 때로는 유전자 감식이 범죄 해결뿐 아니라 재산 상속의 복잡한 관계를 해결해 주기도 한다. 이 외에도 유전자 감식은 인류의 선조인 "미토콘드리아 이브"를 추적하기 위해 고고학에서도 응용되고 있다.

최근에 유전자 감식이 가장 널리 사용되고 있는 곳은 아무래도 범죄 수사 현장에서이다. 즉 범행 현장에서의 혈흔이나 머리카락 등을 통해 DNA를 감식함으로써 용의자들 중에서 범인을 가려내고 증거로 채택하는 것는 것이다.

이렇듯 유전자의 개인차를 이용한 여러 가지 활용은 유전병의 진단 및 치료 등 특별한 경우에도 많은 도움을 줄 수 있다. 그러나 한 가지 조심하여야 할 것이 있다. 바로 개인 차이의 데이터베이스화이다. 유전정보는 만약 다른 사람이 알게되면 그 사람의 인생을 송두리째 바꾸어놓을 수도 있는 아주 개인적인 기밀이기 때문이다. 예를 들어 유전병을 일찍 진단받은 경우 노출되어 버리면 치료는 커녕 보험 혜택마저 어려워지거나 심지어는 결혼에도 영향을 줄 수 있기 때문이다. 현대 사회의 범죄가 너무도 수법이 다양하고 잔인해지기에 전과자들의 DNA 프로파일링을 영구 보존하려는 움직임이 있는데 이는 한편으로는 수사에 편의성을 제공하면서도 개인의 인권 침해라는 문제가 있으므로 사회 각 계층의 의견을 신중히 수렴하여 결정해야 할 문제이다.

우리나라의 유전공학

우리나라 유전공학의 역사는 여타 생명과학 분야와 마찬가지로 매우 짧다고 할 수 있다. 유전자 재조합 기술이 처음으로 전수된 것은 1980년대이며, 1983년에 이르러 유전공학 육성법이 국회를 통과하여 대전에 유전공학센터가 설립되었다. 지금은 여러 형태의 연구소나 생명과학분야 벤처기업이 많이 생겼으며 활발한 연구를 진행시키고 있으나, 아직 서구선진국이나 가까운 일본과 비교했을 때에 턱없이 부족한 것이 실정이다. 더욱이 현재의 양과 질보다 더 문제인 것은 아직도 생명과학에 대한 정부와 기업, 일반 국민들의 인식이 생명과학의 발전 속도를 따라가지 못하고 있다는 것이다. 생명과학이 곧 국가경쟁력과 직결된다는 인식이 필요한 때이다.

유전공학과 미래

지금까지 살펴본 것과 같이 유전자를 조작하는 유전공학은 생물체의 유전자를 목적에 따라 마음대로 다룰 수 있어 그 응용 면에서 활용 범위가 무한하다고 할 수 있다. 이제 유전자를 자르고 붙이는 단순한 기술은 전세계적으로 거의 동일한 수준이다. 때문에 어떤 유전자를 어떤 생명체로 옮기느냐 하는 아이디어가 21세기의 특허 분쟁이 될 것이 분명하다. 우리나라는 기술력도 뛰어나고 우수한 머리와 아이디어로 분명 바이오테크놀로지 산업의 선두 주자가 될 것으로 기대된다.

지금까지 유전공학이 응용된 산업들을 살펴보면 의약품 분야에서는 소다토스타틴(somatostatin)이라는 인체의 생장조절호르몬과 인슐린(insulin)을 대량 생산하였고, 인터페론(interferon), 인터루킨(interleukin) 등 항암제와 심장마비 치료제인 유로키나제(urokinase)를 개발하였다. 최근에는 전염병 예방에 사용되는 백신용 항원분자의 생산이 활발하게 연구되고 있다. 이외에도 유전자 치료에 적용하여 질병 예방 및 치료에도 중심역할을 할 수 있는 핵심 기술이 여럿 개발되었다.

또한 농작물이나 가축의 품종개량에 있어서도 우량 젖소의 개발이나 가축용 생장호르몬의 대량 생산, 가축용 백신과 항생제의 생산 등 여러 연구가 활발하며, 항생제 저항성 농작물 개발, 미생물 살충제의 개발, 제초제 저하성 농작물 개발 등으로까지 연구가 진행되고 있다.

그 외에도 유전 공학은 프락토올리고당, 갈락토올리고당, 대두올리고당과 같은 기능성 올리고당류를 제조하는 등 식물공업에도 영향을 미치며, 바이오센서를 이용한 기계 산업 및 바이오리액터를 이용한 연료 생산에도 한몫할 것으로 기대된다.

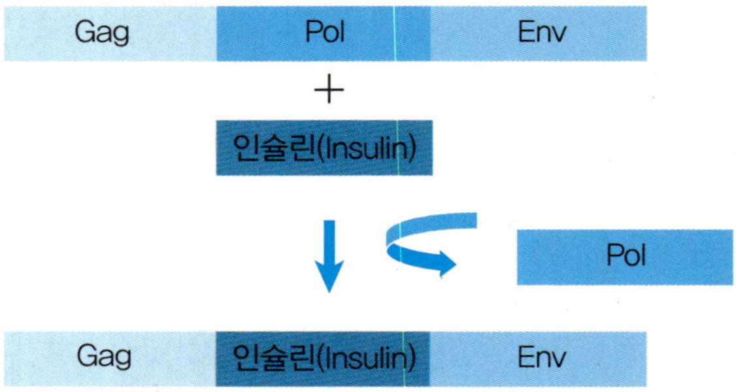

그림 48. **레트로바이러스를 이용한 유전자 클로닝**

유전공학의 위험성

앞에서 논의한 유전공학의 성공적 사례에만 취해 있기에는 예상치 못한 위험성의 가능성이 너무나도 크다. 생명체를 크고 강하게 만드는 것이 바로 유전공학의 목적이기 때문에 더욱 그렇다. 만약 인류에게 해를 끼칠 수 있는 엄청난 독을 품은 생명체가 탄생한다면 그것은 인류를 파멸시킬 수도 있을 것이다. 그러므로 우리는 항상 이면에 존재하는 위험성도 생각하여야 할 것이다. 다시 말해서 인류의 행복이나 생명 연장의 논리를 앞세운 또 다른 인류의 희생이나 생명 경시 풍조가 생겨날 수도 있다는 것이다. 따라서 유전공학을 이용한 모든 활동에서는 윤리적?도덕적 배려와 법적 규제 장치가 뒤따라야 할 것이다.

최근 들어 가장 주목을 받고 있는 인간게놈프로젝트나 생명복제도 바로 이와 같은 유전공학을 한 단계 발전시킨 분야라고 할 수 있을 것이다. 즉, 앞으로도 유전공학은 우리의 미래에 커다란 영향을 미칠 것이라는 데에는 그 누구도 이견을 내지 않는다. 하지만 이러한 영향이 밝은 미래를 가져다 줄 지, 인류의 파멸을 몰게 오게 될 지는 그 어느 누구도 장담을 하지 못한다.

과학을 올바르게 사용하려는 진정한 과학자의 양심과 이를 비판과 수용의 자세로 받아들이는 사회구성원의 관심이 존재하는 한 과학이 인류를 절망시키는 직접적인 원인이 되지는 않을 것이라는 것만은 분명히 말할 수 있다. 그리고 그 비판과 수용, 관심은 우리 모두의 몫이며, 다음 세대로 반드시 이어줘야 한다는 것도 기억해야 한다.

유전공학과 법의학

오래된 사례지만 미국에서 유명한 풋볼 선수 심슨이 자기 아내를 살해한 사건이 재판에 붙여졌다. 당시 정황으로 보면 분명 심슨이 범인이지만 결정적인 증거인 지문이 현장에서 채취되지 않았기 때문에 결국 무죄방면 되었던 사건이다. 물론 이 사건은 돈많은 스타 선수에 대한 사회적 존경심과 함께 인종차별 문제 때문에 무죄 처리되었다는 후문으로 재판 이후에도 계속 시끌법적한 사건이었다. 문제는 증거물로 혈흔과 함께 DNA 자료가 제출되었지만 판사에 의해 무시되었다는 점이다. 그 시대에는 판사가 유전자에 대한 개념이 부족해서 지문만을 유일한 증거물로 채택하려 했기 때문이다. 이후 미국에서는 법의학의 중요성이 심각하게 부각되었고 거의 모든 법대에서 유전학을 필수과목으로 지정하게 되었다.

우리나라에서도 2002년은 월드컵의 해였을 뿐만 아니라 또 다른 하나의 사회적인 사건으로 떠들썩한 한 해였다. 바로 10년 이상을 끌어왔던 소위 '개구리 소년 실종'이 살해사건으로 밝혀졌던 것이다. 이 사건으로 인해 우리는 한 학문에 대해 새로운 관심을 가지게 되었다. 개구리 소년의 사체를 통해 신원의 확인뿐만 아니라 범행의 수법이나 사건의 정황을 파악할 수 있게 되는 법의학이 그것이다.

법의학이란 법률상 문제되는 신체 손상이나 사망 원인, 사체의 신원 확인 등 의학적 · 과학적 증거자료를 연구 · 분석하기 위한 이론과 실제 상황에의 응용을 함께 접목한 학문을 말한다. 즉, 일반적으로 말하는 의학이 인류의 생명 연장과 건강 증진에 목적을 두는 것이라면, 법의학은 사람의 권리가 억울하게 침해받는 일이 없고 사건의 정확한 판단을 도울 수 있도록 의학, 자연과학, 법학, 사회학이 총체적으로 결합한 학문 분야이다.

법의학의 수준은 국가간의 과학 기술 발달 정도에 따라 현저히 다를 수밖에 없다. 아이러니칼하게도 우리 나라는 관련 학문들이 엄청나게 발달했음에도 불구하고 아직 법의학 수준이 상대적으로 뒤떨어져 있는 실정이다. 이는 아직도 법의학에 대한 이해가 부족하고 절대적인 필요성을 느끼지 못하고 있기 때문이다.

아직까지 우리는 법의학이라고 하면 사체 부검 정도를 생각하는 경향이 많으나 현대적 의미의 법의학과 완전히 분자생물학과 유전공학에 기초를 두고 있다. 사용하는 기술도 유전자 재조합이나 PCR, DNA 지문(DNA fingerprint), DNA 염기서열결정법(DNA sequencing) 등을 기반으로 하고 있다. 뿐만 아니라 동물생리학, 생화학 등 관련 학문과의 연계가 절대적으로 필요한 것이 법의학이다. 이제는 법의학이 단순히 사체의 신원확인이나 사망시간 진단, 사망원인 확인에 그치지 않고 범죄수사에 절대적인 영향력을 미치는 수준으로까지 발전하고 있다.

① 미국의 법의학 현황

거의 모든 생명과학 분야가 그러하듯이 법의학 역시 외국에서 더욱 발달하였다. 현대의학의 선두인 미국은 명실상부한 법의학의 선진국이며 이들은 법의학만을 전공하는 학과와 담당하는 의사를 두고 아예 수사기관과 상호 긴밀한 협조 체계를 이룸으로써 범죄를 해결해 가고 있다. 얼마 전 TV의 외화시리즈로 방영된 'CSI 수사대' 가 미국 법의학의 현실을 가장 잘 보여 준 예라고 할 수 있다. 아시아에서는 일본 정도가 독일 의학의 영향으로 비교적 빠르게 발전해 있을 뿐이다.

② 우리나라의 법의학 현황

아쉽게도 우리나라는 아직 법의학 분야에서 후진성을 면치 못하고 있다. 법의학만을 전문적으로 가르치는 곳이 없으며 그나마 있다하더라도 대부분이 의과대학의 병리학과에 소속되어 있는 정도이다. 몇몇 대학에서만이 학과가 아닌 법의학 교실이 있을 뿐이다. 이는 아직도 유교적인 개념으로 인한 사회적 인식 부족과 정책의 부재 때문이다. 그러나 21세기의 범죄가 갈수록 지능화, 과학화되어 가고 있는 실정에서 법의학의 후진성은 수사의 어려움뿐만 아니라 국민에게 피해를 줄 수 있기 때문에 하루 빨리 전문화, 선진화되어 가야 할 것으로 생각된다.

Chapter 7

유전질환의 종류와 진단

유전질환이란?

한때 전 세계의 복싱계를 나비같이 날아서 벌같이 쏘며 주름잡던 복서, 우리 모두가 잘 알고 있는 권투선수 무하마드 알리가 겪고 있는 파킨슨 질병(Parkinson disease)은 부모로 부터 전해 내려오는 유전질환이다. 대부분의 유전질환이 그렇듯이 파킨슨 질환도 원인이 아직까지 뚜렷하지 않다. 그럼에도 불구하고 유전질환은 예방과 치료가 불가능하다는 점과 운동 장애, 지적발달 능력 저하 등 심각한 증상을 초래한다는 어려움 때문에 개인과 가정은 물론, 사회적인 문제가 되고 있다. 그런 만큼 빠른 진단만이 현재로서는 최선의 방책이다. 유전질환은 가끔 부모는 괜찮앟는데도 그 기원이 할머니나 할아버지 세대까지 거슬러 올라갈 수 있다. 이런 경우를 격세유전이라고 한다. 얼마전만해도 이렇게 세대간 전해지는 질환만을 엄밀한 의미에서 유전병으로 취급하였다.

그러나 세대를 통해 전해지지는 않지만 유전자 일부가 갑자기 변이를 일으켜 병에 걸릴 수도 있다. 특히 요즘 세대에는 지나친 음주나 흡연, 마약, 환경호르몬 등에 노출되는 경우가 그런 것들이다. 이렇게 해서 생긴 질병은 다음 세대로 전달되지 않는다. 다시 말해 지나친 흡연으로 인해서 폐암에 걸렸다든지, 지나친 음주로 인해 간암이나 위암에 걸렸을 경우에는 위, 폐, 간 등의 유전자가 고장났을 뿐 정자나 난자 같은 생식세포는 정상이라서 다음 세대로 전달되지 않는 것이다. 요즈음은 넓은 의미에서 이런 경우도 "유전자의 고장으로 인한 질병"이라는 차원에서 유전질환 범주에 포함시킨다.

유전질환의 빈도

유전질환은 선천성질환이라고도 이야기하는데 약 25,000개의 유전자 중 3,000여 개가 질환의 원인이 된다. 물론 다른 남은 유전자들도 질환을 일으킬 수 있지만 그럴 경우 더 치명적인 결과를 일으켜서 환자가 아예 태어나지도 못하고 사산되거나 유산되어 버리는 것이 아닌가 라는 추정을 한다. 질환마다 다르겠지만 평균적으로 경미한 사안까지 포함하면 대략 신생아 100명당 1명 정도로 발생 빈도가 추정된다. 그나마 우리나라는 전통적으로 선천성 질환 환자를 숨기려는 경향 때문에 통계가 미약한 편이다. 따라서 미처 알려지지 않은 환자의 수를 더한다면 실제 빈도는 이를 상회할 가능성이 높다.

우리나라에서는 예부터 나쁜 유전형질이 전해 내려오면 환자를 병원에 데려가기보다 집안에 숨기려는 경향이 많았다. 그러다보니 환자는 환자대로 치료를 제대로 받지 못했고 병원에서 통계조차 제대로 잡히지 않는 것이다. 유전병이라는 말조차 터부시 되어서 사람들은 이 단어를 입에 올리는 것 마저 금기시 하였다. 혼사가 막힌다든지, 집안에 재앙이 든다든지 하는 미신적 풍조가 의학적 접근을 막았던 것이다. 그러나 분명한 것은 유전질환은 누구의 잘못도 아니고, 다만 생명의 설계도인 유전자에 고장이 생겨 일어난 현상일 뿐이다. 그리고 아직은 치료 방법이 거의 전무할지라도 현대 의학의 발달과 유전자재조합 기술의 진보로 인해 서로간 협조만 하면 더욱 빠른 진단과 증상의 완화가 가능할 수 있다. 그동안은 환자와 가족, 의사간 서로의 대화 부족으로 자기가 과연 어떤 질환을 가지고 있는지, 결혼을 한다면 자손에게 전달될 가능성은 얼마인지, 치료 방법은 무엇이 가능한 지 등에 대해 완전히 무지했던 것이 사실이다.

어떻게 보면 의학이 발달할수록 환자가 오히려 늘어나는 것처럼 보일 수도 있는데 환경오염 등 주변 여건이 안 좋아진 것도 원인이지만 그보다 더 큰 이유는 분자유전학적인 진단 검사법이 그만큼 발달했기 때문이다. 검사 방법이 나날이 빠르게 발달하기 때문에 과거에는 미처 검출이 안되던 유전병들이 계속 새롭게 알려지고 있다.

전 세계적으로 볼 때 유전질환의 빈도가 인종별로 차이가 난다. 인종별로 유전자 체계가 다르기 때문이다. 그런 것을 보면 분명히 유전질환이 아니더라도 유전자와 질병과의 관계가 상당히 밀접한 것을 알 수 있다. 예를 들어 언청이는 백인의 경우 약 1,000명당 한 명정도 발생하는데 비해 동양인은 그 2배나 되며, 무뇌아의 경우는 백인에서 400~500명당 한 명꼴로 발견되는데 비해 동양인은 거의 그 절반밖에 되지 않는다. 또 동양인에게 겸상적혈구빈혈증(sickle cell anemia)이 흔한 반면 서양인에게는 낭포성섬유증(cystic fibrosis)과 지중해성빈혈증(thalassemia) 등이 자주 발생한다.

선입견의 예

앞서 말한대로 우리나라에서는 환자를 감추려는 경향이 짙다. 선입견이 문제이다. 그중의 한 예가 XXY와 XYY 염색체를 가진 아이에 대한 이야기이다. 클라인펠터증후군(Klenefelter syndrome)이라 불리는 이 질병은 거의 증상이 없기 때문에 자라면서 전혀 진찰이 되지 않다가, 결혼을 했는데 아기가 생기지 않아 병원에 가서 염색체 검사를 병행할 때 드러나는 것이 보통이다. 과거에는 이런 아이를 지극히 정상적임에도 불구하고 남성 성향이 지나쳐서 공격적이고 또 그로 인해 범죄에 연루될 확률이 높다고 생각했었다. 뿐만 아니라 유전병이 있으면 정상적인 아이들에 비해 무언가 파괴적이고 자기 중심적일거라 생각하는 경향도 있었다. 그러나 계속적인 연구에 의해 유전질환에 대한 이런 가정들은 모두 선입견이 주는 잘못된 편견이었음이 속속들이 밝혀지고 있다. 오히려 다운증후군(Down syndrome) 어린아이들은 성격이 온순하고 친화적이며 음악과 미술에 조예가 깊다고 알려져 있다. 다만 부모가 질환을 가진 아이들을 올바로 돌보지 못할 때 아이에게 상처를 주고 그 상처가 아이를 비뚤게 나가게 만들 수 있다는 것이다.

대체로 유전질환이 있는 아이들은 가정에서 내버림을 받을 수도 있고 그 때문에 치료와 보호가 어렵게 되곤 한다. 염색체 이상을 가진 아이들이 반사회적인 성향을 가진다는 것은 잘못된 초기 연구의 결과라는 것이 이미 밝혀졌고 정신병원이나 감옥에 가는 이유는 주변의 보살핌이 적었기 때문이라는 결과 또한 여러 차례 보고되어 있다.

유전질환의 예

겸상적혈구빈혈증(sickle cell anemia)은 헤모글로빈의 이상으로 적혈구가 낫 모양으로 변형되는 질환이고, 낭포성섬유증(cystic fibrosis)은 호흡기 섬모의 운동 부재로 오염 물질 배출 능력이 저하되는 질환이다. 지중해성빈혈증 역시 헤모글로빈 이상으로 심각한 빈혈을 동반하는 질환이다. 똑같은 헤모글로빈 질환이라도 겸상적혈구빈혈증은 유전적 변이가 한 종류에 불과하지만, 지중해성빈혈증의 원인은 수 십 가지의 변이가 알려져 있다. 겸상적혈구빈혈증이 심각하면 적혈구가 모두 부서져버리고 헤모글로빈의 주성분인 철분(Fe^{++})이 간으로 흘러들어간다. 게다가 적혈구가 부족해 빈혈이 심하니까 수혈을 받게 되고 그 수혈된 적혈구가 또 깨지면서 간으로 들어가는 철분이 몇 배로 늘어나버린다. 잉여 철분은 간에서 빌리루빈(bilirubin)이라는 화학물로 바뀐 다음에 소변으로 배출되는데 철분이 늘어나면서 간은 평소보다 몇 배를 더 일해야 하고, 그 때문에 부어오르게 된다. 유일한 치료법은 외부에서 간으로 약물을 투여해 철분이 빌리루빈으로 바뀌는 것을 도와주는 것인데 효과는 상당히 있는 것으로 알려져 있다. 이처럼 미리 유전자 진단을 실시해서 어떤 증상이 예측된다면 예방을 하거나 완화시킬 수 있지만 어느 정도 병이 진행되어 간이 손상된 다음이라면 그 효과는 절감되어 버리고 말 것이다. 유전자 진단이 필요한 이유가 바로 이것이다.

Tay-Sachs 질환은 유태인에게서만 발병된다. 유전자로 인해 인종이 결정되는 만큼 분명히 인종별로 유전적 차이가 있게 마련이기에 이에 대한 연구가 앞으로도 지속적으로 필요하다. 이런 분야의 연구를 SNP(single nucleotide polymorphism) 연구라고 한다. 한쪽에서는 인간게놈프로젝트가 끝났다고 선언했을지라도 또 다른 편에서는 앞으로도 지속적으로 해야 한다고 말하는 이유가 바로 이 SNP 때문이다. 인간게놈프로젝트는 표준적인 데이터를 제시했을 뿐이고 사람마다, 또 인종마다 조금씩 다를 수 있기 때문이다. 얼굴이 달라도 모두 정상이고 보통 사람이듯이 표준 데이터와 염기서열 몇 개가 다른 그 자체가 곧 유전질환은 아니기 때문이다. 물론 치명적인 염기의 변이가 아닐 경우라는 것이 전제되어야 하지만 말이다. 이 세상에는 200여 개가 넘는 민족이 어울려 살고 있다. 피부 색갈도 다양하고 풍습이나 전통도 모두 다르다. 그러나 이 모두가 공통적으로 가지고 있는 것은 생명이며, 이 생명의 연속성을 위해서 유전자가 존재하고 또 결혼과 가정이 존재를 한다. 나의 생명이 귀하면 타인의 생명도 귀하다는 생각을 늘 가지면서 연구에 박차를 가해야 하겠다.

산전진단의 목적

출생 이전에 미리 유전질환 여부를 검사하는 것을 산전진단(pre-natal diagnosis)이라고 한다. 유전병을 미리 검사하여 알려는 이유는 선천성 기형아의 탄생을 사전에 막고, 만약 태어날 경우 그 증세를 완화하거나 치료할 수 있는 길을 모색하기 위함이다. 특히 가계도 상에 유전질환이 있었던 경우라면 산전진단의 필요성은 그만큼 더 심각해진다. 결혼은 생물학적으로 보면 두 남녀의 유전자를 서로 교환하는 의식이다. 그러나 보통은 문제가 없기 때문에, 또 그 유전자 조합의 결과를 미리 예측하기도 어렵기 때문에 종종 필요한 검사를 놓치는 것이 생물학적 현실이다. 따라서 혹시라도 초래될 수 있는 비극을 미리 예측하여 적절한 시기를 놓치기 전에 예방하고, 대책을 마련하는 것이 중요하다.

대부분의 유전질환은 증상은 심각하면서도 속수무책으로 치료법이 없어서 더욱 공포스러운 질환이다. 그런 만큼 치료보다 예방이 더 강조되고 있다. 그럼에도 불구하고 엄격한 의미에서 예방이라는 것은 맞지 않는 용어이다. 아무리 노력을 해도 유전자의 설계도가 고장이 나면 그 다음 결과는 자신의 능력으로 조절할 수 있는 범위를 넘어서는 것이기 때문이다. 그런 면에서 예방이라는 말보다는 검사가 더 적합한 용어이다. 나 자신과 배우자의 가계력을 정확히 파악하고 현재 나와 있는 각종 검사법들을 잘 활용하여 사전에 대처를 하는 것이 현재로서는 최선의 선택이다.

유전검사는 배우자를 선택하는 문제와 나 자신이 보인자인지의 여부, 그리고 태아가 치명적 질환을 가지고 있는지 사전에 검사하여 유전상담을 통해 향후 진행을 결정하는 것 등의 목적을 함께 포함하고 있다. 선천성 기형아가 있는 집안은 웃음이 결여되기 쉽다. 아기는 아기대로 고통스럽고 불행하지만 부모는 부모대로 평생을 죄의식 속에서 살아가야 하기 때문이다. 대부분의 경우 가족력이 미리 알려진 부모들은 방어 의식이 강해서 유전상담조차 받으려 하지 않는 것이 현실이고 심한 경우 음주 등으로 어려운 상황을 벗어나려 할 수도 있고 심지어 가정이 파탄이 나는 경우도 있다.

지금은 분자유전학적 지식들이 발달해서 출산 이전에 부모에게 모든 검사 결과와 상황이 전달될 수 있을 정도로까지 발달되어 있다. 혹시나 유전질환이 발견되었다 하더라도 모든 아기를 유산(abortion) 시켜야 하는 것도 아니다. 적절한 예방과 치료로 정상인과 똑같이 삶을 누릴 수 있는 방안이 다양하게 강구되어 있기 때문이다. 다운증후군 같은 경우는 치료만 잘 받으면 환갑을 넘긴 사례도 얼마든지 있다. 중요한 것은 시기를 놓치지 않고 정확한 유전자 진단을 받는 것이다.

염색체 이상 질환

사람의 염색체는 모두 46개이다. 이중 2개는 남녀를 구별짓는 성염색체(sex chromosome)이다. 염색체는 부모로부터 하나씩 전해받기 때문에 2개씩 쌍을 이루게 되는데 이들을 상동염색체(homologous chromosome)라고 부른다. 사람의 염색체는 22쌍의 상동염색체와 2개의 성염색체로 구성되어 있다. 상동염색체는 크기별로 번호를 붙여 부르는데 제일 큰 것이 1번이고 제일 작은 것이 21번이다. 처음에는 22번이 제일 작다고 해서 붙여졌던 번호들인데 점차 현미경이 발달하면서 21번과 22번의 정확한 크기가 다시 결정되는 바람에 이런 일이 일어난 것이다.

염색체의 수는 항상 정확해야 한다. 염색체가 하나라도 많거나 적으면 유전질환이 야기되기 때문이다. 제일 작은 21번 염색체가 하나 더 많은 경우에도 다운증후군에 걸리게 된다. 다운증후군은 어머니의 나이가 35세 이상일 때 그 확률이 급격히 증가하기 때문에 특별히 결혼 연령에 주의가 필요한 질환이다. 연령말고도 임신 중 방사선에 노출되거나 당뇨병, 갑상선 질환이 다운증후군의 원인이라는 보고가 있다.

① 다운증후군

영국 의사인 존 다운(John Down)이 처음 학계에 발표하였기에 그 이름을 따서 붙여진 질환이다. 증상으로는 작은 머리, 정신박약, 면역저하, 수명단축 등이 다양하게 나타난다. 다운증후군은 21번 염색체가 하나 더 많아서 전체적으로 염색체가 47개일 때 생기게 된다. 요즈음은 산전 유전자 검사 기술이 발달해서 진단과 검사 자체는 문제가 아니지만 여전히 그에 따른 낙태와 임신 조절 등 복잡한 문제가 뒤따르게 된다.

난자는 23개의 염색체를 가지게 마련인데 간혹 24개를 가진 난자가 만들어지기도 한다. 감수분열할 때 따로 떨어져야 할 두 개의 염색체가 서로 붙어서 한쪽 세포로만 이동했기 때문이다. 결과적으로 한쪽 세포에는 24개의 염색체가, 또 다른 세포에는 22개의 염색체가 들어가게 되는데 이들이 각각 정자와 수정되면 47개의 염색체를 가진 수정란, 또는 45개의 염색체를 가진 수정란이 생기게 된다. 이것이 각각 다운증후군과 터너증후군(Turner syndrome)이 생기는 유전적 이유이다. 터너증후군은 성염색체인 X 염색체가 하나 적어서 생기는 유전질환이다.

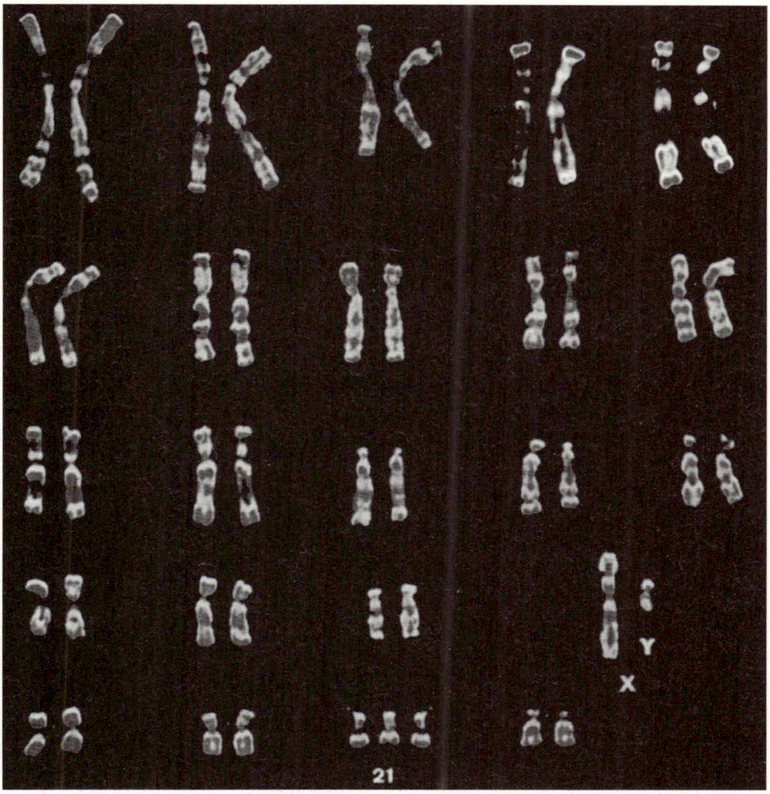

그림 49. **다운증후군 환자의 염색체**

다운증후군의 빈도가 35세를 기점으로 급격히 증가하는 이유는 이렇다. 여성은 남성과 달리 평생 배란할 난자들을 태어나기도 전에 이미 난소에 다 만들어 가지고 있다. 다만 그 난자들이 완성된 상태는 아니고 염색체를 반으로 감소시키는 감수분열 과정에서 멈추어 있다. 이 난자는 사춘기때 배란되어 정자와 수정이 되어야 비로서 감수분열이 완성된다. 즉 난자는 수정을 해야 성숙란인 동시에 수정란이 되는 셈이다. 대부분의 난자는 배란될 때까지 일종의 수면 상태에 놓여 있다. 물론 이 수면 기간은 난자마다 언제 배란되느냐에 따라 각각 다르게된다. 즉 10대에 배란되는 난자, 20대에 배란되는 난자, 30대에 배란되는 난자, 40대에 배란되는 난자 등 각 난자들은 오랜 수면을 마치고서야 비로서 정자를 만날 수 있는 것이다. 문제는 수면 기간이 길수록 난자의 염색체 분리 능력이 떨어진다는 것이다. 그리고 이 능력은 35세를 전후해서 더욱 현저하게 떨어진다. 염색체 분리가 제대로 이루어지지 않으면 당연히 딸세포에게 염색체를 고르게 전달할 수 없다. 이 때문에 어떤 난자에게는 24개의 염색체가, 어떤 난자에게는 22개의 염색체가 전달되는 것이다. 이 현상을 염색체비분리현상(Chromosomal nondisjunction)이라고 한다.

21번 염색체에는 *"GART"*라는 유전자가 있는에 이 유전자가 만들어내는 효소가 지나칠 경우 뇌에 축적되어 독성을 나타낸다. 21번 염색체가 하나 더 있다는 이야기는 결국 *"GART"* 유전자가 하나 더 많다는 결론이고 그 결과 다운증후군 환자는 심각한 정신박약 증세와 함께 수명도 단축될 수밖에 없다.

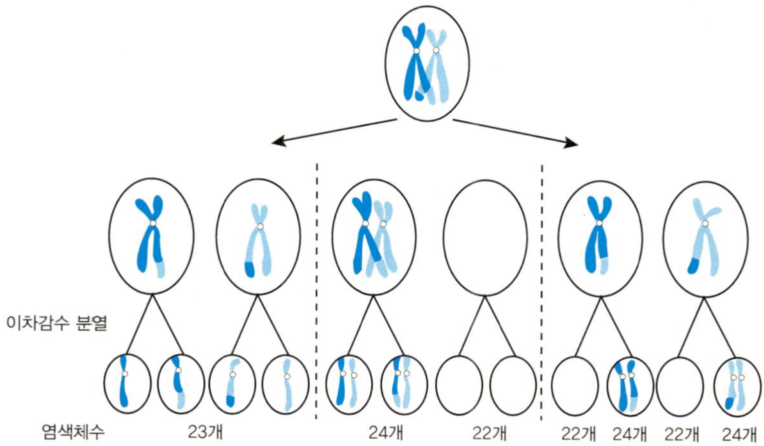

그림 50. **염색체 비분리현상**

지금은 양수천자, 초음파 검사, 융모막 검사 등 다양한 검사 방법이 개발되어 있다. 여성과 아기의 건강을 위해서 그리고 행복한 가정을 위해서 미리미리 부부간에 상의하고 의사와 상담을 거치는 것이 현명하다. 특별히 출산율이 낮아지고 결혼 연령도 점차 늦추어지는 사회적 경향을 보더라도 기초적인 유전 지식과 검사에 대한 인지도는 필수적이다. 지금은 다운증후군도 일찍만 조치하면 거의 정상적인 사회 활동이 가능하다.

② 모자이크 증후군

수정란이 분열하여 세포 수를 늘여갈 때 어떤 세포는 정상적으로 분열해 나가지만 어떤 세포는 염색체가 잘못 되어 적거나 많아지는 경우가 있다. 이렇게 되면 몸 전체에 염색체 수가 서로 다른 세포들로 혼합될 수밖에 없다. 즉 혈액이나 생식기 등 특정 장기는 염색체 수가 더 많고 나머지는 정상 세포로 된 경우가 그것이다. 이런 경우를 모자이크 증후군이라고 부른다. 사람의 염색체가 장기마다 다를 수 있다는 것이 믿어지지 않지만 비록 빈도는 낮더라도 병원에서 종종 관찰되는 증상이다. 모자이크 증후군에 걸린 사람은 그 심한 정도에 따라 증상이 달라지는데 대체로 잘못된 세포가 50% 이상이면 다운증후군과 비슷한 증상을 나타내게 된다.

③ 염색체의 결실

비록 염색체의 수는 정상이지만 방사선이나 자외선, 화학물질 등에 의해 특정 염색체의 끝이 절단되는 경우가 있다. 특히 텔로미어 부분이 절단되면 두 개의 염색체가 붙어버리는 현상이 오기도 한다. 염색체의 절단이 일어나는 경우에는 그 절단 부위가 얼마나 크냐에 따라 텔로미어 뿐 아니라 그 안쪽의 유전자까지도 함께 결실될 수 있는데 그때 절단된 정도에 따라 증상이 달라진다. 이런 절단은 대체로 500명의 신생아 중 1명 단위로 나타난다. 염색체가 절단되면 절단된 토막은 소실되거나 다른 염색체에 옮겨가 기생살이 하듯이 붙게 되는데 완전히 소실되는 현상을 결실(deletion), 옮겨 붙는 경우를 전좌(deletion)라고 한다. 염색체의 복제가 일어나려면 필수적인 구조가 동원체와 텔로미어이기 때문에 전좌의 경우는 유전될 가능성이 높지만 소실되거나 잠시 토막으로 돌아다니는 염색체 조각은 그냥 사라지게 된다.

결실의 대표적인 예는 묘성증후군이다. 이 병은 아기가 생후 수 주일부터 고양이 울음소리를 내는 것이 증상이다. 대개는 부모가 유전질환 병력이 없기 때문에 설마하고 대수롭지 않게 생각하다가 아기의 성장 발육이 늦은 것을 보고서야 진찰되기 일쑤이다. 이 질환에 걸린 아이는 얼굴이 둥근 편이며 눈이 멀고 새끼손가락이 안쪽으로 굽어 있고 심장 박동 소리가 마치 라디오 잡음 소리가 섞여 있는 것 같은 증상을 보인다. 또한 정신박약과 신체적 발달 지연이라는 불행한 증상도 함께 동반한다. 이 질환의 원인인 결실이 왜 일어나는지는 알 수 없지만 바이러스 감염이나, 환각을 일으키는 마약인 LSD(lysergic acid diethylamide) 등이 문제라고 생각된다.

④ 성염색체 이상

성염색체의 경우도 마찬가지이다. 남자는 X 염색체 1개를 가지는 것이 정상이지만 때로는 2개, 3개 또는 그 이상일 경우도 발견이 된다. 사실 기능만을 고려한다면 X 염색체가 몇 개이든 간에 Y 염색체를 하나 갖기만 하면 전적으로 남성이다. 놀랍게도 Y 염색체를 전혀 갖지 않았는데도 남자인 경우가 발견도 되는데 현미경으로 잘 관찰해보면 Y 염색체의 일부가 다른 염색체에 전좌되어 붙은 것을 알 수 있다. 이 일부 염색체 단편 속에 Y 염색체에서 가장 중요한 남성을 결정짓는 유전자가 들어와 붙은 것이다. 성염색체 이상은 다른 유전질환에 비해 빈도가 다소 높은 편으로서 500명 당 한 명 꼴로 나타난다.

1942년에 Klinefelter 박사는 몇몇 남자 환자들의 신체적 조건이 다소 다른 것을 관찰하였다. 이 남성은 가슴이 비정상적으로 크고 고환이 많이 작았으며 현미경 관찰에서 정자를 거의 만들지 못하였다. 체구로만 보아서는 오히려 여성에 가까웠으며 소변 검사는 거세된 남자의 소변과 비슷한 호르몬 조성 결과를 나타내 보였다. 또한 이런 사람들은 키가 보통 사람보다 큰 편이지만 지능이 다소 떨어지기 때문에 사회생활에 적응을 잘 하지 못하다가 범죄에 연루되기 쉬운 특징을 보였다. 이후 몇몇 나라에서 동일한 환자들을 발견하였고 염색체 검사에서 X 염색체의 수가 XXY로 보통의 남자보다 하나 더 많은 것을 알게 되었다. 그리고 이런 질환을 자신의 이름을 따서 클라인펠터 증후군(Klinefelter syndrome)이라 명명하였다.

클라인펠터 증후군은 초기 유전자 진단이 중요하다. 현미경적 관찰만으로도 쉽게 관찰되기 때문이다. 그리고 일단 진단만 내리면 어느 정도 증상을 완화시키거나 치료가 가능하기 때문에 빠른 병원 방문이 필요하다. 치료를 위해서는 보통 남성 호르몬을 처리하는데 시기만 제대로 맞추면 젖가슴도 정상으로 되돌아 오고 성격도 훨씬 남성적으로 돌아온다. 불임의 경우는 치료가 불가능하지만 살아가는데 있어 정상인과 똑 같이 성생활도 가능하다.

반대로 Y 염색체가 한 개 더 많은 경우도 앞에서 잠시 언급하였다. 물론 이런 환자 역시 외형적 모습은 반드시 남성이다. 과거에는 XXY나 XYY인 사람들이 범죄 성향이 짙다고 생각했지만 앞서 말했듯이 지능이 다소 떨어져서 사회적 이용을 당했을 뿐이지 반드시 그런 것은 아니라는 것이 잘 밝혀져 있다.

성염색체의 이상은 여성에서도 발견된다. 특히 클라인펠터증후군처럼 XXX로서 X 염색체가 더 많은 경우가 종종 발견된다. 이 경우에는 신체적으로 정상인과 전혀 구별되지 않고 임신과 출산도 가능하지만 일부 환자에서 정신분열, 정신이상 등 정신질환에 시달리는 것으로 보고되어 있다.

⑤ 터너증후군

여성이 X 염색체가 하나밖에 없으면 터너증후군(Turner syndrome)이라 한다. 외관상은 여성이지만 키가 1.5m 이하로 작고 목이 짧으며 사춘기가 되어도 월경이 없는 것이 특징이다. 또 다른 특징은 양쪽 팔을 옆구리에 붙이지 못하는 것이다. 터너증후군 환자의 난소는 미성숙 상태이기에 원칙적으로 임신이 불가능하지만 호르몬 치료를 받거나 하면 간혹 몇 년간만 우발적으로 생리가 있어 임신하는 경우도 있다. 이때 분만한 아이는 일란성쌍둥이가 될 확률이 높다는 것도 흥미로운 보고이지만 확인된 것은 아니다. 터너증후군의 경우도 치료로서 여성호르몬을 처리하면 유방이 발달하고 월경도 가능해지는 등 어느 정도 증상을 완화시킬 수 있다. 그러나 근본적인 치료는 불가능하다. 자연 유산 중 20% 정도가 거의 터너증후군 수정란일 가능성이 높다는 보고도 있다.

⑥ X 염색체 이상으로 인한 질환

X 염색체에 연관되어 유전되는 질환은 열성과 우성이 있는데 대부분은 열성으로 전달이된다. 때문에 증상만으로 본다면 보통 보인자(carrier)인 어머니로부터 아들에게 전달된다. 혈우병이나 ALD(adrenoleukodystrophy) 같은 것들이 바로 X 염색체 열성 질환이다. 열성이라는 것은 두 개의 X 염색체에 있는 유전자가 모두 고장이 나야만 그 병이 발병되고 진행된다는 뜻이다. 만약 하나만 고장난다면 이 경우는 보인자(carrier)이다. 보인자는 자기 자신은 증상이 없지만 고장난 유전자를 다음 세대에 전달해 줄 수 있는 사람을 말한다. 여자 아기가 고장난 X 염색체를 어머니로부터 하나 받는다 해도, 아버지로부터 오는 X 염색체가 정상이기만 하면 여전히 보인자로서 정상적인 생활을 할 수 있다. 그러나 만약 아들이 이 고장난 X 염색체를 하나 받는다면 아들은 이를 보상할 X 염색체가 따로 없기 때문에 그대로 병에 걸리고 만다. 즉 보인자 어머니를 둔 아들은 정상이거나 환자 중 하나가 될 수 있을 뿐 보인자는 될 수가 없다. ALD는 로렌조오일이라는 영화로 인해 잘 알려진 열성질환이다.

그림 51. 로렌조오일 영화

⑦ 혈우병

혈우병(hemophilia)은 잘 알려진 것처럼 유럽 왕실의 가계도가 이를 잘 반영해 주고 있다. 처음 이 병을 퍼뜨리기 시작한 것은 영국의 Victoria 여왕이다. Victoria의 두 딸 Alice와 Beatrice는 모두 보인자였는데 당시의 정치적 상황과 맞물려 유럽 각국으로 그 자손들이 결혼해 나갔고 결국 스페인, 러시아, 독일 왕가에 혈우병을 전달시켜 유럽 전역이 혈우병으로 고생하는 결과를 초래하였다. 다행히도 현재의 영국 왕가에는 혈우병이 전달되지 않았다.

어떤 사람이 혈우병에 걸릴 가능성은 쉽게 계산할 수 있다. 예를 들어 어떤 여성의 남동생이 혈우병 환자이고 부모가 모두 정상이라면 어머니는 반드시 보인자일 수밖에 없다. 따라서 이 여성 역시 보인자일 가능성이 50%이다. 그리고 이 여성이 결혼해서 딸과 아들 중 아들을 낳을 확률 역시 50%이다. 그 아들이 고장난 염색체를 물려받게 될 확률 또한 50%이다. 따라서 이 여성의 아들이 혈우병 환자일 가능성은 1/2 × 1/2 × 1/2 = 1/8로 계산된다.

⑧ 색맹

색맹(color blindness)은 유전병이 아니지만 역시 X 염색체와 연관되어 유전이 된다. 신생아 중 6~8%가 적록색맹이라고 알려져 있을 정도로 색맹은 비교적 흔한 질환이다. 그러나 색맹은 생명 자체를 훼손시키지는 않고 다만 생활에 불편함을 초래할 뿐이다. 눈에는 3가지 종류의 옵신(opsin)이라 불리는 단백질이 있다. 이들은 각각 받아들이는 빛의 파장에 따라 파랑, 녹색, 적색을 감지한다. 색을 감지하는 것은 마치 화가들이 3가지 색상의 물감을 섞어서 온갖 색깔을 만들어내는 원리와 같다. 파랑색을 감지하는 옵신의 유전자는 가장 짧은 파장을 받아 인지하는 것으로서 염색체 7번에 놓여 있다. 그리고 이것은 돌연변이가 잘 생기지 않는다. 중간 정도의 파장을 받아들이는 옵신은 녹색에 해당하고, 가장 긴 파장을 받아들이는 것은 적색 옵신이다. 녹색과 적색에 해당하는 옵신은 유전자들이 X 염색체에 놓여 있는데 돌연변이가 종종 일어난다. 적록색맹은 바로 이들이 고장난 케이스이고 따라서 X 염색체에 연관되어 유전되는 것이다.

그림 52. **색맹 검사표**

⑨ 듀켄씨근이영양증

듀켄씨근이영양증(Duchenne muscular dystropy)도 X 염색체에 의해 전달되는 질환이다. 듀켄씨근이영양증의 원인은 디스트로핀(dystrophin)이라는 단백질 유전자가 고장나서 근육이 점차 퇴행되는 것이다. 보통 5~6세 때쯤 증상이 시작되는데 처음에는 비틀거리거나 까치발을 떼기 시작하다가 점차 혼자서 일어서지 못하게 되는 진행성 질환이다. 근육의 퇴행 증상이 점차 위쪽으로 진행되다가 최종적으로 심장에까지 이르면 박동이 멈추면서 사망하게 되는 무서운 질환이다. 이 질환에 걸린 환자는 보통 20세 이전에 사망하게 된다.

⑩ X 염색체와 관련된 질환들

이밖에도 X 염색체에는 많은 유전자가 들어 있으며 이들이 원인이 되어 생기는 유전질환도 복잡하고 다양하다. 우리가 아직 알지 못하는 유전질환도 X 염색체와 관련되어 있을 수 있다. 기타 X 염색체 유전질환들에는 무감마글로불린혈증(Agammaglobulinemia), 알포오트병(Alport syndrome), 요붕증(Diabetes insipidus), 파브리병(Fabri disease), 멘케엉킴털증후군(Menkes disease) 등이 있다.

⑪ OMIM 번호

특정한 유전병에 대해 더 자세히 알고 싶다면 미국 국립보건원(NIH) 홈페이지에 접속해 정보를 얻을 수 있다. 홈페이지 주소는 www.nih.gov이다. 여기에서 OMIM 번호를 입력하면 그 질환의 증상과 현재까지의 연구 현황 등이 상세하게 소개되어 있다.

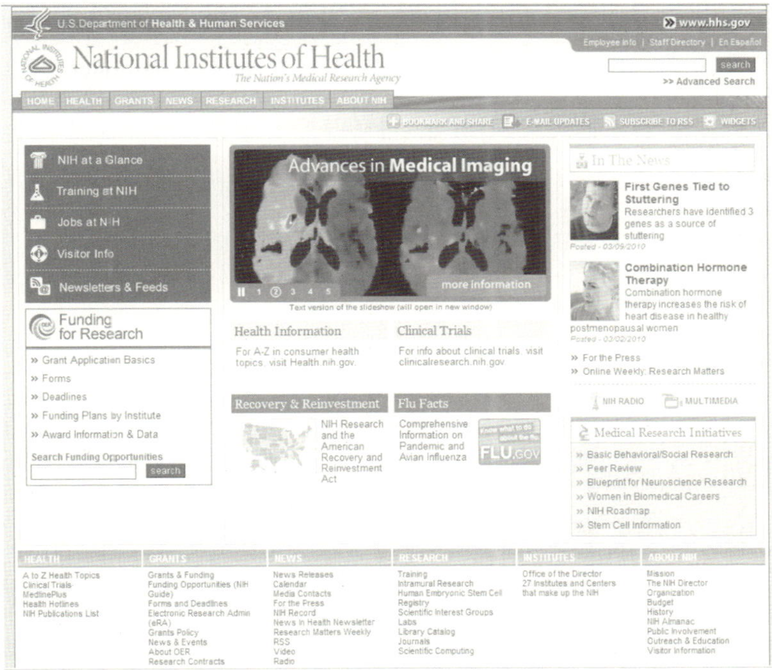

그림 53. NIH 홈페이지

유전자 이상으로 인한 질환

염색체 차원이 아니고 유전자 차원에서 고장이 났을 때 생기는 질환들 역시 많다. 어떤 질환은 여러 개의 유전자가 동시에 고장이 나서 생기기도 하지만 단일 유전자가 고장이 났을 때도 유전질환은 발생한다. 여러 개의 유전자가 동시에 고장나는 경우는 흔하지 않은데 동일한 물질대사 경로에 관여하는 유전자가 한꺼번에 고장나 발병할 수도 있다. 대개는 특정 유전자의 돌연변이 때문에 걸리게 되는데 만약 가계도에 병력이 숨어 있다면 선천적으로 부모에게서 물려받을 수도 있다. 아니면 일상생활에서 해로운 약물에 노출되어 시작될 수도 있다. 예를 들어 대장암 중 절반은 가족력이 있지만 나머지 암은 그렇지 않은 것으로 보고되어 있다.

① Tay-Sachs 병

유대인에만 발생하는 유전질환이기 때문에 인종간 유전병의 발병 가능성이 다를 수 있다는 것을 처음 시사해준 질환 중 하나이다. 원인은 헥소스아미니다아제 A(Hexosaminidase A)라는 효소가 결핍되어 발병하는 질환인데 생후 4개월 이후 점차 실명하다가 경련, 마비를 일으키면서 사망하는 질환이다. NIH에서 더욱 자세한 자료를 찾아볼 수 있고 OMIM #는 272800이다.

② 낭포성섬유증

낭포성섬유증(cystic fibrosis)은 백인에게 더 흔한 질환이다. 우리는 살아가면서 알게 모르게 매일 가래를 만들고 있는데 건강한 사람은 호흡기에 있는 섬모(cilia)가 이를 몸 바깥으로 밀어내어 버릴 수 있다. 한사람이 매일 만드는 가래의 양은 약 1리터 정도이다. 만약 섬모가 운동을 할 수 없으면 먼지와 병균, 공해물질들이 호흡기에 쌓이고 말 것이다. 낭포성섬유증 환자가 바로 이런 경우이다. 호흡기 섬모의 염소이온 채널 단백질(chloride ion channel protein)이 고장나서 섬모가 운동할 수 없기 때문이다. 섬모의 운동 능력이 없어서 스스로 가래를 몸 밖으로 내뱉을 능력이 없기에 누군가 매일 가래를 손으로 밀어내 배출시켜 주어야 호흡기가 정상으로 기능할 수 있다. 그럼에도 불구하고 면역성 저하 때문에 낭포성섬유증도 일반적으로 20세를 넘기기가 어렵다. 또한 합병증으로 폐와 췌장의 기능마저 저하되어 버리는 것이 보통이다. 낭포성섬유증은 1989년에 처음 알려졌고 지금까지 가장 많이 연구된 유전질환 중 하나이다. Watson을 대신해서 인간게놈프로젝트를 완성시킨 Collins가 평생을 연구한 질환중 하나이기에 더욱 유명해진 질환이다. OMIM #는 219700이다.

③ 페닐케톤뇨증

페닐케톤뇨증(phenylketonuria)은 아미노산 중 페닐알라닌(phenylalanine)을 분해하는 효소의 유전자가 고장 나서 페닐알라닌이 뇌세포에 쌓이는 질환이다. 페닐알라닌은 필수아미노산이기 때문에 우리가 반드시 섭취해야 하는 영양소이지만 이것이 제대로 몸에서 사용되지 못할 경우 오히려 독소로 작용하기 때문이다. 돌연변이에도 여러 종류가 있는데 그 정도에 따라 아주 심한 경우부터 거의 증상이 없는 경우까지 다양하게 나타날 수 있다. 가장 쉬운 검사법은 소변검사인데 어떤 경우든지 소변에 페닐알라닌이 과다하게 섞여 분비가 된다. 이 상태를 그대로 두면 신경계에 영향을 주어 정신박약을 초래할 수 있지만 요즈음은 태어나

자마자 거의 필수적으로 검사를 하기 때문에 8살까지만 페닐알라닌이 적은 음식물을 공급해 주면 그 다음부터는 정상 생활을 할 수 있다. 그 이후에는 잉여 페닐알라닌을 분해하는 효소가 정상적으로 기능을 하게되기 때문에 페닐알라닌이 많은 음식을 공급해도 괜찮다. 페닐케톤뇨증의 OMIM #는 261600이다.

④ 겸상적혈구빈혈증

Sickle cell disease 또는 anemia라고 부르는 이 질환은 헤모글로빈을 구성하고 있는 4개의 글로빈 단백질 중 베타 글로빈(β-globin)의 유전자가 고장나서 유발되는 질환이다. 잘못된 헤모글로빈이 적혈구에 들어 있으므로서 적혈구의 모양이 낫 모양으로 구불어지는 현상이 일어나고 비장에서 이를 걸러내어 부수어 버리기 때문에 적혈구의 수가 감소해 심한 빈혈이 초래되는 것이다. 증상이 심하면 때로 내출혈을 동반하면서 장기 손상까지도 초래할 수 있다. 동남아 지역에 더 흔한 질환인데 재미있는 것은 겸상적혈구빈혈증에 걸리면 말라리아에 걸리지않는다는 것이다. 따라서 말라리아가 흔한 동남아 지역에서는 오히려 겸상적혈구빈혈증이 유익한 질환으로 여겨지고 있다. NIH의 OMIM #는 603903이다.

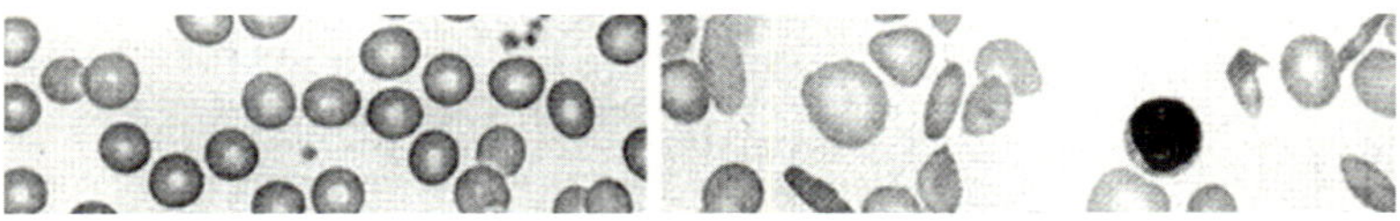

그림 54. **겸상적혈구 빈혈환자의 혈액**

⑤ 헌팅턴무도병

Huntington disease라 부르는 이 질환은 젊은 시절에 전혀 진단되지 않다가 40~50대에 들어서면서 서서히 신경세포가 퇴화되면서 말씨도 어눌해지고 행동이 두서가 없어지다가 걸음걸이도 마치 춤추듯 이상해지는 질환이다. 자기 자신이 스스로의 운동과 행동을 통제할 수 없기 때문에 좌절도 심하고 고통도 그만큼 더 심한 무서운 질환이다. 무엇보다도 치매와 비슷한 증상이 나타나 기억력을 상실하다가 15~20년 정도 고생한 후 사망하기에 공포스러운 질환이다. 헌팅턴무도병도 최근에 원인유전자가 혀져있어 진단은 가능하지만 아직 정확한 치료법이 없는 실정이다. 일부 약물로 증상을 완화시킬 수는 있지만 궁극적인 치료는 못되는 실정이다. OMIM #는 143100이다.

⑥ 가족성고콜레스테롤혈증

가족성고콜레스테롤(familial hypercholesterolemia)은 간세포에 LDL(Low density lipoprotein) 수용체가 없거나 적어서 혈중 콜레스테롤 수치가 높아지는 질환이다. 우리가 음식물을 섭취하면 그 안의 콜레스테롤이 LDL에 둘러싸이게 되고, 그 상태로 간세포로 흡수 되어야 물질대사 과정을 거쳐 우리 몸에서 영양소로 쓰일 수 있다. 간세포의 표면에는 LDL 수용체(receptor)가 많이 있는데 이 수용체의 유전자가 고장나서 만들어지지 못하거나 만들어지더라도 그 수가 적으면 LDL이 간세포로 흡수되지 못해 혈액에 남아 떠돌다가 동맥경화 등을 일으키는 것이다. 심지어는 혈액에 쌓이면서 심장마비를 일으킬 수도 있다. LDL 수용체의 유전자 2개가 모두 고장났는지, 그중 하나만 고장났는지에 따라 증상도 천차만별이다. LDL 수용체에 대한 연구로 Brown과 Goldstein이 노벨상을 받았는데 그 연구과정이 얼마나 세밀하고 힘든 과정이었는지 유전질환 연구에 귀감이 되고 있다. 가족성고콜레스테롤혈증은 보통 젊은 나이 또는 중년에 사망하게 된다. NIH의 OMIM #는 144010이다.

⑦ 기타 유전자 이상 질환

고셔병(Gaucher disease), 단풍당밀뇨병(Maple syrup urine disease), 연골무형성증(Achondroplasia), 근긴장성이영양증(Myotonic dystrophy), 신경섬유종증(Neurofibromatosis), 다낭신질환(Polycystic kidney disease) 등이 있다.

유전상담

유전상담(genetic counselling)은 아기가 태어나기 전에 미리 검사하고 그 결과를 전문가와 토의하여 낙태 여부를 결정하거나 대응(치료) 방법을 모색하기 위한 것이다. 일단 아기가 태동을 시작하면 엄마는 아기와의 유대 관계가 강하게 형성되기 때문에 조치가 어려워지고, 일단 태어나면 아기의 신체적 불편함을 평생 대신 지고 죄의식 속에서 살아가기 쉽기 때문이다. 예전에는 불가능했지만 지금은 선천성 결함을 미리 알아내기 위해 DNA 차원에서 검사를 할 수 있으며, 심지어는 아주 미세한 결함도 미리 예측하는 것이 가능하다.

대부분의 유전질환이 아직 완전한 치료 방법은 없다. 그러나 산전진단(pre-natal diagnosis)을 통해 미리 대비할 수는 있다. 그리고 유전상담을 할 때 중요한 것은 의사나 부모가 절대로 선입견을 가져서는 안된다는 것이다. 예를 들어 부모가 지나친 불안감 때문에 의사가 제공하는 정보들을 흘려서 들어버린다면 유전상담의 의미가 없어지기 때문이다. 반대로 의사가 지나치게 고압적이라서 부모가 결정해야 하는 방법을 미리 제시하고 강요하는 것도 옳지않다. 이런 태도는 그렇지않아도 불안한 유전상담들에게 전혀 도움이 되지 않기 때문이다. 유전상담의 원칙은 어디까지나 시간을 놓치지 않고 적절한 대응책을 함께 찾는 데 있다.

불행하게도 선천성 이상이라는 것이 확실하게 진단되면 지금까지 아무런 문제없이 잘 꾸려오던 가정도 결국 파탄이 나는 경우가 많다. 그뿐 아니라 서로가 상대방의 가계도를 괜시리 비난하고 어떨 때는 집안 싸움으로 까지 번지기도 한다. 모계 유전인 ALD나 혈우병의 경우가 바로 그런 것인데 그렇잖아도 자기로 인해 아이가 아프게 되었다는 생각으로 죄책감에 힘든 아내를 보고 당신 집안 때문에 이렇게 되었다는 등, 속이고 결혼했다는 등의 비난을

퍼붓는다면 그것만으로도 이미 그 가정은 유지되기 어려울 것이다. 이럴수록 유전상담의 범위는 단순한 아기의 문제를 넘어 부부간의 정신적 교감과 가정 문제에까지 확대되어야 하는데 이때 주의할 것은 의사를 믿는 것은 좋지만 개인적인 문제까지 포함한 모든 것을 해결해달라고 맹목적으로 기대거나, 아니면 의사가 상담자의 사생활까지 침해하려는 행동은 피해야 한다는 것이다.

유전질환은 누구의 잘못도 아니다. 이런 싸움들은 결국 아무런 의미가 없는 것이며 서로가 상처만을 입힐 뿐이다. 결국 선천성질환에 대한 이해 부족으로 생기는 일이기에 평소에 올바른 충분한 유전적 지식을 갖추는 것만이 바람직하다.

친자확인

범죄 현장에 떨어진 혈흔이나 머리카락에서 유전자를 분석해 용의자를 검거하는 것은 이제 일반화된 일이라서 별로 신기할 것이 없다. 범죄 수사와는 성격상 다른 문제이지만 친자 확인 역시 DNA 분석이나 유전질환 검사와 같은 방법으로 분석해낼 수 있다. 특히 상속의 문제가 걸렸다면 이는 대단히 중요한 일이 아닐 수 없다. 사람마다 얼굴이 조금씩 다르듯이 일란성쌍둥이가 아니라면 유전자도 조금씩 다르게 마련이다. 물론 그 차이는 0.01%도 안 될 정도로 미미하지만 사람의 유전자가 전체 3×10^9bp라는 것을 생각하면 이는 무려 1,000만 개의 염기서열 차이를 말하는 것이다. 이런 차이는 유전자 차원에서 확인한다면 그 사람의 가계를 찾아내는 결정적인 단서가 될 수 있다. 더욱이 모계 유전을 따라 내려온 친자의 문제라면 어렵지않게 해결될 수 있다. 세포내소기관인 미토콘드리아는 어머니로부터만 전달되기에 미토콘드리아의 유전자를 분석하면 이미 여러 세대를 지나 버린 샘플이거나 어머니와 함께 다른 나라로 이민 온 사람의 경우라도 감별해낼 수 있다. 친자확인은 유전질환을 검사하기 위한 방법을 개발하는 중에 자연스럽게 동일한 기술이 적용된 분야이다. 모두가 유전자 구조에 기반을 두고 있기 때문에 유전자 재조합 기술이 발달할수록 앞으로 정확도는 더욱 높아지게 될 것이다.

유전질환의 극복

인간게놈프로젝트의 완성으로 이제 사람은 약 25,000개의 유전자를 가지고 있다는 것을 알게 되었다. 이 중 어떤 유전자도 중요하지 않은 것이 없지만 특히 3,000~4,000여 개의 유전자는 치명적인 유전질환을 유발할 수 있다. 유전질환의 증상은 대체로 심각하지만 어떻게 대처하느냐에 따라 분명히 달라질 수도 있다. 유전질환은 또한 부유한 사람이나 가난한 사람을 구분하지 않고 사회적 지위도 전혀 구분하지 않는다. 젊은 시절에 최고의 주먹을 자랑하던 복서 무하마드 알리도 지금은 파킨슨 질병으로 걷기조차 어렵다는 것을 우리는 잘 알고 있다. 유전질환은 일단 발병하면 대부분 수 년내에 생명을 앗아가거나 정신 장애를 일으키기 때문에 더욱 치명적일 수밖에 없다.

유전질환은 개인뿐 아니라 가정을 파괴하고 주변 사람들의 생활과 관계까지도 황폐하게 만들어 버린다. 따라서 이를 극복하려는 유전자 치료법의 개발이 전 세계적으로 활발하게 연구 중에 있다. 중요한 것은 유전질환은 어느 한사람만의 힘이나 지식으로 극복할 수 없다는 점이다. 밝은 미래를 위해서 부모, 의사, 학자, 학술단체, 기금단체 등 사회 모든 조직이 공동으로 노력해야 할 것이다.

유전자 검사와 윤리

유전자 검사가 비록 건강한 아기와 행복한 가정을 보장하는 과학의 산물이라 할지라도 분명 몇 가지 문제점을 안고는 있다. 첫째, 유전자 검사를 누구한테 적용하느냐의 문제이다. 35세 이상 임산부에게 적극 권장되는 양수천자라도 본인이 원하지 않으면 강제로 시술해서는 안되기 때문이다. 사람에 따라서는 35세가 안 되었더라도 아기에 대해 지나치게 걱정하여 검사를 여러 번 되풀이해 받으려는 경우도 있다. 이런 것들을 종합해 볼 때 검사 자체가 강제적으로 이루어져서는 안된다는 것은 분명하다. 게다가 의료보험 등의 여건으로 인해 어떤 사람은 쉽게 검사를 받을 수 있는 반면 어떤 사람에게는 경제적으로 굉장히 어려울 수도 있다. 어떤 사람은 유전자 검사의 결과를 믿지 않으려는 경향을 보일 수도 있다. 심지어는 국가가 대부분의 비용을 지불한다 하더라도 검사를 원하지 않는다면 강요할 수 없기에 이는 전적으로 개인적 결정일 수밖에 없다. 둘째, 검사 결과가 부정적일 때 누가 낙태를 결정하는가의 문제이다. 물론 부모가 그 결정권을 일차적으로 가지고 있다고는 하더라도 이것은 개인 윤리를 벗어난 사회적, 법적 문제이기도 하기 때문이다. 그리고 전적으로 생명의 시작을 언제로 간주할 것인가와 관련되어 있다.

가톨릭에서는 수정과 동시에 생명이 시작된다고 보고 있다. 반면에 발생학자들은 14주까지는 아직 완전한 착상이 이루어지지 않았기에 단순한 세포 덩어리로 간주하려는 경향이 짙다. 국제적으로 사람의 수정란을 실험실에서 14일까지 배양하도록 허용하는 이유도 이 기준에 의한 것이다. 초기 기독교 시절에는 태아에게 영혼이 들어가는 시기가 남자아이는 40일, 여자아이는 80일이라고 규정되어 있었다. 물론 이것은 발생에 대해 지식이 부족했던 시대가 낳은 무지한 결과이기도 하지만 남자와 여자를 구별 지은 것도 전혀 맞지 않는 기준이다. 중요한 것은 생명의 시작을 언제로 보느냐에 따라 낙태 시기의 합법적 기준이 달라진다는 것이다. 현대 의학에서는 대체로 24주 이후에 태아가 모체로부터 분리되어도 살아갈 수 있기에 그 이전에 임신 상태를 인위적으로 중단하는 것을 유산으로 본다. 이처럼 아직 통일된 의견이 없기 때문에 유산을 결정하는 것 역시 전적으로 개인적 상황에 달려 있을 수밖에 없다.

비록 낙태를 법으로 금지한 나라도 있지만 유전 질환을 분명 가지고 태어날 아이를 생각한다면 그 결과를 알면서 무작정 그냥 출산하기도 쉬운 결정이 아니다. 장애를 가지고 태어날 아기를 위해 정신적 준비뿐 아니라 경제적 준비도 함께 마련되어야 하기 때문이다. 게다가 이 아이의 교육문제며 사회적 보장 장치 등 미리 확인하여야 내용이 한 두가지가 아니다. 법으로 낙태를 금지해놓고 막상 태어난 장애아에 대해서는 아무런 사회적 보호 장치가 없다면 그것은 오히려 태어남이 더 고통일 수도 있기 때문이다.

그러나 질병의 경중을 따지기 어렵더라도 분명하게 치유할 수 있는 질환들도 있다. 예를 들어 언청이는 지금의 발달된 성형수술 기술로 보통 사람과 거의 구별이 불가능할 정도로까지 치유할 수 있다. 손가락이나 발가락의 숫자 정도가 문제라면 그건 살아가는데 아무런 지장이 없다.

성감별에 다른 낙태도 문제가 된다. 원래 신생아의 성비는 1 : 1임이 이론상 정상적인 수치임에도 불구하고 보수적인 성향의 지역에서는 이 성비가 완전히 어긋나는 경향이 짙다. 이런 것은 분명 검사 기술과 낙태 기술이 음성적으로 사용된 잘못된 예이다. 치유가 분명하거나 온전한 생명체임에도 불구하고 선택적 출산을 원하여 낙태를 결정한다면 그것은 생명의 소중함을 경시한 행위임에 틀림없다.

어쨌든 최종 낙태를 결정하는 당사자는 의사가 아니라 전적으로 부부 본인들이어야 한다는데 이견이 있을 수 없다. 의사는 결정을 내리는데 필요한 의학적 정보만을 최대한으로 제공하고 낙태와 출산의 장단점을 설명해 주어야 한다. 절대로 강권하거나 어느 한쪽으로 몰고 가서는 안되며 천천히 시간을 두고 생각하되 확고히 결정할 수 있도록 도와주어야 한다. 예전 같으면 검사조차 되지 않았을 경미한 질병도 요즈음은 기술이 발달하여 미리 알게 되었을 정도이기에 더욱 결정을 내리기 힘들어지고 말았다. 생명을 존중하면서 경제적 상황과 아기에 대한 확고한 의지 등 제반 여건을 충분히 고려하고, 필요한 사회적 지원과 제도 등도 함께 검토하여 현명한 판단을 해야 하겠다

모자보건법

최근에 젊은 산부인과 의사들을 주축으로 낙태 근절운동이 일어나고 있다. 현재 우리 나라의 모자(母子)보건법에 따르면 임신부에 유전학적 정신 장애가 있거나, 전염성 질환이 있거나, 근친상간 또는 강간 등에 의한 임신이거나, 임신이 지속되면 산모의 건강이 위험해지는 경우만을 낙태의 법적 허용 범위에 넣고 있다. 즉, 미혼 임신의 낙태, 터울 조절을 위한 낙태, 태아 기형 등으로 인한 낙태는 모두 불법으로 간주하고 있다. 만약 불법 낙태가 이루어지면 원칙적으로 의사와 산모 모두 징역 2년 이하의 처벌을 받게 되어 있다.

Chapter 8

유전질환의 산전진단

산전진단의 목적

산전진단은 출생 이전에 아직 아기가 자궁내에 있을 때 세포를 일부 채취해서 미리 유전자를 검사하는 것이다. 검사 방법은 의학적으로 세 가지가 있다. 이 방법들은 각각 장점과 단점이 있기 때문에 검사 시기와 시술 방법에 따라 어느 것을 선택할지 최종적으로는 부모가 결정해야 한다. 이들 검사를 통하면 유전자 차원의 질환도 검사할 수 있지만 가장 흔한 목적은 염색체의 이상을 살펴보는 것이다. 즉 염색체의 개수가 46개인지 아닌지를 확인하는 것이 가장 쉬운 검사 중 하나이다. 그중에서도 다운증후군(Down syndrome)이 검사의 일차 목표이다. 다운증후군은 산모의 나이

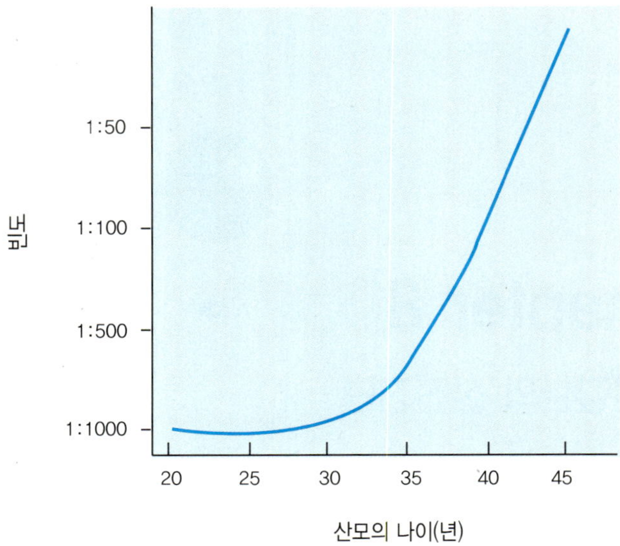

그림 55. 다운증후군의 발병 빈도

35세를 전후하여 그 발병 빈도가 급격히 증가한다. 이유는 난자가 휴면 기간(배란될 때까지 미완성 단계에서 기다리는 시간)을 너무 오래 가져서 감수분열에 대한 감각을 잃어버리기 때문이다. 다운증후군의 빈도가 최고점에 도달했을 때에는 거의 신생아 1%가 영향을 받을 정도이다. 1%라면 보통 개념으로는 적은 빈도라고 생각할 수도 있겠지만 일반적인 유전질환의 빈도가 1/1,000~1/3,000임을 감안하면 엄청나게 높은 빈도이다. 다운증후군의 빈도가 40세 이상으로 가면 다시 감소하는데 그 이유는 나이가 들어 다시 안전해지는 것이 아니고 임신하는 여성의 숫자 자체가 줄어들기 때문이다. 최근에 젊은 사람들의 출산율은 떨어지는 반면 결혼 연령 자체도 점차 늦어지고 있다. 게다가 기혼자들도 40대 이후에

늦둥이를 낳는 풍조가 유행하고 있다. 개인적으로는 물론 이유가 있겠지만 생물학적 차원에서는 그다지 반갑지 않은 현상이다.

초음파 검사의 원리

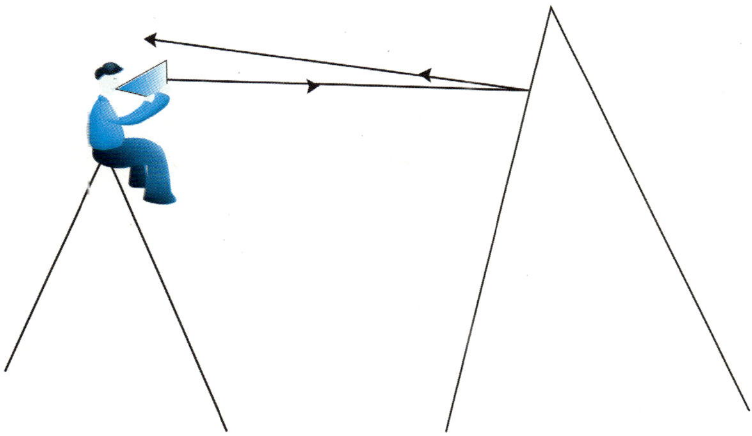

그림 56. 초음파 검사의 원리

초음파 검사(ultrasound examination)는 세가지 검사 중 제일 간단한 검사 방법이다. 그러면서도 움직이는 아기를 직접 관찰할 수 있기 때문에 제일 다이나믹한 검사이기도 하다. 초음파 검사는 사람이 귀로 들을 수 있는 파장보다 높은 음파를 이용해서 아기의 영상을 관찰하는 방법이다. 가청 주파수가 초당 20~20,000Hz인데 비해 검사에 사용되는 초음파는 대략 1,000,000~20,000,000Hz 이다. 초음파 검사의 원리는 산에서 "야호"하고 외치면 메아리가 되돌아오는 것을 응용한 것이다. 메아리는 앞산에 부딪쳐 여운을 남기면서 여러 방향에서 본인에게로 되돌아오는데 이때 돌아오는 메아리의 방향들을 합쳐 영상화시킴으로써 앞산의 모습을 그려내는 원리이다. 따라서 초음파의 영상은 아주 뚜렷할 수는 없고 대체적인 윤곽만을 보여주므로 판독을 위해서는 상당한 숙련과 경험이 필요하다.

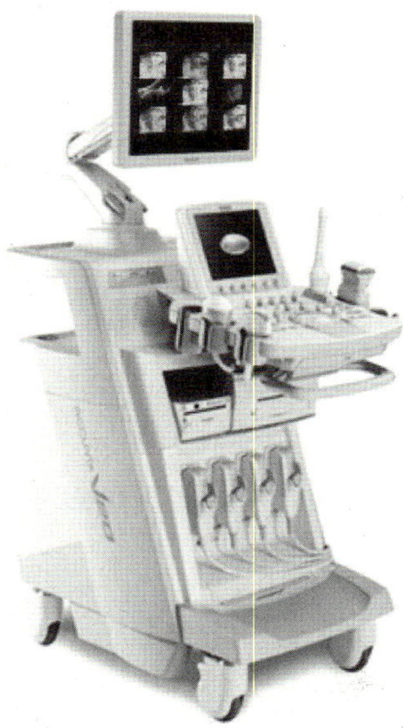

그림 57. **초음파 검사 장치**

초음파 검사를 위해 병원에 가면 여성의 배에 트랜스듀서(transducer)라고 하는 초음파 발생 장치를 올려놓는다. 트랜스듀서는 컴퓨터 마우스처럼 생겼는데 기능적으로는 스캐너같은 장치이다. 트랜스듀서를 배 위에서 이리저리 움직이면 초음파가 배를 뚫고 아기 신체 각 부분에 부딪친 후 다시 반사되어서 이와 연결된 컴퓨터로 모이고 이렇게 반사된 초음파를 영상으로 나타내면 아기의 모습을 있는 그대로 볼 수 있다.

초음파 검사의 시기

초음파 검사는 아기의 성장 과정을 추적할 수 있는 가장 안전한 방법이다. 또 필요에 따라서는 일찍 시작할 수 있기에 유용한 방법이다. 눈으로 직접 보기 때문에 선천적인 기형 발생을 육안으로 추적할 수 있다는 점에서 매우 유용하다. 초음파 검사를 시도하는 시기는 보통 18주에서 20주 사이가 최적합한 때이다. 초음파가 공기보다는 물에서 더 큰 반향을 일으키기 때문에 자궁 내에 양수가 어느 정도 들어차야만 검사가 가능하기 때문이다. 양수는 최소 18주가 지나야 검사를 하기에 충분한 양으로 들어차게 된다.

일단 아기를 임신하면 부모들은 그 아기에 대한 추억을 단계적으로 간직하고 싶어진다. 옛날에는 사진이 귀했지만 요즘은 아예 초음파 사진부터 앨범에 간직하려는 부부가 많아진 것도 달라진 가정 풍속도이다. 그러다 보니 부모의 입장에서는 매달 아기가 자라나는 모습을 초음파로 찍고 싶어하는데 의학적 소견에서는 전체 임신과정을 통해 두 번의 초음파 검사면 충분하다. 한번은 18~20주 사이에 초기 진단을 위해서이고 다른 한 번은 출생 바로 직전에 아기의 정확한 위치와 자세를 확인하기 위해서이다. 초기에 초음파 검사를 하면 아기의 성장 정도를 추정할 수 있기 때문에 거의 정확한 출산일자를 계산하는 데에도 도움이 된다.

간혹 이른 시기인 10~13주경 또는 그 이전에도 어쩔 수 없이 특별 초음파 검사를 하는 경우가 있다. 이런 경우는 임신 초기에 출혈이 심하거나 임신 시점이 부정확할 경우 또는 임산부의 나이가 많거나 가족력이 있어서 다운증후군 등 유전질환이 심하게 우려될 경우이다.

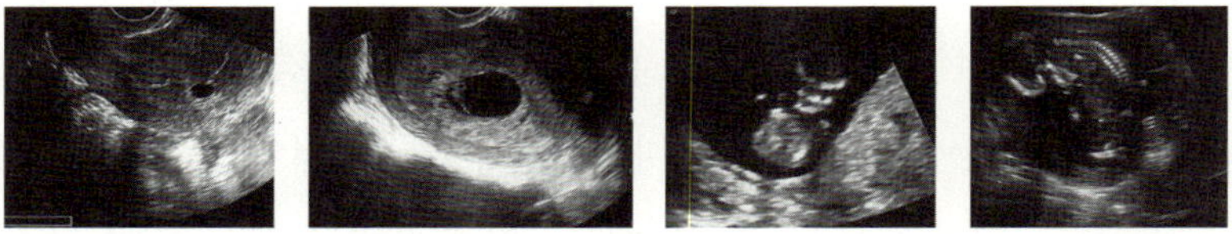

그림 58. **태아의 대체적인 월별 초음파 사진. 왼쪽부터 1, 2, 3, 4개월임**

초음파를 이용한 성별 판독

아기의 생식기가 어느 정도 완성되는 시기는 3개월(12주)경이므로 이 시기를 지나면 초음파로 성별을 확인할 수 있다. 남자아이의 경우는 음경을, 여자 아이의 경우는 음순을 직접 관찰한다. 그러나 때로 여자아이의 음순을 관찰하기가 어렵거나 남자아기가 두 다리로 음경을 감추고 있어 관찰이 어려울 수도 있다. 또 자세에 따라 초음파가 판독해낼 수 없는 경우도 있다. 임신 말기에는 양수가 줄어들어 오히려 초음파 검사가 어려울 수도 있다. 초음파 검사의 일차 목적은 아기가 건강하게 성장하고 있는지를 파악하려는 것이므로 성별 판독에 따른 낙태 등을 전제로 한 검사는 시도하면 안 될 것이다. 초음파 검사에 따른 성별 판독은 일반적으로 98%의 정확도를 보이는데 이는 전적으로 의사의 숙련도와 태아의 위치, 그리고 임신 진행 시기 등에 따라 달라진다. 보통은 16주~20주 사이에 실시하는 정기 초음파 검사로 성별을 구별할 수 있지만 특별히 의사에게 미리 요구하지 않으면 일부러 검사하지는 않는다. 우리나라에서는 얼마 전까지 태아의 성을 감별하는 것이 불법이었지만 최근에 새로 법령이 개정되어 원한다면 합법적으로 성별 판독을 요구할 수 있게 되었다.

초음파 검사와 출혈

때르 초음파 검사 상에 일부 출혈 흔적이 보일 수 있다. 이럴 경우 물론 임산부가 안정을 취해야 하겠지만 출혈 자체가 임신에 심각한 문제를 끼치는 것은 아니다. 임신 초기에 출혈이 생기는 경우는 비교적 흔한 현상이기 때문이다. 그 출혈이 오래 지속되지만 않는다면 별로 문제되지 않는다. 그리고 대개의 경우 자연 유산이 되지 않는 한 태아도 정상적으로 발육을 한다. 이미 발견된 출혈이 자궁 또는 태아의 어느 부분에서 유래되었는지 까지는 초음파만으로 판단하기 어려운게 보통이다. 출혈과 함께 만약에 아기가 유산되었다면 초음파 검사로 그 시기와 원인을 알 수 있을까 하는 것도 종종 궁금한 질문이다. 임신 초기에 아기가 유산되면서 세포 덩어리로 남아 있다면 그 크기를 보고 대체적인 시기를 추정하는 것이 가능하지만 원인까지 파악하는 것은 쉽지가 않다. 부모의 입장에서는 당시 상황을 추적하여 무엇이 잘못 되었을까를 알고 싶어 하지만 유산의 원인이 한두 가지가 아니고 또 유전적 요인에 의할 수도 있기 때문에 정확한 검진이 필요한 부분이다. 이럴 경우 정말 유전질환이 의심되거나 가족의 병력이 있었다면 다음 아기를 위해서도 양쪽 부모의 유전자 검사를 병행 실시해 보는 것이 현명한 선택이다.

초음파 검사와 임신 시기

산부인과에서 흔히 볼 수 있는 의사와 임산부와의 충돌은 임신 시기에 대한 것이다. 그리고 이것은 잘못하면 부부간의 문제로까지 비화할 수 있어 대단히 조심스러운 대화와 의학적 이해가 필요한 내용이다. 의사의 경우는 전적으로 초음파 결과를 신뢰하지만 임산부는 자신의 기억을 더듬어 임신 시기를 추정하기 때문이다. 임산부가 임신 시기를 정확히 기억하고 있음에도 불구하고 초음파 검사 결과에 의존하여 의사가 전혀 다른 날짜를 이야기하는 경우가 종종 벌어진다. 원래 임신 시점은 마지막 월경 날짜를 기준으로 계산을 한다. 마지막 월경 후 2주만에 배란이 되고 이때 임신이 되기 때문이다. 그러나 때때로 생리주기가 일정하지 않을 수 있기 때문에 기억에 의한 날짜 추정은 혼동을 줄 수밖에 없다. 아기가 성장 발육하는 비율은 그 주령에 따라 거의 정해져 있기 때문에 의사와 임산부의 견해가 일주일 이상 차이나지 않는다면 대개의 경우 초음파 검사 결과가 더 정확하다. 아기가 아무 이상이 없다면 초기 초음파 검사는 대체로 1회에 그치게 마련이지만 때로 2회 이상 실시하는 경우도 있다. 이럴 경우에는 임신 초기에 실시한 검사가 최종 출산일을 결정하는데 더 정확하다. 아기가 자라면서는 성장속도가 자궁의 크기 등 외부적 요인에 의해 변할 수 있지만 초기 성장 속도는 거의 표준 수치를 따르기 때문이다. 출산에 임박해서 실시하는 초음파 검사는 출산일을 결정하기 위해서보다 아기가 정상적으로 자라고 있는지를 말해주는데 유익한 정도일 뿐이다.

초음파 검사와 쌍둥이

일부 보고에 의하면 쌍둥이가 마치 유전적 요인에 의한 것처럼 생각되지만 그것은 다만 가능성일 뿐 현재로서는 아무런 정확한 생물학적 단서가 없다. 또한 쌍둥이는 유전질환도 아닐뿐더러 전혀 정상인 별개의 개체이다. 초음파로 태반을 들여다보면 쌍둥이일 경우 쉽게 관찰이 된다. 그러나 이란성쌍둥이라고 해도 아기의 얼굴을 보고 구별할 수 있을 정도는 아니다. 초음파 자체가 대체적인 윤곽만을 나타내기 때문이다. 따라서 일란성인지 이란성인지를 구별해 달라고 의사에게 요구하는 것은 무리이다. 다만 태반이 한 개라면 일란성쌍둥이일 가능성이, 두 개라면 일란성쌍둥이가 아닐 가능성이 조금 더 높다. 가끔 이란성쌍둥이도 한 개 태반 안에 같이 들어있을 수 있기 때문에 초음파만으로 100% 정확한 결론을 내릴 수는 없다.

태아의 성장속도

초음파 검사를 위해 간단히 아기 탄생의 순서를 정리하면 아래 표와 같다. 임신 2주만에 일차적으로 신경계가 형성되기 시작하면서, 한 달만에 아기는 감각기관인 눈과 귀가 만들어지고 사람의 형상을 갖추기 시작한다. 두 달째에는 외형과 내부 장기가 원시적이기는 하지만 이미 완성되며, 10주째인 3개월째 근육이 발달하면서 약간의 움직임이 가능해진다. 그리고 이 시기에 심장도 완성된다. 조혈작용이 중요한데 임신 초기에는 아직 뼈와 골수가 완성되지 않았기 때문에 간에서 혈액을 만들다가 나중에 골수로 기능이 옮겨가게 된다. 임신 3개월째에는 생식기의 구별이 초음파로 가능해진다. 그리고 대부분의 임산부들이 4~5개월이면 아기의 태동을 느낄 수 있다. 태동을 느낀다는 것은 유전질환 검사라는 관점에서 중요한 의미가 있다. 일단 태동을 느끼면 아기를 향한 어머니의 마음은 더욱 강렬해지기 때문에 유전검사의 결과가 부정적일지라도 이에 따른 상담이 어려울 수 있기 때문이다. 7개월 이후에는 태아가 너무 크기 때문에 초음파 검사 자체가 어려울 수도 있다. 아기는 7개월이면 눈을 뜨고 폐가 완성되기 때문에 이시기를 지나 조기 출산하더라도 생존 가능성이 대단히 높다. 아기의 출산 예정일은 보통 마지막 월경으로부터 9개월 뒤인 만 40주로 계산한다.

양수

양수(amniotic fluid)는 짚색의 맑은 액체로서 초기에는 모체의 혈액이 여과되어 만들어지다가 점차 태아의 소변이 주성분이 된다. 태아의 신장(kidney)이 기능을 시작하면 소변이 양수로서 배설되는데 만삭 때에 그 양이 약 1리터까지 늘어난다. 결국 태아는 자기가 배설한 소변을 계속 마시고 다시 배설하는 과정을 되풀이하는 것이다. 그렇기 때문에 양수가 중요하다. 양수는 태아의 생화학적 건강을 가늠하는 척도가 되기 때문이다. 태아가 자궁 속에서 양수를 계속 삼키고 또 뱉기 때문에 양수는 약 3시간마다 교체된다.

양수는 98~99%가 순수한 수분이지만 그 안에 떨어져 나온 태아의 상피세포가 떠 있기 때문에 유전자 검사에 중요한 재료가 된다. 상피세포로부터 태아의 염색체와 DNA를 추출할 수 있기 때문입니다. 이렇게 양수를 추출하여 각종 생리·생화학적 검사를 하는 의료기술을 양수천자(amniocentesis)라고 한다. 추출한 DNA는 PCR 기술로 필요한 유전자만 따로 증폭하고 여기에서 돌연변이 여부를 파악해 유전 진단을 내릴 수 있다. 양수에는 태아의 상피세포 말고도 각종 유기물질(단백질, 탄수화물, 지방)과 태아가 분비한 효소, 호르몬 등이 섞여 있으므로 산전진단에 유용하게 이용된다. 양수 그 자체로는 어렵지만 양수에서 상피세포를 배양하여 염색체를 검사하면 태아의 성별도 간단히 알 수 있다. 현미경으로 Y 염색체 유무를 확인하면 된다.

양수는 자궁 내에서 균일한 압력을 제공하여 태아의 근육과 골격이 고르게 성장하도록 도와주고, 태아가 태반에 유착되는 것을 방지하며, 출산 시에는 자궁 수축에 의한 국소적인 압력으로부터 태아를 보호해 주기도 한다. 또한 임신 중 외부로부터의 충격을 흡수하고, 태아의 체온을 조절하는 역할을 하며, 출산 시 수압을 상승시켜 자궁경관의 확장을 도와 출산이 용이하도록 도와준다.

양수천자

양수천자(amniocentesis)는 태아의 염색체나 유전자를 검사하기 위해 임산부의 자궁에서 직접 양수를 채취하는 방법이다. 태아의 피부에서 떨어져 나온 몇 개의 상피세포가 이 양수에 들어있고 이 세포들은 태아의 유전자를 검사하기 위한 좋은 재료이기 때문이다. 양수천자는 일찍 1930년대부터 실시되었는데 당시의 목적은 양수에 X-ray 염색약을 풀어 넣어 태아의 모습을 X-ray로 관찰하려는 목적이었다. 이후 기술이 점차 발달하여 1950년에 태아와 임산부의 혈액 부적합을 연구하기 위해 양수천자가 실시된 기록이 있고, 1967년에 유전자 검사를 위한 양수천자가 처음 이루어졌다.

양수천자는 이처럼 초음파 검사보다도 먼저 사용되기 시작한 검사 방법이다. 혹시나 시술 과정에서 실수가 있을까봐 우려를 하기도 하지만 초음파로 태아를 들여다보면서 양수천자를 실시하면 위험도는 거의 제로에 가까울 정도로 낮아진다. 양수천자를 시술하기에 적합한 시기는 임신 약 15주~17주 사이이다. 그 이전에는 양수의 양이 너무 적어서 시술하기가 어렵다. 실제로 10주경에는 양수가 20ml이 채 안되지만 태아의 성장이 빠르게 진행되면서 불과 5~6주 만에 그 양이 200ml까지 늘어나게 된다.

양수는 태아의 소변이기 때문에 태아가 성장할수록 비뇨계도 발달하고 소변양은 점점 더 많아진다. 양수가 노란 이유는 빌리루빈(bilirubin)이라는 성분이 양수에 쌓이기 때문이다. 임신이 진행될수록 양수는 점차 색이 엷어지면서 투명해지는데 어차피 태아가 매일 새로운 소변을 만들어내기 때문에 양수천자로 15ml 정도를 빼내더라도 며칠 이내에 다시 보충될 수 있다.

모든 임산부가 양수천자를 반드시 실시할 필요는 없다. 양수천자로 모든 생화학적 질환이나 유전질환을 검사할 수도 없을 뿐 아니라 경비도 다소 비싸기 때문이다. 일반적으로 다운증후군 등 특수 질환이 우려될 경우에만 양수천자를 실시하는데 특히 35세 이상 임산부에게는 적극 권장된다. 35세 이하일 경우에는 16주에 혈액검사를 통해 다운증후군 가능성이 높으면 양수천자를 실시한다. 혈액검사는 혈액내 AFP(α-fetoprotein) 수치를 측정하는 것이다.

양수천자의 시기

임신 4개월을 넘어 18주 이후의 양수천자는 사실상 의미가 없다. 물론 양수천자를 실시할 수는 있지만 대체로 그 검사 결과를 알기까지 3주 정도가 소요되기 때문이다. 양수를 채취하면 원심분리기로 회전시켜 상피세포만 가라앉혀 모으는데 는 그 수가 몇 개 안되기 때문에 일단 실험실에서 세포 배양을 통해 상피세포의 숫자를 충분히 늘려야 유전자 검사가 가능하다. 이에 걸리는 시간이 심할 경우 몇 주씩 소요될 수도 있다. 그 다음에 염색체 수를 확인하는 작업이 필요한데 이 역시 몇 번씩 반복하는 확인 작업이 필요하다. 따라서 너무 늦게 양수천자를 하게 되면 최종 검사 결과가 나왔을 때는 20주가 이미 넘어버리는데 이때는 통상 임산부가 태아의 태동을 이미 느낀 다음이기 쉽다. 이 시기는 처음으로 아기와 대화가 시작된 만큼 엄마로서의 책임감과 모성애를 아주 강하게 느끼는 때이기에 검사 결과가 부정적으로 나오더라도 그에 대한 결정을 하기 힘든 것은 당연할 수밖에 없다. 때문에 양수천자는 아무리 늦어도 15~16주경에는 실시하는 것을 원칙으로 하고 있다. 요즈음은 기술이 발달했기 때문에 의학적 관점에서만 본다면 임신기간 내내 언제라도 유산이 가능하다. 그럼에도 불구하고 생명체의 권리라는 차원에서는 법률적 판단 역시 중요하다. 낙태 역시 이제는 산부인과에서 자체적으로 금하고 있기 때문에 더욱 판단을 어렵게 만들고 있다. 임신 20주는 엄마가 태동을 느끼는 시기이고 아기에 대한 욕망이 강했던 부모에게는 어려운 결정이 더욱 힘든 시기이다. 만약 유산을 결정했다면 임산부는 가족의 정신적 지원과 함께 의사와의 지속적인 상담을 반드시 받아야 한다.

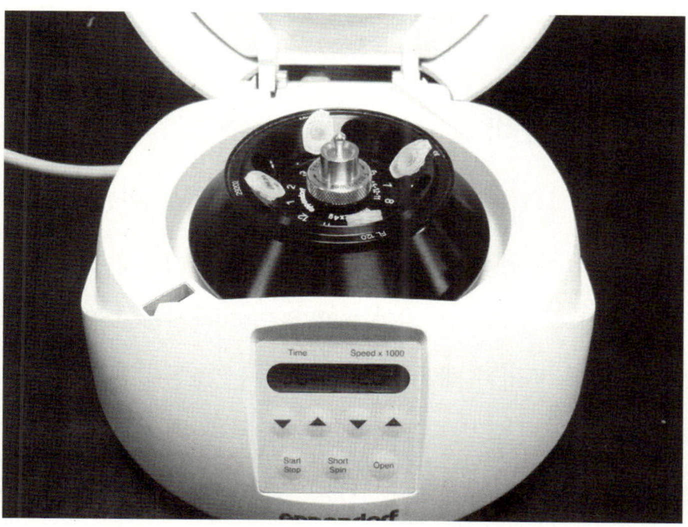

그림 59. **원심분리기**

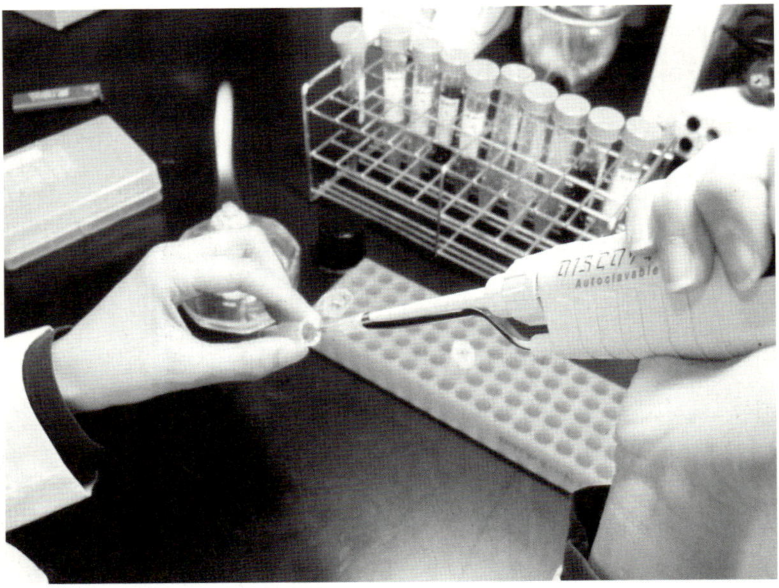

그림 60. 유전자를 분석 실험하는 모습

양수천자의 준비

양수천자를 실시하는 과정은 굉장히 단순해서 마치 TV를 보는 기분으로 부부가 함께 준비할 수 있을 정도이다. 시술 시간도 15분이 채 안걸리기 때문에 편안한 마음으로 안정하고 누워있는 것 외에는 특별히 준비할 내용도 없다. 의사는 소독약으로 수술 부위를 간단히 소독한 뒤 초음파의 트랜스듀서를 배에 올려놓고 이리저리 바늘을 찌르기 적합한 부위를 찾은 다음 태아와 태반을 피해서 직접 주사기를 찔러 넣는다. 한 번에 채취하는 양수의 양은

15ml 정도인데 처음 2~3ml은 보통 버려 버린다. 임산부의 피부를 직접 찌르기 때문에 샘플에 태아의 세포가 아닌 임산부의 세포가 같이 섞일 가능성이 있기 때문이다. 만약 임산부가 원하면 간단히 국소 마취를 할 수도 있지만 필수적인 사항은 아니다. 양수천자가 완료되면 반드시 초음파 검사를 병행해서 아기의 심장이 정상적으로 박동하고 있는 지 확인할 필요가 있다.

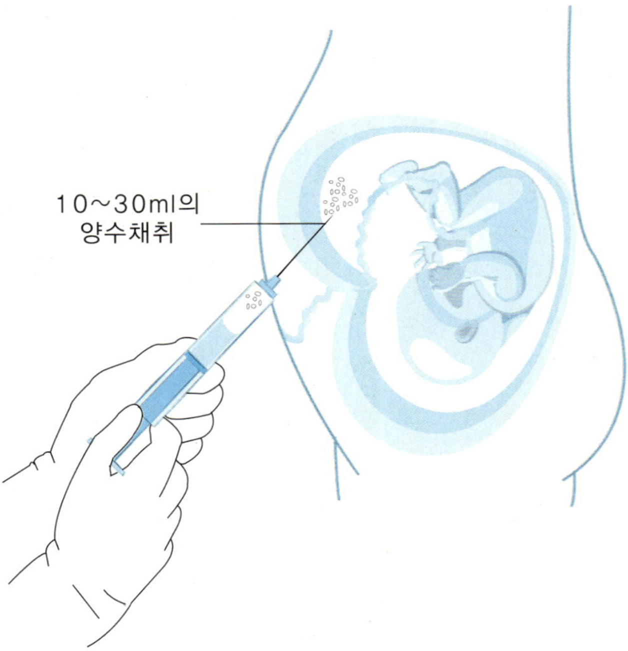

그림 61. **양수천자**

자궁 내에 주사바늘이 실제 머무르는 시간은 불과 30여 초도 되지 않는다. 일단 양수에 바늘이 닿기만 하면 양수를 빨아들이고 곧 바늘을 제거하기 때문이다. 다만 임산부가 안정하고 또 편안한 마음을 가지게 하기 위해서 대화를 통해 설명하고 모니터 준비를 하는 등 보통 전체적으로 15분 정도가 소요된다.

계적으로 산부인과 의사는 연 30~100회 이상 양수천자를 실시한다고 알려져 있다. 최근에는 초음파로 들여다보면서 시술하기 때문에 양수천자 시술의 위험도 현격하게 줄어들었다. 가끔 장난기 심한 태아가 바늘 쪽으로 접근하기도 하지만 이 역시 초음파로 감지되기 때문에 충분히 피해갈 수 있다.

적아세포증

한 가지 문제가 될 수 있는 것은 적아세포증이다. 아기의 혈액형이 Rh^+, 어머니의 혈액형이 Rh^-일 때 생기는 현상인데 아기의 Rh^+ 인자를 어머니가 항원으로 인식하여 항체를 만들고 이 항체가 다시 아기의 Rh^+ 인자를 공격하여 파괴하는 것이다. 때문에 엄마와 아기의 Rh 혈액형이 서로 다르다면 시술 도중 아기에게 상처가 생겨 혈액이 섞이지 않도록 각별히 주의해야 한다. 이런 경우를 대비하기 위해 대개는 시술 전에 미리 혈액형 검사를 하는 게 원칙이다. 양수천자에서 얻어진 양수는 먼저 AFP 수치를 확인하는데 사용된다. 다운증후군의 경우 이 수치가 낮은 것이 보통이기에 AFP를 먼저 확인하고, 만일 이 수치가 낮으면 다음 단계로 유전자 검사를 들어가는 것이다. 이렇게 하면 시간과 경비를 상당히 줄일 수 있다. 양수천자는 부작용이 거의 없기 때문에 특별한 문제가 없으면 하루 만에 일상적인 생활로 돌아갈 수 있다. 99%의 경우는 한 번의 시술로 끝나지만 채취된 상피세포의 수가 너무 적으면 간혹 재시술을 받아야 할 수도 있다.

융모와 융모막

태반 융모막 검사는 CVS(chorionic villus sampling)라고 약어로 표시한다. 융모란 초기상태의 태반을 말하는데 태아가 자궁내막에 착상된 직후에 발달하기 시작합니다. 태반은 태아가 모체에 부착하여 살아가기 위해 필수적인 구조로서 발생 2주만 되더라도 이미 상당한 수준으로까지 발전하게 된다. 수정란은 세포분열을 하면서 계속 세포 덩어리로 자라나게 되는데 그 안쪽에 위치한 세포들은 배아와 태아로 성장하는 반면 바깥쪽의 세포들은 영양막으로 번식하듯 자라나간다. 나중에 바로 이 태아의 영양막과 모체의 자궁내막이 합쳐져서 태반을 형성하는 것이다. 즉 태반은 태아부와 모체부가 합쳐져서 만들어진다. 영양막은 번식하면서 점점 표면적을 넓혀 나가고 더 많은 영양분을 주변의 자궁내막으로부터 받아들이기 위해 융모 형태를 이루게 된다. 따라서 융모는 곧 태아의 세포로 만들어진다. 융모가 모여 전체적으로 넓은 막처럼 보이는 상태를 융모막이라 한다.

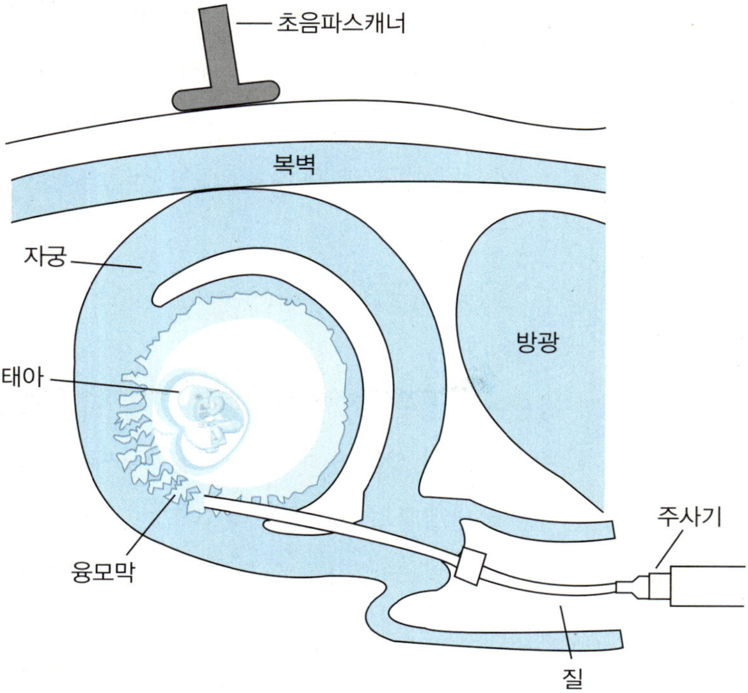

그림 62. **융모의 구조와 CVS**

융모막 검사

융모막 검사는 양수천자보다 훨씬 빠르게 태아의 세포를 충분히 얻을 수 있다는 것이 장점이다. 직접 융모막을 떼내기 때문에 필요한 만큼의 세포를 충분히 확보할 수 있어 추가로 세포 배양을 할 필요가 없기 때문이다. 그만큼 검사 결과를 빨리 알 수 있기 때문에 양수천자보다 3주 정도 앞서 유전질환 여부를 확인할 수 있다. 원래 융모막 검사는 중국에서 아기의 성별을 감지하기 위해 개발되었던 것인데 점차 유전자 검사의 목적으로 응용된 것이다.

융모막 검사 아무나 할 필요가 있는 것은 아니고 35세 이상의 임신이나 이미 기형아를 출산한 경험이 있는 경우가 주된 검사 대상이다. 또한 10주 이후에는 아무 때나 검사가 가능하지만 10~12주경에 실시하는 것이 보통이다. 융모막 검사는 엄마가 태동을 느끼기 이전인 15주 전후에 결과를 알 수 있기 때문에 유산에 따른 정신적 고통이 상대적으로 적다는 장점도 있다. 융모막 검사 역시 특별한 준비는 필요없으나 Rh 혈액형 검사는 반드시 거쳐야 한다. 때로는 방광에 약간의 소변을 채우는 것이 검사에 도움이 될 수도 있다.

융모 세포의 채취

융모에서 태아 세포를 채취하는 방법은 2가지이다. 하나는 질(vagina)과 자궁경부(cervix)를 통해 바늘을 삽입하여 융모막의 일부를 직접 채취하는 방법이고, 다른 하나는 양수천자처럼 바늘을 배 쪽에서 찔러 넣어 채취하는 방법이다. 두 가지 모두 위험도나 정확도에서 차이가 없기 때문에 어느 쪽을 택할 지는 전적으로 의사의 선호도와 숙련도에 달려 있다. 어떤 의사는 전자의 방법을, 어떤 의사는 후자를 선호하여 한쪽으로만 숙련되어 있을 가능성이 높기 때문이다.

이처럼 융모막 검사는 양수천자와 비교할 때 검사 시기가 최소한 3~4주 이상 빠르고 정확도에서도 동일하거나 더 우수하다는 장점이 있다. 필요하다면 양수천자를 병행 실시할 수도 있다. 최근에는 여러 가지 이유에서 보편적으로 CVS를 선호하는 경향이 높다.

Chapter 9

In vivo, In vitro, Ex vivo

유전자 운반

유전자 치료(Gene therapy)는 유전자 재조합 기술을 사람에게 적용시키는 기술이다. 즉 치료라는 말보다 기술이나 기법이라는 말이 더 어울리는 학문 분야이다. 그 이유는 잘못된 유전자를 빼내거나 그대로 두고, 정상적인 유전자를 환자에게 넣어 줌으로써 유전적 결함을 치료하고자 하는 시도이기 때문에 대상만 사람으로 바뀌었을 뿐 종래의 유전공학적 실험들과 크게 다를 것이 없기 때문이다. 그럼에도 불구하고 대상이 우리 자신인 "사람"이라는 점, 따라서 실수를 용납할 수 없다는 점 때문에 더욱 신중하게 접근하고 안정성을 몇 번씩 확인해야 하는 치료 방법이다.

유전자 치료는 기능이 정상인 유전자를 환자의 세포 또는 조직으로 이식시켜 주는 기술이다. 그래서 어떤 사람은 "유전자 치료"라는 용어보다 "유전자 운반(Gene transfer)"이라고 표현하는 것을 선호하기도 한다. 유전자 치료가 궁극적으로 추구하는 희망은 첫째, 단 한번의 시술로, 둘째, 아무런 부작용없이 그 질병을 완치할 수 있는 것이다. 물론 간단한 감기에 걸려도 몇 번씩 병원에 들락거려야 하는 것이 현실적인 치료이므로 단 한 번만의 시술이란 요구가 어려울 수 있겠지만, 적어도 입원하지 않고 외래로 치료할 수 있기만 한다면 절반은 성공한 셈이라 하겠다.

유전자 치료는 원래 선천성 대사 이상과 관련된 질환을 치료하기 위해 개발되고 시도되었지만 지금은 그보다 암이나 에이즈 치료 등에 더욱 많이 이용되고 있다.

유전자 치료의 원리

유전자 치료의 원리는 크게 촉진과 억제의 두 가지로 생각해 볼 수 있다.

첫째, 유전자의 이상이 유전자 발현의 감소를 야기하거나 기능저하를 일으키는 경우이다. 이때는 환자에게 정상적인 유전자를 이식해 주어 발현을 증가시켜야 할 것이다. 여기서 유전자 발현이란 유전정보에 따라 최종 산물인 단백질이 만들어지는 과정을 의미한다. 간단히 되풀이하여 설명하자면 DNA에 들어 있는 유전정보에 따라 mRNA가 만들어지고 이 mRNA에 의해 최종적으로 단백질이 만들어지는 것이다. DNA는 핵에 들어있는 반면 단백질은 세포질에서 만들어지기 때문에 유전자의 정보를 핵에서 세포질로 옮기기 위한 중간물질이 필요한데 이것이 바로 mRNA이다. 결국 단백질은 유전자의 설계대로 만들어진 최종 산물인 셈이다. 이렇게 만들어진 단백질들 중에는 헤모글로빈처럼 산소를 운반하는 것도 있고, 항체로서 면역반응을 하는 것, 생화학 반응을 위한 효소로서 작용하는 것 등 여러 가지가 있게 되고 이들은 우리 몸의 중요한 생리 기능들을 담당하게 된다. 이렇듯 우리 몸에서 실제로 일을 하는 것은 단백질임에도 불구하고 DNA를 생명의 근본물질이라 부르는 이유는 바로 이들 단백질이 DNA의 유전정보대로 만들어지기 때문이다. 만약에 유전자가 고장이 나서 발현되지 않으면 단백질이 만들어질 수 없고 결과적으로 그 단백질이 조절하는 생리 기능이 마비되어 암이나 대사 이상이 초래되기 때문이다. 인류 최초의 유전자 치료는 아데노신탈아미노효소(adenosine deaminase)의 유전자가 선천적으로 고장이 난 4살짜리 환자에게 정상 유전자를 이식해 주어 이 효소가 발현될 수 있게 해준 치료였다.

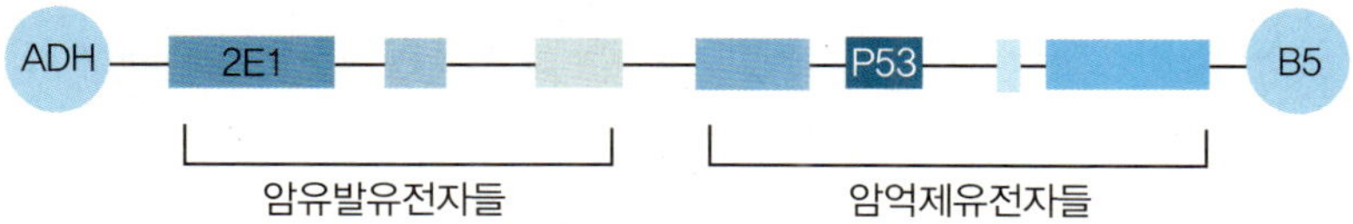

그림 63. **암유발유전자와 암억제유전자의 예시**

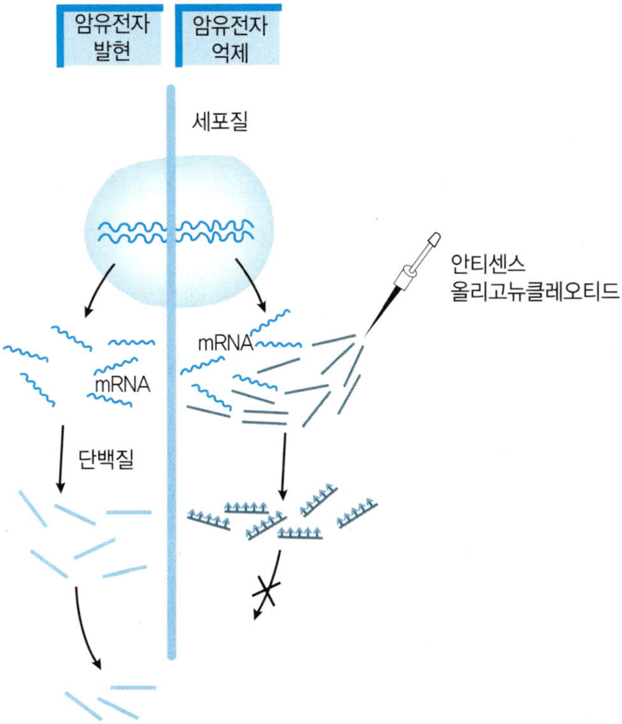

그림 64. **안티센스 DNA를 이용한 암치료**

두 번째는 유전자가 변이를 일으켰을 때 그 발현이 오히려 증가하는 경우이다. 대표적인 예는 암유전자(oncogene)라 부르는 일군의 유전자들이다. 이들은 평소에는 세포에서 정상적인 생리 기능을 담당하고 있는데 어떤 원인(예를 들면 바이러스 감염 등)에 의해 갑자기 그 발현이 대폭 증가할 수 있고 그렇게 되면 정상 세포를 암세포로 전환시켜 버린다. 이런 때는 이들 암유전자의 발현을 억제할 수 있어야 할 것이다. 암유전자의 평상시 기능은 세포내 신호전달인 것으로 알려져 있는데 아직도 이들에 대해서는 연구해야 할 사항들이 많이 남아있다. 유전자의 발현을 억제하기 위해서는 안티센스 올리고뉴클레오티드(antisense oligonucleotide)라 불리우는 인공적으로 합성한 짧은 DNA를 세포내로 주입하는 방법이 효과적인 것으로 알려져 있다. 안티센스 올리고뉴클레오티드란 mRNA와 염기서열이 상보적이라서 서로 결합할 수 있는 구조이다. 암유전자의 안티센스 올리고뉴클레오티드를 세포에 넣어주게 되면 이들은 암유전자의 mRNA에 결합할 것이고 안티센스 올리고뉴클레오티드와 결합한 mRNA들은 리보조옴이 달라붙지 못하므로 암유전자의 종양 유발 작용을 막을 수 있다는 것이 이론적 배경이다.

물론 위에 소개한 두 가지 경우와 조금씩 다른 상황도 있을 것이고, 경우에 따라서는 복합적인 상황 역시 있을 수 있다. 예를 들어 돌연변이로 말미암아 암유전자의 발현이 증가하면서 동시에 암 억제 작용을 하는 p53 단백질의 유전자가 고장났다면 안티센스 올리고뉴클레오티드로 암유전자의 발현을 억제하는 동시에 정상적인 p53 유전자를 세포에 넣어주어야 할 것이다. 이러한 처방들이 자유자재로 이루어지기 위해서는 앞에서 언급한대로 먼저 암 관련 유전자들의 구조와 기능을 이해하는 것이 필수적이다. 최근에는 면역세포의 면역성과 항암성을 증가시켜 암을 퇴치하기 위한 유전자 면역 요법도 활발히 연구 개발 중에 있다. p53는 지금까지 알려진 암 억제유전자 중 가장 대표적인 것이다. 암에 따르지만 p53가 고장나서 암이 발병한 사례가 절반 이상을 차지하는 것으로 보고되어 있다.

유전자 치료의 원리는 한마디로 질병의 근본적인 원인을 부적절한 유전자 발현에 있다고 보는 것이다. 따라서 고장난 유전자의 기능을 정상적으로 회복시키거나 부적절한 유전자의 발현을 적절하게 통제하면 치려할 수 있다는 것이 그 근본 이론이다. 오늘날 유전자 치료는 더 이상 암이나 유전성 질환만을 대상으로 하고 있지 않으며 사실상 인류에게 일어날 수 있는 거의 모든 질병을 치료 대상으로 하고 있는 추세이다.

유전자 치료의 핵심이 유전자를 사람에게 이식하여 주는 것인 만큼 유전자 운반이 얼마나 효율적으로 이루어지는가 하는 것이 매우 중요한 문제이다. 게다가 살아있는 사람의 세포가 100조 개나 되는데 개개의 세포마다 일일이 DNA를 주사놓을 수도 없는 노릇이다. 그렇기때문에 어떤 세포를 대상으로 하여 어떤 방법으로 유전자를 넣어 줄 것인가는 참으로 중요한 문제인 것이다.

Ex vivo, in vitro, in vivo

가장 널리 사용되는 방법은 체외 유전자 조작법(*Ex vivo*)이다. 이 방법은 간단히 말해서 환자로부터 세포를 일부 채취하고 여기에 이식하고자 하는 유전자를 집어넣은 다음 이렇게 유전자 조작이 끝난 세포를 다시 환자의 몸에 주사하는 방식이다. 이 때 세포에 이식해주는 유전자는 환자에게 없거나 환자가 기능을 잃어버렸던 유전자이다. 유전자 이식을 림프구에 해주었다면 정상 유전자가 재조합되어 혈액으로 되돌려진 림프구들은 넣어 준 유전자 명령에 따라 혈액에서 해당 단백질을 만들 것이고, 이 단백질을 만들 수 없었던 환자는 정상적인 생리 대사를 회복할 수 있을 것이다. 이렇게 림프구를 사용하게 되면 특히 혈액조직과 관련된 암이나 대사 질환 치료에 유효하게 응용될 수 있다. 1990년에 시도되었던 최초의 유전자 요법도 바로 체외 유전자 조작에 의해 T 림프구에 아데노신탈아미노효소 유전자를 넣어준 것이었다. 물론 질병의 종류와 위치에 따라서는 이외에도 골수의 간세포(stem cell), 섬유모세포(fibroblast), 간세포(liver cell) 등 여러 가지 적절한 세포들을 이용할 수도 있다. 일부 과학자들 사이에서는 종양세포에다가 직접 p53 같은 종양억제유전자를 이식하고자 하는 방안도 활발히 검토 중에 있다. 최초의 *ex vivo* 실험 결과 다행스러웠던 점은 우려했던 것과는 달리 우리 몸을 이루는 100조 개의 세포 중 극히 일부에만 유전자를 넣어 주어도 거의 완벽한 치료 효과를 얻을 수 있었다는 점이다. 물론 이론적이기는 하지만 이것은 앞으로 유전자 치료를 받기 위해 환자가 입원할 필요없이 아침에 외래로 병원을 가서 간단히 혈액을 채취해 놓고 집으로 돌아갔다가 오후에 다시 병원에 가서 유전자 조작이 끝난 세포를 주사받으면 된다는 뜻이다. 유전자 치료가 이렇게 간단하게 이루어질 수 있다는 것은 이 *ex vivo* 치료법이 앞으로 모든 환자를 대상으로 한 보편적인 치료법이 될 가능성이 높음을 시사하는 것이다.

그렇다면 유전자를 세포 내로 어떻게 집어 넣을 것인가? 가장 좋은 방법은 물론 세포를 현미경으로 직접 들여다 보면서 일일이 유전자를 작은 주사기로 찔러 넣는 것이다. 실제로 이 방법은 1983년에 사람의 성장호르몬 유전자를 생쥐의 수정란에 이식하여 세 배 크기의 수퍼생쥐를 탄생시켰던 기술이기도 하다. 그러나 유전자 치료가 효능을 발휘하려면 아무리 적어도 100만 개 이상의 세포를 유전자 재조합해야 하기 때문에 이런 방법은 시간적으로나 효율면에서 사실상 사용이 불가능하다. 그 대신에 바이러스가 세포에 감염되는 특성을 이용하거나 세포막에 위치한 단백질 수용체를 이용하여 유전자를 운반하는 방법, 그리고 기타의 *in vivo* 방법들이 있다. 이처럼 지금은 *ex vivo, in vivo, in vitro* 등 다양한 상황에서의 유전자 운반 방법이 개발되어 있다. 따라서 환자와 질병 상황에 따라 적절한 방법을 선택하여 치료를 시도할 수 있을 정도까지 유전자 치료가 발달하였다. *In vivo* 시술에서는 천연 DNA(naked DNA)를 용액 상태로 그대로 사용하기도 한다.

유전자 치료의 전략

유전자 치료의 핵심은 원하는 유전자를 정확히 찾아내 자르고,

건강한 유전자를 제 위치에 붙이는 것이다. 다행스럽게도 인간게놈프로젝트가 완성됨으로써 대체적인 유전자들의 지도가 작성되었고 필요한 유전자를 염색체 상에서 정확히 좌표를 읽어 찾아내는 것은 그다지 어렵지 않게 되었다.

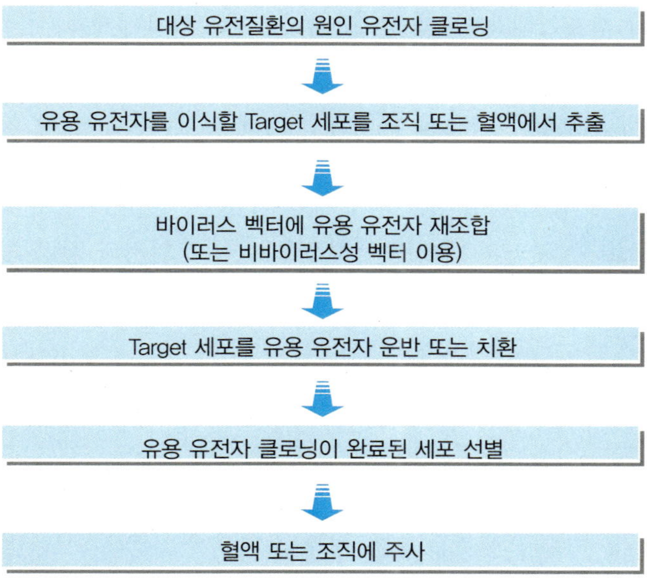

그림 65. **유전자 치료의 순서**

그렇다면 또다시 유전자를 어떻게 살아있는 사람에게 전해줄 것인가? 간세포의 유전자가 고장이 났다면 그 사람은 분명 동일한 유전자가 뇌세포나 심장세포에서도 고장나 있을 터인데 이마저도 모조리 바꾸어주어야 하는가? 다행스럽게도 연구 결과는 꼭 그렇지는 않은 것으로 나타났다. 물론 질환마다 성격이 조금씩 다르기는 하겠지만 대다수의 유전질환은 혈액세포라든가 줄기세포에만 유전자를 이식해주면 상당히 치료 효과를 보는 것으로 확인되었다. 지금은 유전자 치료의 기본 전략을 *ex vivo*에 맞추는 것이 보통이며 그 시술 순서는 다음과 같다. 첫째, 환자에게서 유전자 이식을 하려는 대상 세포를 추출해내는 과정, 둘째, 유전자를 세포에 재조합해 넣는 과정, 셋째, 세포를 환자에게 다시 주사해 넣어주는 과정이다. 물론 이외에도 재조합해 넣어준 유전자가 제대로 발현되고 있는 지를 확인하기 위한 프로모터의 선별, 안전성과 안정성 문제를 해결하기 위한 자살유전자의 도입, 대상세포를 체세포로 할 것인지 아니면 생식세포로 할 것인지의 결정, 방관자효과(bystander's effect)의 극대화 등도 고려되어야 할 사항들이다. 방관자효과란 옆의 세포가 죽으면 그와 긴밀히 영양분을 주고받던 주변 세포들이 함께 죽는다는 효과를 말하는데 유전자 치료를 이용한 암치료에 도움이 되는 효과이다. 다음과 같이 몇 가지 현재 사용되는 유전자 전달 방법을 생각해 보기로 한다.

유전자 이식

세포로의 효율적인 유전자 운반 방법(gene delivery)은 유전자 치료가 해결해야 할 가장 큰 숙제이다. 그동안 여러 질환 관련 유전자들이 클로닝되기는 했을 지라도 이들을 살아있는 세포 속으로 전달해 주려면 적절한 벡터가 필요하기 때문이다. 게다가 시술

과정에서 안전성과 안정성이 문제될 수도 있다. 유전자 이식 방법으로는 물리적, 화학적, 생물학적 방법들이 있기는 한데이들 중 아직 어느 것도 완전하지는 못한 상태이다. 생물학적 방법에는 세포융합(cell fusion), 바이러스를 이용한 유전자 운반, 세포막의 단백질 수용체를 이용한 유전자 이식(receptor mediated gene delivery) 등 여러 가지가 있지만 모두 완벽하지 못하고 각 방법마다 장점과 단점이 함께 발견된다. 어떠한 방법이든지 간에 궁극적으로는 원하는 유전자를 세포내에 염색체에까지 제대로 운반하였는지, 그래서 유전자가 염색체에 끼어들어갔는지, 그리고 그 과정에서 다른 유전자에는 문제를 일으키지 않았는지, 끼어들어간 상태에서 발현이 제대로 되고 있는지 등이 꾸준히 관찰해야 할 문제점들이다. 혹시 다른 유전자에 2차적인 문제를 일으킬 가능성이 보인다면 유전자를 조작한 바로 그 세포만 따로 처리해 죽일 수 있도록 안전장치도 해놓아야 할 것이다. 유전자 치료에서의 안전장치는 보통 자살유전자를 활용하는 것이다.

유전자 치료의 대상 세포

유전자 치료의 대상 세포로서 가장 좋은 것은 골수에 있는 줄기세포이다. 줄기세포 염색체에 유전자를 넣어주면 그 줄기세포가 사라지지 않고 머물면서 분열과 발현을 지속적으로 하기 때문에 선천성질환 치료에 대단히 유용하다. 반면에 암치료를 위해서라면 은근하고 지속적인 발현보다는 순간적으로 강한 항암유전자의 발현을 필요로 한다. 따라서 종양세포 그 자체에 유전자를 넣어주되 염색체에 끼어들어갈 필요도 없이 그냥 순간적으로 강하게 발현될 수만 있으면 좋을 것이다. 현재 사람에게 제일 안전하고 유용한 벡터 시스템은 생쥐의 레트로바이러스를 변형시킨 벡터를 이용한 것이다.

Ex vivo 유전자 운반

환자 몸에서 유전자를 이식할 대상 세포를 따로 분리해내어 시험관에서 유전자를 조작한 뒤 다시 환자에게 되돌려 보내는 방법이다. *Ex vivo* 방법은 만약 실험실 조작이 잘못되면 분리된 세포들만 문제가 되고, 이를 몸에 되돌려 보내지 않으면 되기 때문에 안전하다는 면에서 가장 널리 이용되고 있다. 그럼에도 불구하고 *ex vivo* 시술의 한계는 대상 세포를 몸에서 분리할 수 있어야 한다는 점이다. 예를 들어 뇌세포나 심장세포는 따로 추출해 낼 수 없기 때문에 관련 질환이 치료 대상이 될 수 없는 것이 당연하다. 보통은 혈액의 혈구세포나 피부세포, 종양세포 등이 좋은 대상인데 이유는 역시 쉽게 추출할 수 있기 때문이다. 반면에 간이나 신장, 뇌, 심장, 창자 등의 세포는 상대적으로 추출이 어려워 사용이 용이하지 않다.

일단 대상 세포를 구했다면 그 세포에 어떤 방법으로 유전자를 이식해 넣어줄까? 널리 사용되고 있는 유전자 운반 방법들을 표로 정리하였고 각각에 대한 자세한 설명은 다음에 정리하였다.

화학적 방법

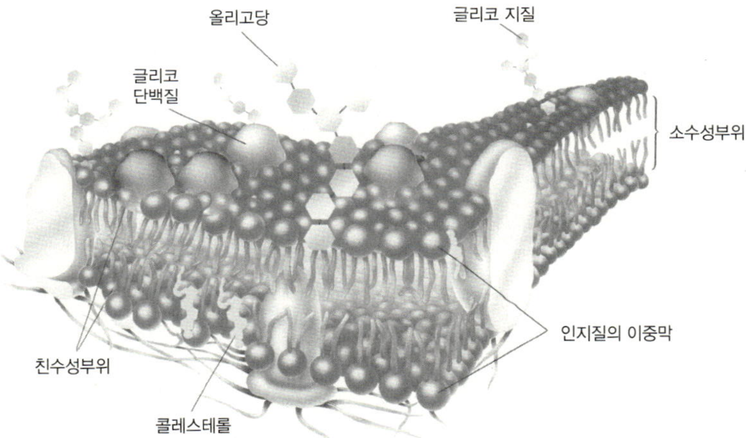

그림 66. 세포막의 유동 모자이크 성질

칼슘 용액을 이용해서 세포막에 일시적으로 미세한 구멍을 뚫어 유전자를 집어넣는 방법이다. 칼슘은 보통 $CaCl_2$의 화합물 형태로 처리하게 된다. 세포를 칼슘 용액에 적시면 칼슘은 Ca^{+2}의 전기를 띠고 있기에 세포막에 있는 다른 단백질과 전기적 반응을 하게 된다. 세포막은 유동성이 강하고 단백질들은 전기를 띠고 있기 때문에 칼슘의 전기와 상호 끌거나 밀면서 이리저리 이동하게 된다. 그 과정에서 순간적으로 작은 구멍이 세포막에 형성되는데 이때 DNA 용액을 섞어주면 DNA가 빨려 들어가고 순식간에 구멍은 다시 닫히듯 막혀버린다. 이렇게 들어간 DNA는 세포내에서 발현이 되야 하는데 이 DNA가 핵까지 제대로 전달이 될지, 또 염색체에 원하는 부위로 끼어들어갈지, 끼어들어가더라도 발현이 제대로 될 지 등 여러 가지 문제들이 무작위적인 가능성에 의해 결정되어야 한다. 따라서 화학적 방법은 유전자 치료에 적극 이용하기에는 효용성이 많이 떨어지는 방법이다.

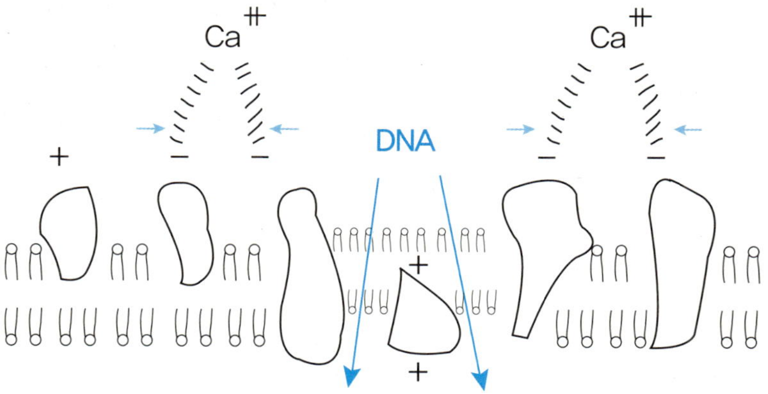

그림 67. Ca^{++} 이온을 이용한 유전자 운반

물리적방법

① 마이크로인젝션

마이크로인젝션(microinjection)은 세포에 미세한 주사기를 이용해 유전자를 직접 찔러 넣는 방법이다. 보통 마이크로매뉴퓰레

이트(micromanipulator)라는 기계를 이용하는데 기계의 모습은 그림과 같다.

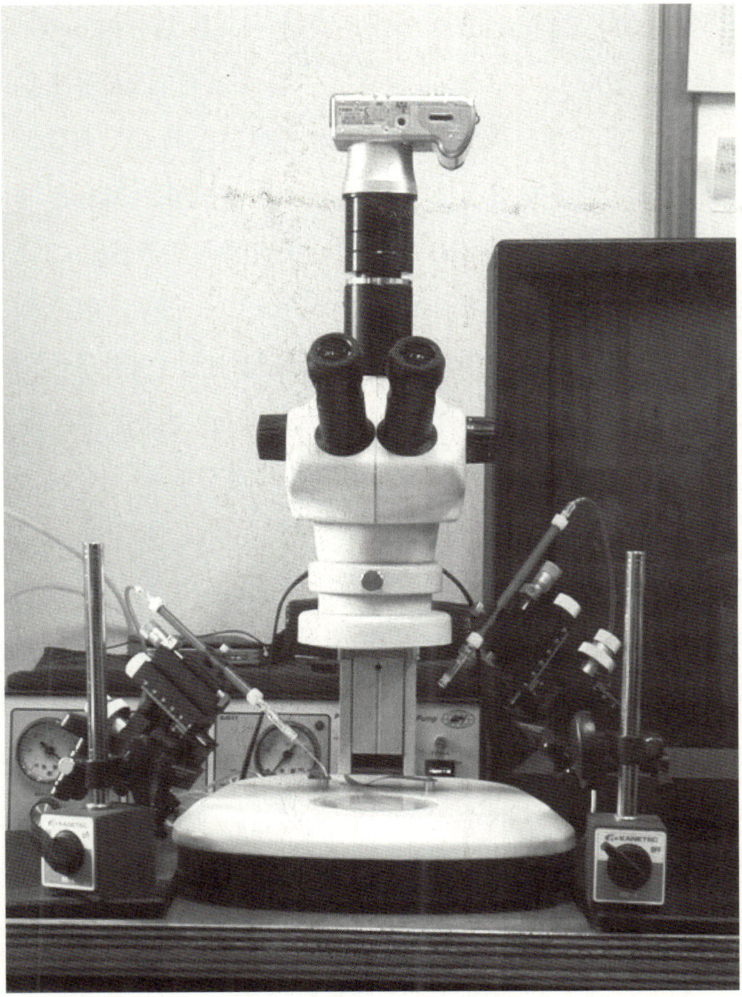

그림 68. Micromanipulator

현미경으로 세포를 들여다보면서 좌, 우에 위치한 로봇팔을 이용해 DNA를 찔러 넣는데 이때 좌측 주사기에는 진공펌프가 달려 있어서 끊임없이 공기를 빨아들인다. 좌측 주사기는 실제로는 주사기라기보다 홀더(holder) 역할을 해서 세포를 단단히 고정시키는 역할을 한다. 그런 다음 우측 주사기를 이용해 DNA 용액을 세포 안으로 찔러 넣는 것이다. 마이크로인젝션은 세포를 직접 보면서 시술하기 때문에 유전자를 세포 안으로 운반하는 효율은 거의 100%일 정도로 대단히 높다. 그러나 마이크로인젝션은 DNA를 용액 상태로 주입하기 때문에 한번에 수 천 ~ 수 만개의 동일한 유전자가 세포 속으로 들어가는 것이 문제이다. 이렇게 들어간 유전자들은 서로 팔을 맞잡듯이 탠덤(tandem) 형태를 취하게 되고 이 때문에 유전자의 정상적인 발현이 막혀버릴 수 있다는 것이다. 세포내로 DNA 용액을 주입했다가 주사기를 빼낼 때 세포막에 상처를 남기는 것도 문제가 될 수 있다. 유전자는 운반하였더라도 세포 자체가 죽어버릴 수 있기 때문이다. 마이크로인젝션에 사용되는 주사바늘은 워낙에 미세하기 때문에 유리 대롱을 이용해서 만든다. 유리 대롱을 불에 달군 뒤 좌우로 빠르게 잡아당기면 늘어나면서 끝이 아주 가느다랗게 되는데 이를 마이크로인젝션을 위한 주사기로 사용하는 것이다. 물론 마이크로인젝션의 경우도 주입된 유전자가 제대로 핵으로 전달되는지, 염색체로 끼어들어가는지, 발현이 제대로 일어나는지 등의 문제가 여전히 남아 있다. 게다가 한 번에 세포 하나밖에 찌를 수 없으므로 최소한 10

억 개 이상의 세포가 필요한 유전자 치료에는 시간적으로 활용에 제한을 받을 수밖에 없다.

DNA 총

유전자를 녹인 DNA 용액에 미세한 금속 입자를 떨어뜨린다고 생각해 보자. 금속은 (+) 전기를 띠고 있고, 유전자인 DNA는 (−) 전기를 띠기 때문에 금속 입자에 DNA가 달라붙게 될 것이다. 이를 총알로 이용해 발사할 수 있는 작은 DNA 총을 만들어 목표(target) 세포에 대고 쏘아 유전자를 넣어주는 방식이 바로 유전자 총이다. 유전자 총 역시 유전자를 운반하는 효율은 높지만 세포내로 들어간 유전자가 제대로 발현될 수 있다는 보장이 없어 개선이 필요한 방법이다. DNA 총은 그동안 피부, 간, 췌장 세포 등에 성공적으로 사용되었다는 보고가 있다.

Electroporation

전기충격을 이용해서 세포막에 미세한 구멍을 뚫고 이를 통해 유전자를 주입하는 방법이다. 기계를 이용해 미세 전기를 발생시킨다는 방법만 틀릴 뿐 화학적으로 칼슘 이온을 사용할 때와 똑같은 원리로 DNA를 세포에 운반하는 방법이다. 모든 반응이 용액 속에서 이루어지기 때문에 세포막에 잠간 구멍이 뚫리면 DNA가 흘러들어가고 곧 다시 막히게 된다. DNA가 무작위적으로 세포에 흘러들어가기 때문에 유전자 운반 차원에서나 발현 차원에서 모두 전체적으로 효율이 떨어지는 방법이다. 그럼에도 불구하고 세포에 큰 상해를 입히지 않기 때문에 간간히 애용되는 방법이기도 하다.

융합

세포막은 인지질의 이중막으로 구성되어 있다. 따라서 인지질의 인공 이중막 캡슐을 만들면 이 캡슐은 자연스럽게 세포막에 융합을 할 수 있다. 이렇게 만든 인위적인 캡슐을 리포조옴(liposome)이라 부르는데 이 안에 DNA를 넣어 세포와 리포조옴이 자연스럽게 융합하면서 리포조옴의 DNA가 엔도시토시스(endocytosis)에 의해 세포 안으로 들어가도록 하는 방식이다. 이 방법은 한때 피부암인 멜라노마(melanoma)를 치료하는데 사용된 적이 있다.

수용체를 이용한 유전자운반

세포막에는 단백질이 붙어 있는데 이들은 대부분 신호전달을 위한 수용체(receptor)들이다. 이 단백질의 3차원적 구조는 다양하지만 대체로 가운데가 뻥 뚫린 터널 형태라고 생각하면 이해가 쉽다. 다만 아무 물질이나 통과할 수 있는 터널이 아니고 통과할 수 있는 물질을 선택적으로 받아들인다는 점이 일반 구멍과 다를 뿐이다. 이런 단백질을 수용체라고 부른다. 유전자 치료에 사용되는 수용체는 간세포(liver cell) 표면에 있는 아시알로글리코단백질(asialoglycoprotein)의 수용체가 대표적이다. 이 수용체는 아시알로글리코단백질을 받아들이기 때문에 이 단백질에 원하는 유전자를 붙이면 수용체를 통해서 세포내로 운반할 수가 있다. 기술적으로는 약간 변형을 시키는데 poly-L-lysine 가교를 이용한다. 아시알로글리코단백질에 리신(lysine)을 여러 개 붙여서 DNA 용액에 담그면 리신의 (+) 전기 때문에 DNA가 달라붙어 복합체가 형성된다. 그런 다음 이 복합체를 간세포와 섞어놓으면 간세포의 수용체를 통해서 유전자가 세포 안으로 전달되는 것이다. 한 가지 문제는 이런 복합체는 외래물질이기 때문에 세포 안으로 들어가자마자 리소조옴(lysosome)이 잡아들여 분해해 버린다는 것이다. 이를 피하기 위한 방법은 복합체에 아데노바이러스까지 함께 붙여놓는 것이다. 아데노바이러스는 리소조옴을 파괴해 버리기 때문에 복합체가 세포 안으로 들어갔을 때 복합체의 잔존 수명을 늘려줄 수 있다. 수용체를 이용한 유전자 운반의 또 다른 장점은 비교적 분자량이 큰 유전자도 운반이 용이하다는 것이다. 수용체가 그만큼 큰 물질의 통과를 허용하기 때문이다. 다만 이 방법으로는 핵 속에 까지 유전자가 운반된다는 것을 보장할 수 없기 때문에 지속적인 발현을 기대하기 어렵다. 그럼에도 불구하고 지속적인 발현은 필요없지만 아주 강하고 빠른 발현이 필요한 암치료에의 응용 가능성은 높이 점쳐지고 있다. 각 조직별로 세포마다 수용체의 종류와 분포가 다양하기 때문에 세포특이적 수용체를 이용해서 특정한 암이나 유전질환을 치료하기 위한 수용체 치료 가능성에 대해 지속적인 연구가 이루어지고 있다.

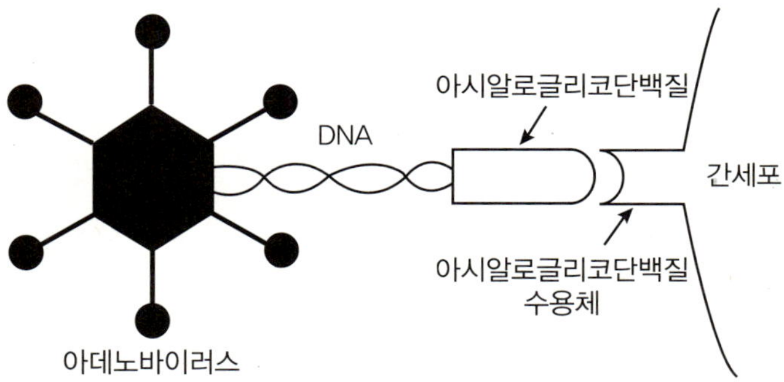

그림 69. **수용체를 이용한 유전자 운반**

In vivo 유전자운반

사람 몸에다가 유전자를 직접 찌르거나 주입하는 것은 여러 가지 제약 때문에 그다지 좋은 방법이 아닌 것으로 알려져 있다. 그럼에도 불구하고 근육에 근무력증(DMD)을 치료하기 위한 유전자를 직접 주입하는 방법도 유전자 치료의 한가지로 논의되고 있다. 특히 간세포는 생성 능력이 강하고, 바이러스는 분열 능력이 우수한 세포에 더 잘 기생하므로 바이러스 벡터를 간 혈관에 주사한 후 간의 일부를 제거해서 세포분열을 유도하는 방안도 논의되고 있다.

이 방법의 장점은 경비와 시간을 절감할 뿐만 아니라 유전자를 바이러스 벡터에 싣기 위해 조작하는 어려움과 위험들을 감소시킨다는 것이다. 그러나 세포내로 운반된 유전자가 염색체 속으로 통합되는 확률이 떨어지기 때문에 상대적으로 지속적 발현율이 떨어진다는 것이 단점이다. 유전자를 조작해 넣은 세포가 몸 속에서 수명이 다해 죽으면 같은 시술을 주기적으로 되풀이해야 한다는 것도 단점이다. 하지만 암치료처럼 사이토킨(cytokine)이나 인터페론(interferon) 유전자가 잠시 발현되기만 하면 될 때라면 뿐 지속적인 발현이 필요없다든지, 상기한 것처럼 근육세포에 근무력증을 치료하기 위해 DMD 유전자를 찔러 넣어 일시로발현되면 될 경우에는 *in vivo* 치료법이 장점이 있다. 다만 넣어준 DNA가 통합되지 못하고 너무 빨리 분해된다든지, 직접 DNA를 찔러 넣을 때 생기는 면역성으로 인해 여러번에 걸쳐 시술을 되풀이하기 어렵다는 단점도 있다. 그럼에도 불구하고 in vivo therapy는 사실상 할 수만 있다면 유전자를 직접 원하는 부위에 주사놓는 것이기에 가장 좋은 방법일 수 있다. 다만 그렇게 천연상태(naked DNA)로 주입된 DNA가 얼마나 견딜 것이며 발현이 잘 될 수 있을지의 문제가 있는 것이다. 만약 이렇게 그냥 주사한 DNA가 정확하게 세포 속으로 들어가서 고장난 유전자를 치환하고 대신 그 자리에 들어갈 수 있다면 그 결과는 금상첨화일 것이다. 이런 방법도 시도는 되고 있는데 이를 "삽입돌연변이기술(insertional mutagenesis)"라고 부른다. 특히 삽입돌연변이의 효과를 극대화하기 위해 유전자가 자기 위치를 찾아갈 수 있도록 넣어주는 유전자에 약간의 염기서열 변화를 주는 기술을 유사재조합기술(homologous recombination)이라 한다.

지금까지 여러 화학적, 물리학적, 생물학적 방법들을 논하였지만 현재로서 가장 유력한 것은 역시 자연 상태에서 생물체에 들어가는 바이러스를 벡터로 이용하는 방법이다. 예를 들어 간암을 치료하기 위해 간과 연결된 혈관에 항암유전자를 재조합한 바이러스 벡터를 주사한다든지 하는 경우이다. 바이러스는 다양하기 때문에 아래에 소개되는 것외에도 사람에게 병을 일으키는 바이러스는 이론상 모두 벡터로 이용될 수 있다. 바이러스는 자신의 복제를 위해 반드시 숙주세포가 필요하고, 또 그 숙주세포가 분열을 하고 있어야 한다는 제약이 있지만 이것이 때로는 장점이 되기도 하고 또 단점이 될 수도 있다.

바이러스 벡터

① MoMLV 벡터

이 벡터는 Moloney murine leukemia virus의 약자인데 현재 유전자 치료에 가장 널리 사용되고 있는 벡터이다. 원래 생쥐에 기생하는 바이러스인데 사람 세포에도 감염될 수 있기에 이를 변형시켜 사용하는 것이다. MoMLV의 전체 게놈(gag, pol, env

유전자가 대표적임) 중에서 자기 복제를 위한 부분(pol 유전자)만을 빼내어 버리고 이를 유용 유전자로 대치하기 때문에 바이러스가 사람 세포에 달라붙어 스스로의 유전자를 세포 안으로 집어넣을 수는 있지만 더 이상의 복제는 못하고 대신 재조합한 유용유전자를 염색체에까지 전달해줄 수만 있다. 바이러스 게놈의 양끝에는 LTR(long terminal repeat)이라는 염기서열이 있는데 이것이 있어야 바이러스가 세포의 염색체 속으로 끼어들어갈 수 있다. 따라서 이 부위를 그대로 놓아두고 자기 복제에 필요한 pol 유전자만을 빼낸 뒤 여기에 항암유전자 등 필요한 유용 유전자를 대치한 것이 바로 MoMLV 벡터의 모습이다.

그림 70. **MoMLV 바이러스 벡터**

MoMLV 벡터의 가장 큰 장점은 유전자 운반의 효율이 대단히 높아서 거의 95%에 달한다는 것이다. 그리고 일단 염색체에 끼어 들어가기만 하면 그다음 분열하는 딸세포에 계속해서 유전자가 전달되기 때문에 지속적인 발현이 가능하다는 것도 장점이다. 따라서 MoMLV 벡터는 암치료보다는 장기적인 발현을 요하는 선천성 유전질환 치료에 더욱 효과적이다.

다만 MoMLV 벡터는 왕성하게 분열하는 세포일수록 더 잘 감염되기 때문에 상대적으로 분열능이 떨어지는 골수세포나 줄기세포에 사용하기에는 효율이 떨어진다는 단점이 있다. 또 하나의 단점은 MoMLV에 의해 염색체로 끼어들어가는 유전자의 위치가 일정하지 않다는 것이다. 보통은 수십억개의 세포를 배양한 배양액과 MoMLV 바이러스 벡터 용액을 함께 섞어주는 것이 실험적 방법인데 이때 어떤 세포에는 유용유전자가 좌측에, 어떤 세포에는 우측에 등등 무작위적으로 들어갈 수 있다는 것이다. 이럴 경우 같은 유용유전자라도 위치에 따라 또 주변의 다른 유전자들의 영향에 의해 발현율이 서로 다를 수 있고 때로는 그렇게 삽입된 유용유전자 때문에 또 다른 필수유전자가 파괴될 수도 있다는 것이다. 대개의 경우에는 이런 것들이 그다지 문제시되지 않지만 지중해성빈혈(thalassemia) 같이 지나치거나 부족해서는 안되는 아주 정밀한 발현이 필요한 유전질환을 치료할 경우에는 문제가 될 소지가 있다. 때로 필수유전자뿐 아니라 암유전자인 oncogene을 활성화 시켜버리거나 암억제유전자인 p53을 불활성화 시킨다면 제2의 암을 불러올 수도 있기 때문에 이 역시 예측이 쉽지않은 부분이다. 그럼에도 불구하고 아직까지는 MoMLV 벡터로 인해 아주 심각한 부작용이 보고된 예가 없기 때문에 현재로서는 가장 널리 사용되고 있는 벡터이다. 1990년에 시도된 최초의 유전자 치료도 MoMLV 벡터를 이용해 수행되었다.

아데노바이러스 벡터

아데노바이러스(adenovirus)는 호흡기 위쪽에 감염되어 호흡

곤란과 감기증상을 동시에 수반하는 감기 바이러스이다. 상기도 뿐만 아니라 소화기와 눈의 각막에도 감염될 수 있기 때문에 감기 증상과 함께 복통, 각막염을 동시에 수반할 수도 잇다. 아데노바이러스에는 E1A와 E1B라는 유전자가 있는데 이것들은 바이러스가 자기 복제를 하는 데에 필수적인 것들이다. 따라서 아데노바이러스를 유전자 치료에 이용할 때는 이 두 개의 유전자를 제거한 벡터를 만들어 사용해야 안전한 것이 보통이다. 그럼에도 불구하고 아데노바이러스를 조작하는 과정에서 미처 변형되지 않은 야생형(wild-type) 바이러스가 다소 섞일 수 있는데, 그래도 아주 치명적인 질환을 일으키지는 않기 때문에 상대적으로 사용하기가 안전한 바이러스이다. 아데노바이러스는 호흡기에 감염되기 때문에 대표적인 호흡기 유전질환인 섬유성낭포증(cystic fibrosis)를 치료하기 위해 처음 개발되었다. 섬유성낭포증은 호흡기의 상피세포 표면에 있는 염소이온(Chloride, Cl 이온) 채널이 막혀서 생기는 열성유전질환이다. 그리고 이 채널 단백질은 CF TR(cystic fibrosis transmembrane conductance regulator)라는 유전자에 의해 만들어진다. 열성 섬유성낭포증은 상동염색체 상의 유전자 두 개가 모두 고장난 케이스이기 때문에 전혀 CF TR이 발현되지 않는 경우이다. 따라서 CF TR을 상피세포에 운반해주어 적든지 많든지 발현만 되면 되기 때문에 정밀한 발현율까지는 필요없는 질환이다. 바로 이렇게 순간적인 발현은 필요하지만 정확한 발현의 조절이나 지속적인 발현이 필요없는 경우에 아데노바이러스가 대단히 유리하다. 아데노바이러스의 경우는 또 에어졸(aerosol) 형태로 필요할 때마다 호흡기에 분사해주면 되기 때문에 주기적으로 되풀이해야 하는 시술이라도 치료방법이 간단할 수 있다. 아데노바이러스의 또 다른 장점은 MoMLV 같은 레트로바이러스와 달리 숙주세포의 범위가 대단히 넓다는 것이다. 앞서 이야기한 광범위 감기 증상이 병으로 보면 불리한 요소지만 유전자 치료의 입장에서 보면 폐, 근육, 침샘, 동맥과 정맥, 간뿐 아니라 뇌, 심장 등 분열하지 않는 세포에까지 아데노바이러스가 감염이 가능하다는 것이 엄청나게 큰 장점이다. 게다가 아데노바이러스는 그 자체로서 이미 백신으로 사용된 적이 있어 여차한 경우의 안전 문제로 인한 위험성도 피해갈 수 있다. 그러나 때로는 이처럼 숙주세포를 가리지 않는 점이 오히려 단점이 될 수도 있다. 에어로졸로 재조합 아데노바이러스를 호흡기에 뿌렸을 때 주변 다른 세포들까지 감염시켜 오히려 부작용을 일으킬수있기 때문이다. 이를 방어하기 위해서 간혹 조직특이적 프로모터(tissue-specific promoter)를 재조합하려는 유전자 앞에 붙여주기도 한다. 예를 들어 간암세포에서만 발현되는 AFP(α-fetoprotein) 유전자의 프로모터를 유용 유전자 앞에 붙이고, 그 재조합 아데노바이러스를 간종양 주변에 뿌려준다면 비록 주변의 건강한 간세포에도 유전자가 들어는 가겠지만 발현은 종양세포에서만 될 것이다. 따라서 항암유전자에 의해 선택적으로 암세포만 죽일 수 있다는 것이다. 아데노바이러스는 염색체 속으로 끼어들어가지 않기 때문에 주변 세포에 들어간 DNA는 일정한 시간이 지나면 저절로 분해되어 없어질 수 있다. 그러나 이 또한 단점으로 작용할 수 있는 것이 선천성질환 치료를 위한 장기적 발현은 어렵다는 것이다. 게다가 에어로졸로 계속 되풀이해 치료할 경우 그에 대한 면역작용 때문에 거부반응이 궁극적으로 올수도 있음을 명심해야 한다.

AAV 바이러스

AAV는 아데노관련바이러스(adeno-associated virus)이다. 이 바이러스는 아데노바이러스처럼 분열하는 세포와 분열하지 않는 세포 모두에 감염될 수 있다는 것이 특징이다. 다만 감염되더라도 스스로 분열할 수는 없고 아데노바이러스나 허피스 바이러스(Herpes virus)가 함께 감염되어야 분열할 수 있다는 점에서 "관련 바이러스" 또는 "의존적" 바이러스라고 부른다. AAV는 크기도 작고 유전자 조작도 그만큼 편리하다. 더욱이 이 바이러스는 평상시 비병원성이라는 점에서 임상적 응용에의 기대가 크다. 아데노관련바이러스는 염색체 19번에 끼어들어가기 때문에 그 자리도 무작위적이 아니고 특이적이라는 점이 독특하다.

HIV 바이러스

HIV는 AIDS를 일으키는 바이러스이다. 이 바이러스의 치명적인 독성 때문에 유전자 치료제로서의 사용가능성이 부정적인 면이 많은 것도 사실이다. 그러나 HIV 바이러스가 백혈구에 선택적으로 감염된다는 점을 이용하면 생각보다 치료제로서의 응용 가능성이 높은 것도 또한 간과할 수 없다. 백혈구는 면역세포로서 우리 신체의 구석구석까지 빠른 속도로 유용유전자를 운반할 수 있기 때문이다. 예를 들어 항암유전자를 HIV를 이용해 백혈구에 넣어주면 그 백혈구가 암세포를 찾아가서 선택적으로 사멸시킬 수 있는 것이다. 다만 이 과정에서 부작용으로 유전자 조작이 미처 일어나지 않은 정상적인 HIV가 실험을 통해 환자에게 옮겨질까 봐 우려되는 것이다. 한가지 가능한 적용은 HIV를 이용해서 아예 AIDS 환자를 치료하는 것이다. HIV가 감염된 환자의 백혈구내에서만 발견되는 Tat와 Rev라는 유전자가 있는데 이 유전자의 프로모터를 떼어내어 디프테리아 톡신(diphtheria toxin) 유전자에 붙이면 이 톡신은 HIV가 감염된 백혈구에서만 발현되게 된다. 그리고 순차적으로 그 감염세포를 죽이게 되기에 AIDS를 치료할 수 있다는 것이다. 앞으로도 더 많은 지속적 연구가 필요하지만 HIV의 응용 가능성은 유전자 치료의 다양성을 높여주고 있다.

HSV 바이러스

HSV(Herpes simplex virus)의 가장 큰 특징은 신경세포에의 감염이 가능하다는 것이다. 신경세포에 감염이 되면 그 자리에서 거의 신경세포가 수명을 다할 때까지 지속적으로 감염이 유지될 수 있다. HSV에는 thymidine kinase(TK)라는 유전자와 IF-3

라는 유전자가 있는데 이를 제거하면 HSV가 자체 분열할 수 없으므로 독성이 사라진다. 이렇듯 HSV는 신경계에 감염될 수 있으므로 파킨슨병(Parkinson's disease)이나 뇌종양같은 신경계 질환 치료에 응용 가능성이 있다. 게다가 HSV의 TK 유전자는 자살유전자로서 갱사이클로비어(gancyclovir) 같은 항생제를 투여하면 그 유전자를 가지고 있는 세포가 사멸한다는 점을 이용해 뇌종양을 치료하기도 한다. 말하자면 뇌종양세포에 IF-3만 제거한 HSV를 감염시킨 다음 환자에게 갱사이클로비어를 투여하면 선택적으로 뇌종양세포만 죽는다는 것이다. 자살유전자를 이용한 뇌종양 치료는 지금도 계속 연구 중에 있지만 일부 부작용이 보고되어 있어 지속적인 개발이 필요한 부분이다. 뇌종양 치료에 있어서 한가지 고무스러운 것은 "방관자 효과(by stander's effect)"이다. 우리 몸의 조직들은 많은 세포가 모여 만들어진 기관이고, 그 세포들이 끊임없이 정보와 영양분을 주고 받으면서 합심해서 살고 있다. 만약 여기에서 특정세포 하나가 죽게 되면 그 영향을 옆의 세포가 받기 때문에 같이 사멸하고 만다는 것이다. 때문에 유전자 치료를 할 때 모든 종양세포를 죽이지 않더라도 일부만 사멸시키면 주변 다른 암세포들도 함께 죽게 되는 효과가 방관자 효과이다. 방관자 효과는 꼭 뇌종양에만 적용되는 것은 아니지만 넓은 부위를 시술할 수 없는 뇌종양 치료에 더욱 고무적인 효과이다. HSV는 레트로바이러스와 달리 염색체 속으로 끼어들어가지는 않지만 신경세포내에 거의 평생 머무르기 때문에 중추신경계와 관련된 유전질환을 치료하거나, 신경계 재생 유전자를 넣어주어 상한 신경세포를 재활시키는 등의 가능성 역시 점쳐지고 있다.

Vaccinia 벡터

이 바이러스는 우두 바이러스이다. 우두 바이러스는 원래 천연두를 근절시키기 위해 개발된 백신에 사용된 바이러스이다. 장점은 열에 강하고 MoMLV 바이러스에 비해 4~5배 정도 큰 유전자를 운반할 수 있다는 것이다. 따라서 유용 유전자의 크기가 크다면 당연히 생각해 볼 수 있는 벡터이다. 우두 바이러스는 일단 감염되면 세포질에서 분열하며 아주 느린 속도로 염색체에 끼어들어간다. 우두 바이러스 역시 감염되는 대상 숙주세포의 범위가 넓다는 것이 장점이다. 심지어는 코의 점막에서부터 장에 이르기까지 다양한 세포에 걸쳐 감염될 수 있다. 우두 바이러스도 자살 유전자인 TK 유전자를 가지고 있기 때문에 이를 벡터로 사용하기 위해서는 이 유전자를 먼저 제거한 다음 유전공학적으로 변형하여 사용하여야 한다.

인공 염색체

유전자 치료의 어려움 중 하나는 현재 개발되어 있는 벡터들의 용량이 한계가 있다는 것이다. 따라서 분자량이 큰 DNA나 유전자의 경우 운반이 어렵다는 제약이 있다. 특히 복합유전자에 의한 질환의 경우 3~4개 이상의 유전자를 동시에 운반해야 하는데 바이러스 벡터의 경우에는 이것이 분명 한계일 수밖에 없다. 우두 바이러스 벡터라면 이런 점을 다소 해결할 수 있겠지만 그래도 여러 개의 유전자를 동시에 운반하려면 분명 어려움이 따르게 된다. 이를 극복하기 위해 개발 중인 벡터 중 하나는 인공 염색체(artificial chromosome)를 이용하는 것이다. 염색체의 기본 구조는 동원체(centromere)와 텔로미어(telomere)임으로 이를 기본 골격으로 유지하고 그 사이에 유용 유전자를 재조합해 넣은 방식이다. 인공 염색체의 경우 이론상 수십 Mb(megabase)의 유전자까지도 운반 가능하다고 알려져 있다. 이런 경우 단순히 유전자뿐만 아니라 그 유전자의 발현을 조절할 수 있는 부위까지도 함께 충분히 넣어줄 수 있다는 이점이 있다. 그럼에도 불구하고 인공 염색체의 세포내 안정성 및 세포가 분열할 때 계속해서 유지될 수 있는지 여부로 인해 더욱 연구가 필요하다.

안전성

*In vitro*가 되었든 *in vivo*가 되었든, 또 그 방법이 물리화학적이든지 생물학적이든지 제일 중요한 것은 첫째, 안전성의 문제이다. 그중에서도 삽입된 유전자가 엉뚱하게 새로운 암유전자를 건드려 활성화시키거나 암억제 유전자를 마비시킨다면 그 부작용은 너무나도 클 것이다. 제일 좋은 방법은 삽입되는 유전자가 원래의 고장난 유전자를 정확하게 대치하는 것이지만 그렇지않다면

차선책으로 적어도 영향을 주지 않는 염색체 부근에 새로운 유전자가 삽입되어야 할 것이다. 두 번째는 발현의 정확도가 문제이다. 어떤 질환은 무조건 발현만 되면 되기도 하지만 있지만 대부분의 유전질환은 더욱 정밀한 발현의 조절을 필요로 하기 때문이다. 특히 호르몬 레벨이 맞추어져야 하는 경우라면 더욱 정확도가 필요하다. 이를 위해서는 유전자발현의 안정성과 지속성이 또한 갖추어져야 할 것이다. 레트로바이러스인 MoMLV가 지속성과 안정성을 부여하지만 삽입되는 부위가 염색체상에서 무작위적이라는 점 때문에 안전성에 제한이 있는 반면, AAV는 항상 동일한 부위에 삽입되기에 안전성에는 큰 문제가 없으나 지속적 발현이 어렵다는 제약이 있다. 이처럼 현재의 모든 유전자 치료 방법은 장점과 단점을 함께 가지고 있다. 이러한 문제들이 모두 해결된 새로운 벡터를 찾기 위한 노력이 계속 필요한 시점이다.

표 3. 유전자 치료 벡터별 사용 빈도 순위

벡터	순위
Adenovirus	②
Adeno-associated virus	⑤
Herpes simplex virus	⑦
Lipoprotein	③
DNA gun	⑥
Naked DNA	④
Retrovirus	①

Chapter 10

최초의 유전자 치료

전략과 제약

유전자가 생명의 설계도라는 것을 이미 알았고 또 유전자를 재조합할 수 있는 기술이 발달한 1990년대에 무엇이 중점적인 논쟁이었을까? 바로 유전자 치료이다. 건강하지 못한 유전자를 제거하고 건강한 유전자로 바꾸어 주는, 아니 바꾸기가 어렵다면 적어도 부족한 유전자의 기능을 새로운 유전자로서 보완해주자는 이론에 대한 생각은 항상 있어 왔다. 그리고 이를 실천에 옮긴 것은 1990년 9월 14일이었다. 이 날은 인류 최초의 유전자 치료가 실시된 날로서 기념비적으로 남아야 할 것이다. 사람이 드디어 스스로의 유전자를 재조합하기 시작한 것이다.

최초의 사람 유전자 치료에 대한 생각을 실천에 옮기는 데에는 몇 가지 선행조건이 필요하였다. 우선 어떤 유전질환을 대상으로 할 지 선택하는 문제였다. 당시의 기술로 볼 때 가능한 조건은 첫째, 해당 질환의 유전자가 이미 클로닝되어 있어야 한다는 것이었다. 그래야 부적절한 유전자의 원인을 이해하고 바꾸어줄 수 있기 때문이다. 둘째, 아직까지도 해결되지 못한 문제이지만 유전자를 바꾸어 주었을 때 그 발현의 정도까지 우리가 지시할 수 있느냐의 문제였다. 예를 들어 당뇨병 같은 경우는 단순히 고장난 인슐린 유전자를 새로 삽입해 줌으로써 끝나는 것이 아니고, 너무 적지도 않고 너무 많지도 않게 인슐린이 발현되도록 조절해 주어야 하기 때문이다. 때문에 최초의 유전자 치료는 당시의 기술적 상황으로 보아 발현만 되면 무조건 예후가 좋은 그런 질환을 선택할 필요가 있었다. 게다가 이미 충분히 고통받고 있는 어린 환자들에게 시술로 인한 또 다른 고통을 주어서는 안된다는 것이 제약이었다.

그렇다면 이 모든 조건을 충족하고 있는 질환은 무엇일까? 그래서 선택된 첫 번째 유전자 치료의 대상질환이 바로 ADA 결핍증(ADA deficiency)이다.

ADA 결핍증의 유전학적 특징

ADA 결핍증은 유전학적으로 열성질환이다. 열성질환이라는 말은 두 개의 상동염색체의 유전자들이 모두 고장났다는 이야기이다. 따라서 전혀 ADA(adenosine deaminase) 효소를 만들어 낼 수 없는 질환이다. ADA 효소의 유전자는 20번 염색체에 위치해있다. 유전자는 모든 세포에 동일하기 때문에 ADA는 사실상 모든 세포에서 만들어지지만 각 세포마다 ADA 유전자가 하는 역할은 조금씩 차이가 있다. 만약 두 개의 ADA 유전자 중 최소한 하나라도 살아있다면 큰 문제가 없지만 두 개가 모두 고장난 경우라면 면역 작용에 큰 영향을 미칠 수 박에 없다.

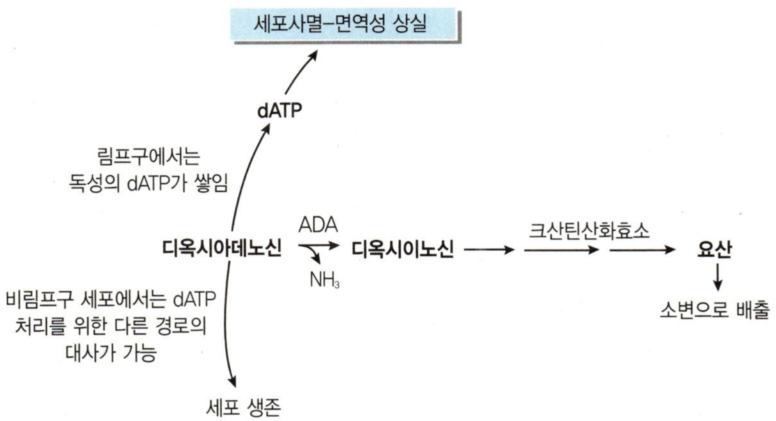

그림 71. **ADA 효소의 생화학 대사**

열성 유전병인 ADA 결핍증은 유전자 두 개가 모두 고장난 상태로서 그 빈도는 새로 태어나는 아이중 대체로 100,000명 당 한 명쯤의 빈도를 보인다. ADA 결핍증 어린이의 대표적 증상은 면역성이 전혀 없다는 것이다. 이런 아이들의 경우는 후천성면역결핍증인 AIDS와 증상이 유사하지만 그 원인이 전혀 다른 데에 있다. 따라서 이를 선천성 면역결핍증이라 분류하기도 한다. 병명은 SCID, 즉 severe conbined immunodeficiency이다. SCID는 당연히 지속적인 세균 감염이나 암 유발 등 많은 부정적 결과를 일으킨다.

유전자 치료가 있기 전에는 환자가 만들지 못하는 ADA 효소를 소에서 분리해 환자에게 주사하는 것, 즉 상품명 Adagen을 주사하는 것이 최고의 방법이었다. 그러나 이 방법은 효소를 소에서 추출해야 하기 때문에 비용이 너무 비싸고 지속적인 치료가 어렵거나 면역학적으로 소의 효소를 사람이 견디기 어렵기 때문에 사실상 의미가 없는 치료였다.

① ADA의 생화학적 합성 경로

dADP, 즉 deoxyadenosine은 세포에 축적되면 그 자체가 독성물질로 작용해서 세포를 죽이게 된다. ADA 효소는 세포내에서 이처럼 사용되고 남은 dATP를 처리하는 효소이다. dATP뿐 아니라 지나치게 많은 퓨린염기는 세포에 독성으로 작용하기 때문이다. 만약 ADA 효소가 없으면 세포내에 dADP가 축적되게 되고, 이것이 다른 세포에는 큰 문제를 일으키지 않지만 면역세포인 백혈구는 그로인해 사멸하기 때문에 사람이 면역성을 잃게 되는 것이다.

물론 다른 세포들도 영향을 받을 수 있지만 환자에서 특히 백혈구가 영향을 받는 이유는 다른 세포는 축적된 deoxyadenosine을 소화할 수 있는 다른 경로가 있지만 백혈구에는 그 기작이 결여되어 있기 때문이다.

치료를 위해 제일 좋은 방법은 골수의 줄기세포를 이용하는 것이었다. 그러나 1990년대 당시에는 줄기세포의 개념도 없었을 뿐 아니라 줄기세포를 골수에서 채취할 수도 업었기 때문에 그 대안으로 면역세포인 T-림프구(T-lymphocyte)가 유전자 치료에 이용되었다. T-림프구는 주사 한 방으로 혈액에서 채취하기 쉬웠고, 또 배양해서 유전자 치료에 충분한 숫자를 얻기도 쉬웠기 때문이다. 또 당연히 유전공학적으로 원하는 유전자를 삽입해 주기도 쉬운 세포였다. 당시 과학자들은 ADA(-) 세포에 사람의 ADA 유전자(hADA)를 넣어주었을 때 이 T-림프구가 정상적으로 ADA를 만들 수 있다는 것부터 실험실에서 확인하였다.

사람이 스스로의 유전자를 바꾸는 유전자 치료의 역사적인 실험은 1990년 9월 14일에 실시되었다. 대상은 4살난 여자아이였고 이름은 Ashanthi V. DeSilva였다. 이어서 1991년에 9살난 두 번째 아이도 연구에 합류하였다. 연구팀은 이 어린이들로부터 각각 T-림프구를 채취한 뒤 hADA 유전자로 교정하였고 처음에는 1~2개월에 한 번씩 이를 어린이들에게 시술하였다. 그런 다음 상태가 조금 안정되고 또 특별한 부작용이 없음을 확인한 다음 시술의 간격을 다소 늘려 6개월에 한 번씩 치료를 실시하였다. 최초의 유전자 치료는 놀라울 정도로 성공적이었다. 두 어린이 모두 안정적이었고 치료는 마치 외래환자처럼 병원에 아침에 와서 T-림프구를 채취해놓고는 집에 갔다가 오후에 다시 와서 치료받는 정도로도 충분하였다. 마치 감기 치료를 하듯이 특별한 입원이 필요없었던 것이다. 일단 이렇게 지속적인 치료를 당분간 거친 두 아이는 분명히 모두 혈액속에 면역세포인 T-림프구의 숫자가 정상으로 돌아왔고 세균에 대한 면역성이나 항암 능력이 거의 정상으로 돌아올 수 있었다. 다만 지속적으로 치료를 반복해야 한다는 점만이 다소의 불편함이긴 하였다.

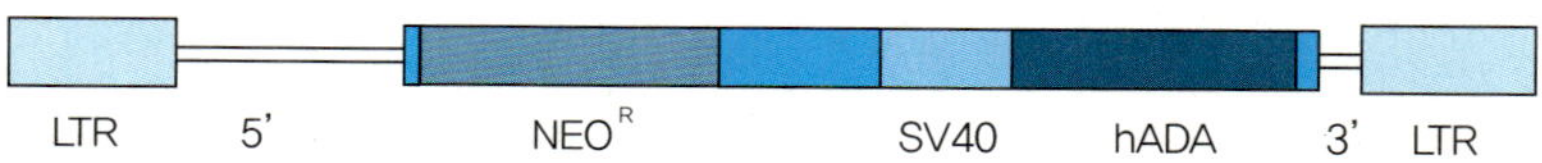

그림 72. **ADA 결핍증 치료에 사용된 MoMLV 바이러스 구조**

이 어린이들에게 면역성이 회복되었다는 증거는 세 가지였다. 분명한 것은 이들 모두 면역성이 정상으로 돌아왔기에 더 이상의 무균 치료없이 정상 활동이 가능했다는 것이다. 게다가 이들 모두가 면역성의 증거로서 다른 혈액형을 잘못 수혈했을 때에 그해 대해 만드는 면역 항체인 이소헤모글루티닌(isohemagglutinin)이 만들어지기 시작했다는 점이다. 또 다른 면역성 회복의 증거는 인플루엔자(influenza) 백신을 맞고 나서 감기 항체가 만들어지기 시작했다는 점이다. 이외에도 편도선이 발달하기 시작하고 여기에 T-림프구가 자리잡음으로써 면역성이 지속적으로 회복될 수 있었다는 점은 대단히 고무적인 결과였다. 또한 이들 어린이는 유전자 치료 후에 감기를 걸리는 빈도가 훨씬 줄어들었고 집에서도 더 이상 특별한 장치 없이 식구들과 정상적으로 생활할 수 있게 되었으며, 유치원도 다른 아이들과 어울려 정상적으로 다니게 되었다. 물론 Ashanthi가 가끔 병에 걸리기도 했지만 다른 아이들과 똑같은 정도로만 아프고 곧 회복되는 등 모든 면역 반응이 유전자 치료 이후 정상인 것으로 확인되었다. 이들 어린이들에게서는 유전자 치료이후에 두통도 사라지는 등 모든 병이 호전된 것이 확인되었다.

비록 최초의 유전자 치료가 성공적인 결과를 가져왔을 지라도 완전한 의미의 치료인 단 한번의 시술로 부작용없는 완벽한 치료가 이루어지려면 궁극적으로는 골수에 있는 줄기세포에 유전자를 이식하는 방법을 찾아야 할 것이다. T-림프구에 유전자 치료를 하는 경우는 Adagen하고 합쳐서 치료하면 더 좋은 결과를 얻을 수 있을 것이다. 어쨌든 최초의 유전자 치료는 생각보다 고무적인 결과를 보여 주었는데, 첫째는 사용한 MoMLV 바이러스 벡터가 예상했던 이론처럼 작동을 했다는 점, 그리고 수 년 동안의 반복되는 치료에도 불구하고 특별한 부작용이 드러나지 않았다는 점이 대단히 고무적이다. 두 번째는 분명히 Adagen 처럼 일상적인 치료제를 그냥 처방하는 것보다 유전자차원에서의 치료가 더 효과가 있다는 것, 세 번째는 유전자 치료의 효능을 이제 입증하였기에 21세기 미래 의학의 새로운 장을 열었다는 점이다.

Chapter 11

암 치료를 위한 유전자 치료

유전자 치료

유전자 치료의 본래 목적은 선천성 유전병을 치료하기 위한 것이었으나 지금은 오히려 암 치료에 더 많이 이용되고 있다. 통계로 보면 1990년부터 지금까지 실시되었던 유전자 치료 사례 중 순수하게 유전병 치료를 위한 경우는 겨우 20%에 지나지 않는 반면 오히려 51% 이상의 사례가 모두 암 치료를 위해서 실시된 것들이다. 나머지는 AIDS 등 기타 질병들에 적용된 사례이다. 이렇듯 유전자 치료가 암 치료에 많이 이용되었다는 것은 유전병 환자보다는 암 환자가 더욱 많다는 뜻도 되겠지만 그보다는 유전자 치료가 암 치료에 그만큼 희망적이기 때문이다. 보다 흥미로운 것은 암의 원인 역시 유전자의 변화라는 것이다. 즉 유전자의 부적절한 조절이 세포의 무절제한 증식을 유도하여 정상세포가 암세포로 변하게 되는 것이다. 물론 암이 발생하는 유전자 차원에서의 원인은 매우 복잡하기 때문에 아직도 정확히 알려져 있지는 않다. 보고에 의하면 암이 발생하는 것은 여러 단계에 걸쳐 일어나는데 각 단계마다 여러 종류의 암 억제 또는 암 유발 유전자들이 관계하는 것으로 알려져 있다. 한 예로서 비교적 연구가 많이 이루어진 결장암의 경우는 여러 유전자들의 단계적인 변이를 거쳐 발생한다.

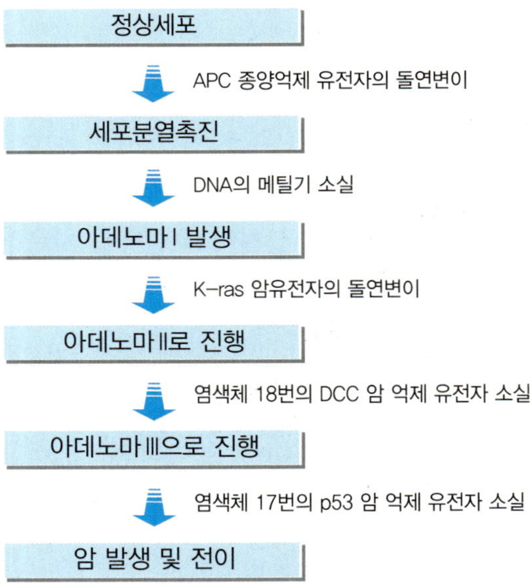

그림 73. **결장암의 유전학적 단계**

처음 단계는 종양억제유전자가 변하면서 세포 성장율이 증가하고 DNA에 붙어있던 메틸기(methyl group)들이 떨어져 나가는 것이다. 메틸기는 원래 유전자의 발현을 억제하는 역할을 하는데 메틸기가 떨어져 나가면 암유전자들의 발현이 갑자기 증가하게 되는 것이다. 특히 케이-라스(K-ras) 등의 암유전자가 돌연변이를 일으키면서 동시에 p53과 같은 종양억제유전자들이 세포에서 사라지게 되면 결국 정상 세포를 암세포로 전환시키게 된다. 여기에서 더 나아가 유전자 변화가 계속되게 되면 끝내는 암세포가 전이(metastasis)를 일으키면서 다른 조직으로 퍼져 나가게 된다.

이렇듯이 암은 암을 억제하는 유전자와 암을 유발하는 유전자들에서 일어나는 부적절한 균형 때문에 발생하는 것이니만큼 근본적인 치료를 위해서는 유전자 차원에서의 치료법이 강구되어야 하는 것이다.

현재 암을 치료하기 위한 유전자 치료법으로는 p53같은 종양억제유전자를 암세포에 넣어 주거나, 안티센스 올리고뉴클레오티드로 암유전자의 발현을 억제하는 일, 자살유전자(suicide gene)를 암세포에 넣어 주는 일, 면역세포의 항암 효과를 증대시켜 주는 일, 암백신을 개발하는 일 등이 시험 중에 있거나 연구 중에 있다.

T 림프구 치료(면역유전자 치료)

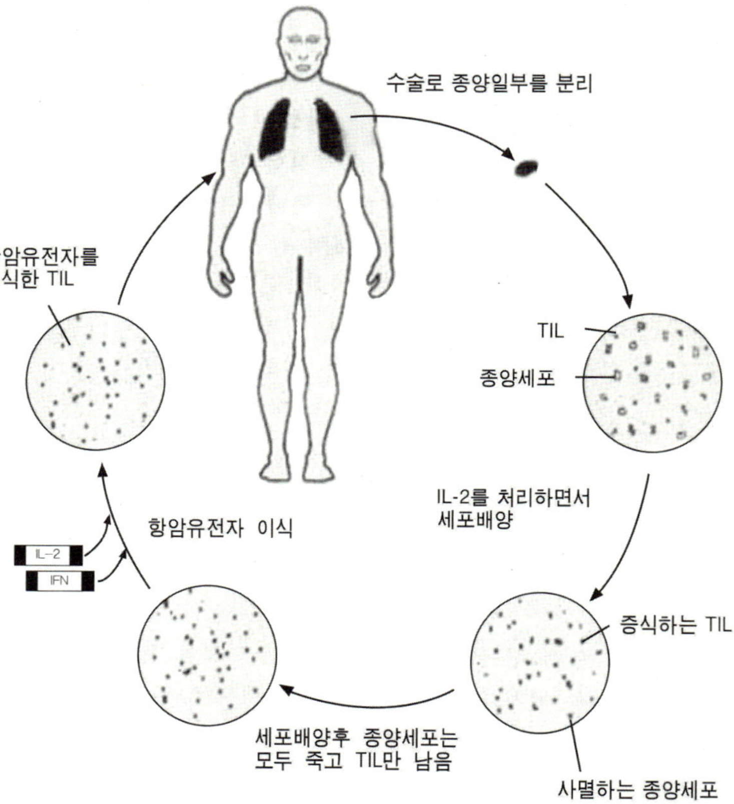

그림 74. **면역 유전자 치료**

우리 몸에는 종양이 발생하는 것을 막거나 이미 생긴 종양을 제거하는 T-림프구라는 면역세포가 있다. 이들 세포는 종양과 맞서 싸우기 때문에 암조직에서 많이 발견되는데 중요한 점은 이들이 자기가 맞서 싸우고 있는 암조직을 기억한다는 것이다. 암조직의 일부를 수술하여 떼내게 되면 암세포뿐만 아니라 T-림프구도 함께 얻을 수 있는데 이렇게 분리한 T-림프구에 인터루킨-2(interleukin-2)나 인터페론(interferon) 등 항암유전자를 이식하여 암환자에게 되돌려 보내면 이 T-림프구들은 남아 있는 암조직을 다시 찾아가 강력한 항암 효과를 발휘하게 될 것이다. 이 이론에 따르면 이미 전이가 일어난 말기의 암환자일지라도 T-림프구가 모든 암세포를 찾아가 죽일 수 있기 때문에 매우 희망적인 치료가 아닐 수 없다. 더우기 이런 T-림프구들은 암조직에 가서 붙은 채로 항암물질을 만들게 되므로 그 효과가 국소적이라 인터루킨-2를 혈액에 직접 주사했을 때 생길 수 있는 부작용도 배제할 수 있다는 장점이 있다. 이렇게 암조직을 수술하여 분리한 T-림프구를 종양유래림프구(tumor-infiltrating lymphocyte), 약어로는 TIL이라 부른다.

자살 유전자 치료

이 치료는 티미딘 키나제 효소(thymidine kinase)의 유전자를 가진 세포가 갱사이클로비어(ganciclovir)라는 항생제에 쉽게 죽는 특성을 이용하는 유전자 치료이다. 즉 종양세포에 이 유전자를 집어넣고 환자에게 갱사이클로비어를 투여하면 종양세포들이 모두 죽는 효과를 바라는 것이다. 특히 이 치료는 뇌종양 치료에 유효한 것으로 잘 알려져 있다. 먼저 티미딘 키나제 유전자가 재조합된 레트로바이러스를 생산하는 세포를 자기공명영상장치(MRI)

를 이용해서 뇌종양 부위에 직접 주사한다. 이렇게 하면 뇌종양 속에서 레트로바이러스가 계속 만들어질 것이고 이들은 주위의 종양세포들에 감염되어 퍼져 들어가면서 티미딘 키나제 유전자를 전달하게 될 것이다. 그런 뒤에 환자에게 갱사이클로비어를 투여하면 뇌종양 세포들만 죽게 만드는 것이다. 레트로바이러스는 분열하는 암세포에만 감염되므로 정상적인 뇌세포는 건드리지 않는다는 장점이 있다. 한 가지 문제는 종양에 바이러스를 감염시킬 때 감염율이 100%가 못된다는 점이다. 그러나 이 역시 연구에 따르면 큰 문제가 되지 않을 것으로 보이는데 앞서 말한 방관자 효과(by stander's effect)라 불리는 현상 때문이다. 이 효과에 의하면 전체 종양세포 중 60%만 감염되어도 미처 감염되지 않은 주위의 다른 종양세포들이 함께 죽게 된다. 아직은 이 효과의 원인이 뚜렷이 밝혀지지 않았지만 같은 종양 내의 세포들은 서로 영양분과 산소를 긴밀히 주고받기 때문에 옆의 세포가 죽으면 자동적으로 이러한 공급이 제한되어 따라 죽는 것으로 생각된다. 이러한 자살유전자 요법으로 치료받은 사람들에게서 종양 크기가 현저히 줄어드는 것이 관찰되었으며 아직까지 아무런 부작용도 관찰되지 않았기 때문에 역시 앞으로 기대되는 유전자 치료 중 하나이다.

바이러스 치료법

암은 분열하는 세포들로 구성되어 있으므로 레트로바이러스를 이용한 유전자 치료가 가능하다. 대개는 종양억제유전자가 재조합된 레트로바이러스를 환자의 종양 부위에 직접 주사하게 된다. 이 방법은 안전성 때문에 아직은 화학요법이나 방사선요법 등 일반적인 치료가 모두 실패한 일부 말기의 환자에게만 선택적으로 실시되고 있으나 동물 실험에서는 상당한 효과가 있는 것으로 알려져 있다. 가장 흔히 넣어주는 종양억제유전자는 역시 p53의 유전자이다. 많은 보고에 따르면 상당수의 암이 이 유전자가 기능을 잃었을 때 유발되는 것으로 보고되어 있다. 따라서 암세포에다가 정상적인 p53 유전자를 이식하면 암 억제 효과가 되살아난다는 것이 치료의 원리이다. 동물 실험에 의하면 종양 부위에 직접 p53 유전자를 재조합한 레트로바이러스를 주사한 결과 종양의 크기가 현저하게 줄어든 것으로 알려져 있다. 때로는 p53를 재조합한 아데노바이러스를 사용하기도 한다. 한편 보다 확실한 치료 효과를 기대하기 위해서 종종 바이러스 요법은 화학요법과 병행하여 실시하기도 한다.

MDR-1 유전자 치료

MDR-1(multidrug resistance type 1) 유전자는 각종 항암제에 대한 세포의 내성을 높여주는 유전자이다. 항암제를 강하게 투여할 때의 문제점은 암세포뿐만 아니라 정상 세포까지도 죽게 된다는 것인데 이 때문에 화학요법은 보통 그 투여량에서 제한을 받게 마련이다. 그러나 예를 들어 항암제 투여 전에 미리 골수의 간세포 등에 MDR-1 유전자를 이식하여 놓으면 이 세포들의 내성이 증가하므로 강하게 항암제를 투여할 수 있게 될 것이다. MDR-1 유전자 요법은 뇌종양, 진행성 난소암 등을 대상으로 현재 연구 개발 중에 있다.

종양 백신

이것은 암세포에 유전자 조작을 가하여 종양 백신으로 사용하고자 하는 전략이다. 암조직에서 분리한 종양세포에 항암성을 나타내는 사이토킨(cytokine) 유전자 등을 이식하여 사람에게 주사하면 이 종양세포에 대한 면역체계가 생긴다는 것이다. 동물실험에서 보면 이 방법이 어느 정도 효과가 있는 것으로 보이긴 하지만 이미 크게 발달한 종양을 완전히 억제할 수 있는지는 확실하지 않다. 사람에게는 보통 2주 간격으로 3회 정도 주사하는 것이 보통이다. 종양 백신의 결과에 대해서는 아직 뚜렷한 보고가 없으나 결장암, 유방암 등에 응용하고자 연구가 진행되고 있다.

안티센스 올리고뉴클레오티드 요법

암 발생에 관여하는 유전자들이 모두 구조가 밝혀진 것은 아니지만 특정 유전자의 발현이 갑자기 증가하여 암이 유발된 경우라면 그 유전자의 안티센스 올리고뉴클레오티드(antisense oligonucleotide)를 이용하여 발현을 억제할 수 있을 것이다. 올리고뉴클레오티드(oligonucleotide)란 길이가 10~20bp 정도 되는 외줄의 짧은 인공 DNA를 말하는 것이다. 문제는 안티센스 올리고뉴클레오티드를 세포 내로 어떻게 넣어줄 것인가 하는 것이다. 현재로서는 유전자를 거꾸로 이식시켜 주어 안티센스 DNA를 발현하게 만들거나 안티센스 올리고뉴클레오티드에 화학물질을 결합시켜 안정성을 높인 다음 직접 체내로 주입하는 방법 등이 강구되고 있다. 후자의 경우 안티센스 올리고뉴클레오티드가 어떻게 목적하는 세포를 찾아갈 것인가 하는 문제점과 안티센스 올리고뉴클레오티드의 안정성의 문제 때문에 아직도 많은 연구가 필요한 요법이다. 안티센스 올리고뉴클레오티드는 특히 케이-라스 암유전자의 발현을 억제하는데 효과적일 것으로 기대가 된다.

지금까지 소개한 방법 이외에도 암을 정복하기 위하여 유전자 치료의 다양한 기술들이 계속 연구 개발되고 있다. 때로는 알려진 방법들을 동시에 병행하여 사용함으로써 보다 효율적인 치료를 기대할 수 있을 것이다. 몇 가지 암과 이에 관련된 유전자 치료들을 다음 표에 간단히 요약하였다.

표 4. 유전자 암치료와 대상 유전자 예시

암	유전자
뇌종양 (Brain tumor)	Thymidine kinase
뇌종양 (Brain tumor)	MDR-1
유방암 (Breast cancer)	Interleukin-4
결장암 (Colorectal cancer)	Interleukin-2, Tumor necrosis factor
악성흑색종 (Malignant melanoma)	Interleukin-4
신경모세포종 (Neuroblastoma)	Interleukin-2
난소암 (Ovarian cancer)	MDR-1
난소암 (Ovarian cancer)	Thymidine kinase
신세포암종 (Renal cell carcinoma)	Interleukin-2, Tumor necrosis factor GM-CSF
충실성종양 (Solid tumor)	HLA-B7 with $\beta 2$-microglobulin

Chapter 12
비종양 질환을 위한 유전자 치료

사람이 언젠가는 자신의 유전자를 직접 조작할 수 있게 되리라고는 아마 유전학의 창시자인 멘델조차 생각하지 못했을 것이다. 그런 의미에서 우리는 유전자 치료를 단순히 생물학적 개가가 아닌 현대 과학의 승리로 보아야 할 것이다. 아인슈타인이 남긴 말 주에 "상상은 지식을 초월한다."는 말이 있다. 불과 10년 전에 공상과학 만화나 영화로 회자되던 아이디어가 현실이 되는 오늘, 유전자 치료도 지금은 아직 서툴고 비록 걸음마 단계이지만 머지않은 장래에 정말 인류의 숙원인 건강하고 늙지않는 미래를 해결해 줄 근본적 해결사로 다가올 것이 기대된다. 이번 장에서는 비록 암 치료가 아닐지라도 향후 적용되어야 할 유전질환이 많기에 그들에 대해 간략히 정리하고 소개하고자 한다.

면역시스템 질환

최초의 유전자 치료가 1990년에 성공적으로 끝났지만 아직도 해결해야 할 숙제가 남아 있다. 당시 치료가 T-림프구를 이용했기 때문에 여전히 주기적이고 지속적인 치료를 평생 필요로 한다는 것이다. 물론 아무런 희망의 끈이 없었을 때에는 이것만 해도 상당한 진전이지만 인류의 꿈은 한 발자욱 더 나아가 단 한 번의 치료로 질병으로부터 해방될 수는 없을까 하는 것이 바램이다. 최초의 유전자 치료가 있은지 바로 수년 후 1992년 3월에 영국과 프랑스의 과학자들은 이런 바램을 실천으로 옮기기 위한 또 다른 걸음을 내디디었다. 방법은 T-림프구가 아닌 골수의 줄기세포를 이용하는 것인데 줄기세포에 유전자를 한 번 옮겨주면 평생 유지될 수 있으리라는 희망에서였다. 결과적으로 이 연구는 아직도 답보 상태이다. 몇 개 안되는 줄기세포를 골수에서 추출해내는 것도 힘들지만 그 줄기세포에 유전자를 넣어준 뒤 제대로 발현 시키는 것 자체가 또 다른 어려움이기 때문이다. 줄기세포는 보통 자기가 그 개체에 필요하게 되기 전에는 일을 하지 않기 때문에 거의 휴면 상태이고 이를 일부러 깨워서 유전자 발현 시키는 것이 너무나 어려운 것이다. 이것만 해결하면 차후 이를 응용해서 치료에 적용할 유전질환이 너무도 많다. 다시 말해서 유전자 치료는 어떤 의미에서는 유전자 이식과 유전자 발현의 복합적인 문제라는 것이다. 유전자 재조합 기술만 필요한 것이 아니라 유전자의 기본 발현 메카니즘을 함께 밝혀야 하기 때문이다. 그런 의미에서 유전자 치료는 기초과학과 응용과학이 함께 어우러져야 하는 완벽한 예제이다.

백신개발

백신(vaccine)이란 우리 몸이 외래 물질로 인식하는 병균에 대해 항체(antibody)를 형성하도록 미리 약화된 병원체를 이용해 만든 항원물질이다. 문제는 백신이 만능 치료제가 아니라서 감기균인 influenza의 경우 한 종류의 감기에 대해 만든 백신이 다른 influenza에 대해 제대로 듣지 않는 데에 어려움이 있다. 심지어는 같은 균이라도 우리가 백신을 개발하면 거기에 대해 스스로 병원균이 적응을 하거나 유전자를 바꾸면서 면역성을 비켜 가기 때문에 더욱 어려움이 있다. 그러나 제 아무리 강력한 감기 균일지라도 기본 유전자 체계는 같기 때문에 생명의 근본 물질인 DNA를 직접 주사해 항체를 이끌어낼 수만 있다면 아무리 감기 균이 변형을 일으키더라도 원인적 백신을 유도해 만들 수 있을 것이다. 물론 여기에는 DNA를 생체에 직접 주사한다는 가정이 뒤따르고 있지만 그러한 기술적 문제는 멀지않은 장래에 해결될 수 있을 것으로 본다. 만약에 이런 DNA 백신이 성공할 수 있다면 이것은 HIV, BCG(Bacille Calmette Guerin) 등 다양한 질병 치료에까지 응용될 수 있을 것이다. 심지어는 단순한 식중독도 이런 백신으로 퇴치 가능하다고 보는 사람들이 많다.

DNA 백신이 가능하기만 하면 마치 천연두가 이 세상에서 사라진 질병이 되었듯이 가까운 미래에 이름조차 기억하기 어려운 질환들이 여럿 생기게 되리라 기대한다.

조혈세포 치료

현재로서 유전자 치료의 가장 유용한 대상세포는 역시 조혈세포와 골수 줄기세포이다. 조혈세포는 다양한 혈구세포로의 전구체(precursor)이고 골수 줄기세포는 지속적 발현을 줄 수 있는 유일한 타겟 세포이기 때문이다. 이외에도 이들 세포와 함께 혈관을 구성하고 있는 내피세포(endothelial cell) 등이 유전자 치료에 사용될 수 있다. 내피세포에 혈관 재생 유전자를 넣어주어 빠르게 상처를 치유한다든지 혈관내로 외부 병균이 유입되는 것을 막도록 혈관의 선택적 투과성을 강화하는 전략 등이 이미 시험 단계에 들어서 있다.

내분비계 치료

호르몬은 내분비 조직에서 만들어지지만 혈액을 타고 타겟 세포로 이동한 다음에야 그 기능을 발휘한다. 사실 이런 점이 유전자 치료에서는 장점이기 때문에 당뇨병(Diabetes mellitus) 같은 내분비 질환을 치료하는 데에 유전자 치료의 미래가 밝다고 하겠다. 인슐린 경우 췌장에서 분비되더라도 작용 조직은 간세포이기에 만들어지는 곳이 꼭 췌장이 아니더라도 상관없다는 것이다. 백혈구를 추출해 여기에 인슐린 유전자를 넣어주더라도 타겟 세포만 간세포이면 상관없기 때문이다. 여기에 제약은 정확한 발현의 조절이다. 너무 많은 인슐린 분비는 저혈당을 일으키고, 너무 적은 분비는 치료에 도움이 안되기 때문이다. 물론 이를 위해서는 적절한 프로모터가 필요한데 이것은 기초 유전학에서 해결해 주어야 할 문제이다. 성장호르몬(growth hormone)의 경우도 마찬가지 케이스이다. 유전자에는 구조유전자 부위와 조절유전자 부위가 있다. 프로모터는 조절유전자에 해당하기에 적당한 발현을 조절하는 프로모터를 일단 클로닝해내야 유전자 치료에의 응용이 가능할 것이다. 혈전용해제인 EPO(erythropoietin)도 마찬가지로 정밀한 발현을 요구하는 단백질이다. 참고로 유전자의 기능은 단백질 산물을 만들어내는 것이기에 이처럼 단일 유전자로 인해 질환이 야기되는 경우는 적절한 프로모터만 찾아내면 해결될 수 있다. 그러나 복수유전자(multiple gene)에 의해 좌우되는 내분비성 유전질환은 해당 유전자마다의 프로모터를 한꺼번에 찾아내어 재조합해주고 조절해주어야 하기에 유전자 치료의 어려움이 있는 것이다.

소화기 질환

소화기 상피를 구성하고 있는 내피세포는 음식물 섭취와 함께 끊임없이 떨어져 나오고 또 재생된다. 이 과정에서 소화기 암도 발생하고 또 작게는 소화불량을 초래하기 마련이다. 소화기 상피세포에 소화효소를 분비하는 강력한 유전자를 처리하든지, 항암유전자를 재조합함으로써 암을 치료하려는 노력이 지금 진행 중에 있다. 또한 젖당 분해효소가 없어서 불편함을 겪는 유당불내증(lactase deficiency)도 해당 유전자를 소화기 상피세포에 이식하면 치료될 수 있을 것이다. 이에 대한 연구 역시 현재 활발히 진행중에 있다.

비뇨기계 질환

아직까지 비뇨기계 질환을 위해 개발된 유전자 치료 프로토콜은 없는 실정이다. 그러나 다낭성신질환(polycystic kidney failure)같은 경우 유전적 요인이 다분히 작용하기 때문에 유전자 치료의 대상이 충분히 될 수 있다. 다행스러운 것은 이 신질환의 유전자는 이미 클로닝되어 있다는 것이다. 다낭성신질환의 경우 할 수만 있다면 생식세포 차원의 유전자 치료가 더 효율적일 것이지만 일단은 체세포 치료를 위한 시도가 선행되어야 할 것이다.

신경계 질환

신경계통에 대한 유전자 치료를 제한하는 가장 큰 장애는 적절한 벡터가 없다는 것이다. 현재로서는 바이러스 벡터가 가장 좋은 방법이지만 분열하지 않는 신경세포에 감염될 수 없기 때문이다.

그나마 HSV와 rabies 바이러스가 그나마 가장 좋은 유전자 재조합 대상 벡터이다. 만약에 벡터만 해결될 수 있다면 신경계통 질환에 응영할 수 있는 범위는 정말 넓을 수밖에 없다. 치매, 파킨슨 질환 뿐 아니라 도파민(dopamine) 분비의 부적절함으로 인한 우울증과 간질(epilepsy)까지 적용되기 때문이다. 게다가 신경세포 성장물질(NGF, nerve growth factor)를 넣어줄 수만 있다면 손상된 신경을 치료할 수 있는 길이 뚫릴 수 있다.

이처럼 일단 개발만 되면 유전자 치료는 거의 모든 질환에 응용될 수 있다. 아직은 초기 걸음마 단계이지만 조금만 시간이 지나면 현재 시도되고 있는 이런 노력들이 아주 원시적인 것으로 보이게 될 것이다. 유전자 치료는 적절한 유전자의 클로닝과 함께 정밀한 발현을 요하는 기술이다. 유전학의 기초적 지식과 함께 계속되는 치료 프로토콜의 개발로 멀지않은 미래에 안전하고 안정성을 보장할 수 있는 유전자 치료 기술이 속속들이 나타날 것을 기대해 마지 않는다.

표 5. 연구 중인 유전자 치료 대상 질환

유전질환	치료 대상 조직
Anemia	근육
Fanconi's anemia	CD34 세포
Cystic fibrosis	폐
Hemophilia B	근육과 간
Parkinson's desease	뇌
Seizure	뇌
Hemoglobinopathies	적혈구 및 조혈모세포
Alzheimer's disease	뇌
Obesity	근육
Lysosomal storage	간과 심장

Chapter 13

동물형질전환

형질전환

형질전환(transformation)이란 생물체에 인위적으로 외부 유전자를 주입하여 본래의 유전 형질을 우리 목적하는 바에 따라 변화시키는 것을 말한다. 형질전환은 말 그대로 인간이 필요로 하는 목적에 부합하는 또 다른 형질을 만들어 내는 것으로 가장 일반적인 형질전환의 예가 바로 형질전환동물이다. 형질전환동물은 그 동물이 가지고 있지 않은 형질의 유전자를 인위적으로 염색체 속에 재조합해주어 새롭게 변화시킨 동물을 말하며, 최초의 예는 1983년 시애틀의 Palmiter 박사가 탄생시킨 사람의 성장호르몬 유전자를 이식한 '수퍼마우스(supermouse)' 이다.

형질전환동물을 만드는 목적은 환자에게 이식하기 위한 동물 장기와 고가의 의약품을 대량 생산하고, 가축의 생산성을 증대하려는 것이 보통이다. 물론 대부분 더 크고, 더 강한 생명체를 만드는데 목적이 있다. 이 때문에 형질전환의 이점도 좋지만 만약의 경우를 대비해 생물학적 위험을 방지할 수 있는 안전한 기술의 개발이 함께 요구되고 있다. 즉 돼지의 장기를 사람의 장기로 인식할 수 있도록 면역 유전자를 조작한 형질전환 돼지를 생산하려는 연구와 형질전환동물을 이용하여 혈전증 치료제, 조혈촉진제, 암 치료제 등과 같은 고가의 치료용 의약품이나 호르몬을 생산하는 기술의 개발, 그리고 성장촉진, 산유량 증대와 축산물의 품질 향상을 위한 형질전환 가축의 생산이 바로 그것이다.

초기의 형질전환동물은 기초실험을 위한 목적에 그쳤으나 생명공학의 급속한 발달과 함께 그 이용 범위가 광범위하게 확대되었다. 지금의 기술은 우수한 가축을 생산할 수 있고, 유용한 단백질이나 생리활성물질을 생산할 수 있으며, 질병 치료를 위한 실험동물을 만들 수 있고, 인공 장기를 만들어 낼 수도 있는 수준이다.

형질전환과 유전자 치료

선진국에서는 형질전환을 산업적으로 이용함으로써 고부가가치를 낼 수 있다는 측면에서 국민의 복지 향상과 국가 경쟁력 확보를 위해 형질전환동물 연구에 집중적인 지원을 하고 있다. 우리

나라는 아직 형질전환동물 분야에서 선진국에 비해 뒤처져 있고 연구 지원이 부족한 현실이다. 그러나 최근의 보고를 통해서 알고 있듯이 늦은 출발에도 불구하고 단시간 만에 형질전환된 젖소와 흑염소, 그리고 돼지 등을 생산하는 데 성공하였다. 이렇게 축적된 고도의 기술을 바탕으로 우리나라도 형질전환동물을 이용한 고부가가치 산업에 뛰어들어 국가 경쟁력을 가진 바이오선진국으로서 발돋움할 수 있어야 할 것이다. 형질전환동물은 간접적인 유전자 치료 방법이라 할 수 있다. 사람의 유전자를 직접 조작해주지는 않더라도 유전자 재조합을 통해 우리에게 유용한 산물을 생산하고 그것을 치료용으로 사용하기 때문이다. 따라서 유전자 치료와 형질전환동물은 인류의 궁극적인 목적인 “건강하고 오래사는 것”을 구현하기 위한 동반자적 기술로 간주된다.

형질전환동물

형질전환동물은 인간에게 유용한 물질을 만들어내는 동물을 창조하는 기술이다. 형질전환동물은 다른 말로 바이오리액터(bioreactor)라고 할 수도 있다. 형질전환동물로부터 얻은 물질은 다른 산업에서 쉽게 얻기 힘든 고부가가치의 상품들이 대부분이다. 뿐만 아니라 형질전환동물을 통해 매우 구하기 힘든 의약품을 만들어냄으로써 의료비도 절감하고 국민보건을 증진시킬 수도 있기 때문이다.

형질전환 동물을 만드는 방법에는 크게 다섯 가지가 있다. 수정란의 핵에 유전자를 주입하는 미세주입법, 배아줄기세포(embryonic stem cell)를 이용하는 방법, 바이러스 벡터를 이용하는 방법, 정자를 직접 벡터로 사용하는 정자 매개법, 생식세포가 아닌 체세포를 이용하는 체세포 핵이식 복제 방법 등이다. 이 중에서 수정란의 핵에 유전자를 주입하는 미세주입법과 배아줄기세포를 이용하는 방법, 체세포 핵이식 복제 방법에 대해 간단히 살펴보면 아래와 같다. 그리고 형질전환동물은 사람을 직접적인 대상으로 한 유전자 치료와 달리 생식세포로의 유전자 재조합이 가능하다는 아니 어떤 때는 우수한 형질을 가진 동물을 보존하기 위해 오히려 적극적으로 권장되어진다는 것이 큰 차이이다.

미세주입법

형질전환 연구에 가장 널리 사용되는 미세주입법(microinjection)은 넣어주고 싶은 유용 유전자를 적절히 재조합한 후(예를 들어 발현을 조절하기 위한 프로모터를 재조합한 후) 수정란에 주입하는 기술이다. 난자와 정자에 각각 들어있는 핵을 각각 웅성전핵(male pronucleus), 그리고 자성전핵(female pronucleus)이라고 한다. 정자와 난자가 수정이 되면 이 두 개의 전핵은 처음에 잠시 떨어진 상태로 있다가 곧 합쳐져서 온전한 핵으로 된다. 미세주입법은 수정만 되었지 아직 두 개의 전핵이 따로 떨어져 있을 때 유용 유전자를 둘 중의 하나에 주입하는 것이다. 그러면 자연스럽게 유전자가 수정란의 핵으로 유입될 수 있다. 이렇게 유전자를 이식한 수정란들을 대리모의 자궁에 착상시켜서 새끼를 여러 마리 출산하게 하고 이 가운데 어떤 새끼가 목적한 유전자를 가졌는가를 조사하여 형질전환동물을 골라내는 것이다. 이 방법은 다양한 동물에 응용될 수 있는 장점은 있으나 아직은 성공률이 낮아서 실험 자체에 막대한 비용이 들 뿐 아니라 세심한 조작이 어렵다는 단점이 있다. 그러나 지금은 생명복제 기술이 점점 발달함으로써 목적한 형질전환동물을 하나만 만들면 싸고 빠르게 여러 마리를 재복제해낼 수 있게 되었다.

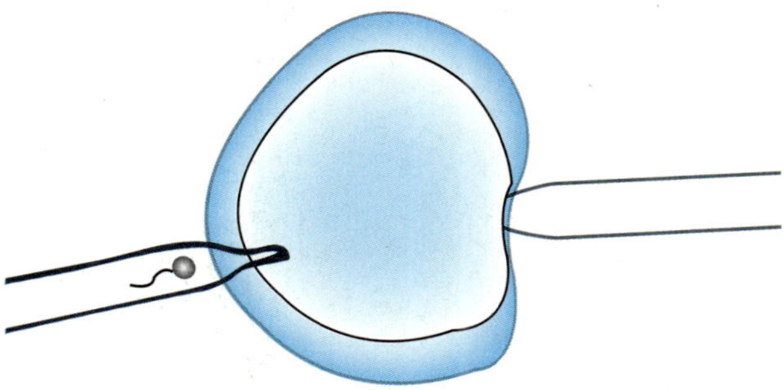

그림 75. **수정란 안으로의 유전자 미세주입법**

두 번째 방법은 배아줄기세포를 이용하는 것이다. 효율성이 높을 뿐만 아니라 목적하는 유전자에 조준을 맞출 수 있기에 유전자 표적법이라는 별명이 붙은 방법이다. 배아줄기세포란 수정란이 초기 분열할 때 아직 100여 개 정도밖에 안된 세포들인데 향후 다양한 조직으로 분화 발생이 가능한 세포를 말한다. 이러한 배아줄기세포에 유용한 유전자를 이식하고 이들 중 안정적으로 이식된 세포만 선별하여 발생 초기 배아에 재주입하게 되면 형질전환 개체를 만들어 낼 수 있다. 그러나 아직까지 줄기세포를 추출할 수 있는 동물은 사람과 쥐밖에 없으므로 배아줄기세포를 이용한 형질전환동물 실험은 쥐로 한정되어 있다는 단점이 있다.

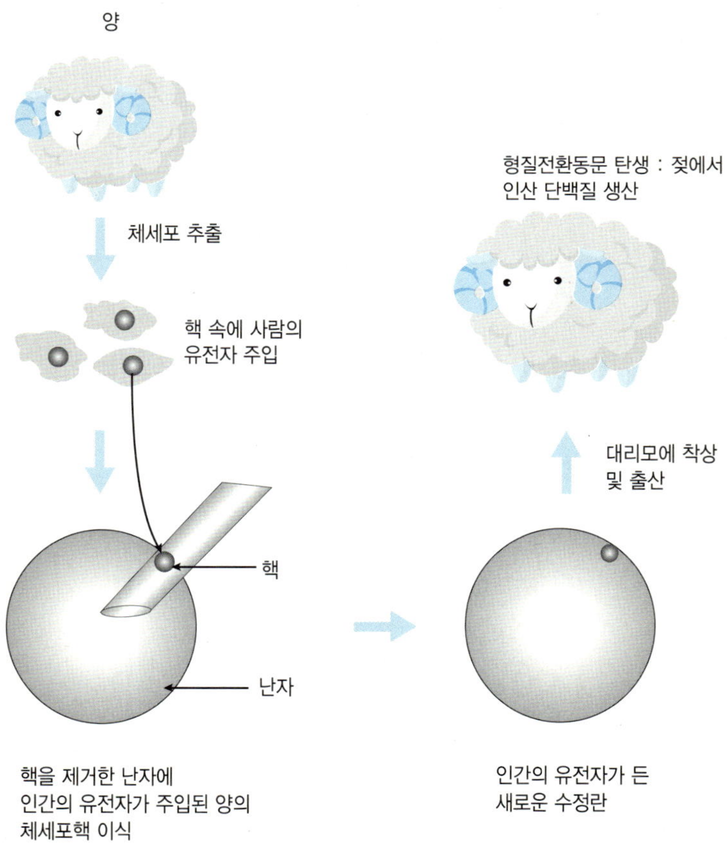

그림 76. 배아줄기세포를 이용한 형질전환동물

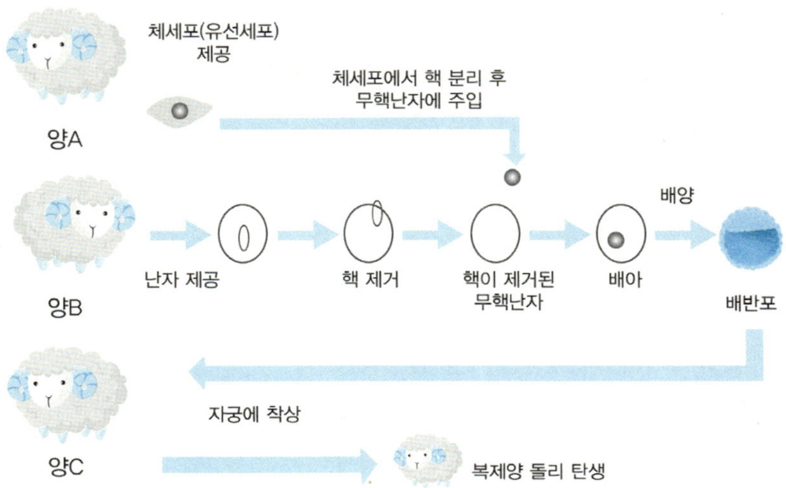

그림 77. **체세포 핵이식 기술**

세 번째로 체세포 핵이식 방법은 1997년 영국에서 태어난 복제양 돌리에 처음으로 적용이 된 기술이다. 그리고 최근에 갑자기 각광받는 기술로 부각되었다. 체세포 핵이식 복제는 난자와 정자가 결합하는 수정 과정 없이 새로운 생명체를 탄생시키는 방법이다. 즉 생명체를 만들어내는데 생식세포를 이용하지 않고 단지 체세포의 일부를 떼어내서 복제하는 것을 말한다. 체세포 핵이식 방법은 미세주입법의 단점을 보완하여 형질 조절 작업이 크게 향상된 방법이며, 태어난 형질전환 동물들이 거의 100%의 형질전환율을 보일 정도로 높은 효율성을 자랑한다.

그러나 이러한 장점과 함께 문제점도 존재한다. 먼저 핵을 이식하는 과정 자체가 매우 어려우며, 복제된 수정란이 발달하는 과정에서 돌연변이가 생기기 쉬워 유산할 가능성도 높다. 또한 형질전환이 잘되어 태어났다 하더라도 그 생명을 유지할 확률이 매우 낮다는 문제점이 있다. 복제양 돌리의 경우에도 한 마리가 태어나기 위해 무려 277번의 실험이 강행되었으며, 막상 태어난 돌리 역시 몇 년 안되어 심각한 노화 증세를 보이면서 사망하였다. 지금은 복제 기술이 다소 보완되었고 또 연속 복제도 가능해졌지만 아직도 해결해야 할 부작용들이 많은 기술이다.

역사와 현황

국내에 선보인 형질전환동물의 대표적 사례로는 사람의 조혈촉진 유전자인 "에리트로포에틴(erythropoietin)"을 돼지의 수정란에 주입시켜 "빈혈 치료제"와 "조혈 촉진제"를 생산하는 세계 유일의 형질전환돼지 "새롬이"가 있다. 또한 사람의 "백혈구 증식인자"를 만들어내는 형질전환 흑염소 "메디"와 사람의 초유에 많이 함유되어 있는 "락토페린(lactoferin)" 유전자가 도입된 젖소 "보람이"도 만들어내었다. 개발 중인 형질전환동물로서는 단백질 주사제인 "알부민(albumin)"을 생산해 내는 형질전환 닭이 있다. 뿐만 아니라 체세포 복제기술을 이용해 사람과 면역성이 일치하는 장기 생산용 형질전환 돼지를 개발 중이다.

해외의 경우 1992년 일본 나고야대학교에서 사람의 O형과 같은 혈액형을 가진 돼지를 개발한 것을 시작으로, 1993년 영국

Biogen사에서 유로키나제(urokinase)가 함유된 형질전환 쥐를, 1995년에는 미국 Nextrans사에서 인공 간장을 생산하는 형질전환 돼지가 개발되었고, 1998년 미국 USDA에서 사람 성장호르몬 유전자를 가진 쥐를 개발하였다.

형질전환동물과 복제

앞에서 인간의 복지 향상이나 질병 치료 등에 이용될 수 있는 형질전환동물에 대해서 알아보았다. 유전자 치료의 대체재로서 또는 보완재로서의 형질전환 생명체는 21세기 바이오테크놀로지의 핵심 기술 중 하나이다. 한 예로 영국의 PPL 셀러퓨틱스사에서 1997년 7월에 만든 복제양 '폴리'를 들 수 있다. PPL사는 로슬린연구소(Roslin Institute)와 공동으로 "돌리"를 만든 곳으로서 "폴리"는 혈액응고 성분이 들어 있는 혈우병 치료약의 유전자를 주입시킨 복제양이다. 또한 인공장기를 만드는 데에도 형질전환동물을 이용하려는 움직임이 활발해지고 있으며 생명복제 기술을 접목시키면 형질전환의 유용성을 한 단계 더 높일 수 있을 것으로 기대된다.

형질전환동물을 만드는 데에는 많은 시간과 비용이 투자된다는 단점이 있다. 더욱이 현재까지의 기술로는 여러 번의 실험을 거쳐야 간신히 한 마리의 형질전환동물을 만들어낼 수 있을 정도로 성공률이 매우 낮다는 것도 문제이다. 마침 같은 시기에 생명복제

기술이 개발되고 또 형질분야에 접목됨으로써 일단 유용한 동물을 한 마리만 만들면 빠르게 복제할 수 있기에 그나마 다행스러운 일이 아닐 수 없다.

Chapter 14

식물형질전환

식물형질전환의 필요성

식물의 형질전환 역시 동물에서와 마찬가지로 유전자 치료와 병행되거나 보완하기 위해 이용되고 있다. 유용한 외래유전자를 도입해 사람에게 필요한 다양한 산물을 만들어내는 것이다. 유전자 이식이라는 점에서 동물형질전환과 큰 차이가 없으나 몇 가지 방법론적인 면과 대상 세포 또는 조직이 다를 수밖에 없다. 또한 유전자 운반 방법 역시 유전자 치료에 적용되는 기술들이 대체로 그대로 사용될 수 있다. 이번 장에서는 전반적인 식물형질전환 기술에 대해 따로 정리해 기술하였다.

외래유전자 도입에 의한 식물의 형질전환에는 DNA 재조합 기술과 형질전환된 식물체의 재분화를 위한 조직배양(tissue culture) 기술이 필수적이다. 이러한 기술의 발달로 기존의 재래적인 육종 방법들이 개선될 수 있었으며, 서로 관련성이 없는 동물, 박테리아, 바이러스 등의 유전자까지도 식물체로 안전하게 도입할 수 있게 되었다. 식물의 형질전환은 식물체의 형질을 개량하기 위한 생물공학적 기술의 하나이다. 현재까지 개발된 형질전환법에 의해 우수한 식물 종들이 많이 개량되어 식물 육종에 적용되고 있다.

플라스미드

식물 형질전환에 많이 사용되는 Agrobacteria에는 *Agrobacterium tumefaciens*와 *Agrobacterium rhizogenes*가 있다. 1984년 Gent와 Cologne의 Mare van Montagu와 Jeff Schell 팀, 그리고 미국 Missouri주 St. Louis에 있는 Monsanto사의 Robert Horsch와 공동 연구팀들은 *Agrobacterium tumefaciens*의 Ti 플라스미드(tumor inducing plasmid)를 이용하여 식물의 게놈으로 외래 유전자를 전이시키는 방법을 각각 발표하였다.

*A. tumefaciens*는 그람 음성(Gram negative) 토양 박테리아로서, 식물 줄기의 상처 부위를 통해 감염되면 이 부위에 종양(tumor)이 형성되는데, 이를 근두암종(crown gall)이라 한다. 이 현상은 자연계에 존재하는 식물세포가 가지는 유사분열의 한 예이다.

그림 78. **토마토 줄기(좌)와 등나무 줄기(우)에 생긴 근두암종**

*A. tumefaciens*는 핵 내에 존재하는 염색체 DNA 외에 분자량이 120~160 × 10^6dalton에 해당되는 약 200kbp의 크기의 고리형 Ti 플라스미드를 가지고 있으며, 이 플라스미드의 T-DNA(transfer DNA) 부분이 숙주 식물의 염색체 DNA 내로 삽입되면 종양이 형성된다.

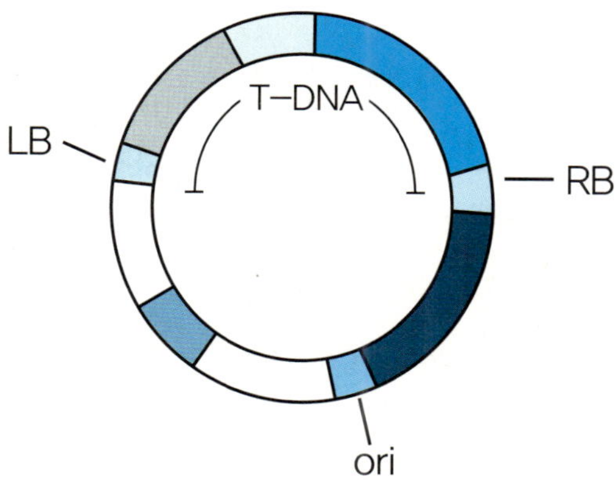

그림 79. **Ti 플라스미드의 구조**

T-DNA의 양쪽 말단에는 25bp의 반복서열(repeat sequence)을 가지고 있는 경계 부위인 RB(right border)와 LB(left border)가 존재하며, 이들은 T-DNA가 식물의 염색체 DNA로 삽입되는 데에 중요한 역할을 한다. 경계 부위를 제거하거나 RB의 방향을 바꾸면 T-DNA가 이동되지 않으나, LB는 T-DNA의 이동에는 큰 영향을 미치지 않는다.

T-DNA에는 옥신(auxin), 시토키닌(cytokinin), 오파인(opine)을 합성할 수 있는 유전자들이 존재한다. 트립토판(tryptophan)으로부터 인돌 3-아세트아미드(indole 3-acetamide)를 거쳐 옥신 계통의 물질인 인돌아세트산(indole 3-acetic acid, IAA)의 생성에 관여하는 트립토판 모노옥시게나아제(tryptophan monooxygenase)와 인돌 아세트아마이드 하이드로라아제(indole acetamide hydrolase)를 암호화하는 *tms*1과 *tms*2 유전자를 포함하고 있으며, 시토키닌 계통의 제아틴(zeatin) 생성에 관여하는 이소펜테닐기전이효소(isopentenyl transferase, IPT)를 암호화하는 tmr(ipt) 유전자를 포함하고 있다. 이 유전자들에 의해 종양이 만들어지기 때문에 이들을 식물독성유전자(phytooncogene)라 하며, 이에 따라 *tms*1, *tms*2, *tmr*을 각각 *onc*1, *onc*2, *onc*4라 한다. 따라서 *Agrobacterium*에 감염된 식물세포는 *in vitro*에서 피토호르몬(phytohormone)을 첨가하지 않아도 생장할 수 있으며, 독성유전자가 들어 있는 Ti 플라스미드에 의해 형질전환된 식물세포는 근두암종을 형성하

여 정상 식물체로 재분화 되지 않는다. 그러나 독성유전자가 제거된 플라스미드에 의해 형질전환된 식물세포를 배양하면 정상적인 식물체로 재생될 수 있다.

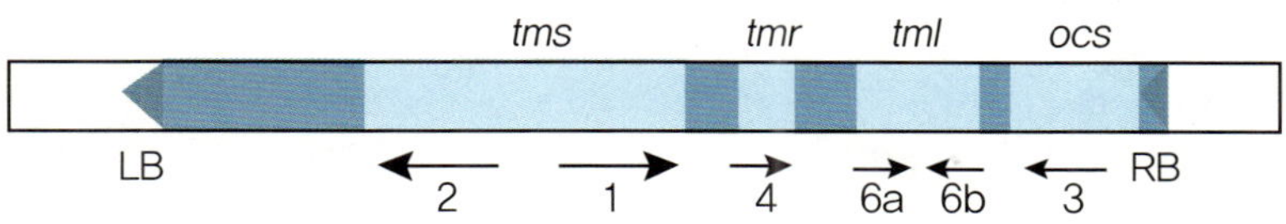

그림 80. **T-DNA의 구조**

감염된 식물세포에서는 오파인이 합성되나 이를 이용하지는 못한다. 세균들은 오파인의 분해에 관여하는 유전자가 있어 이들을 질소원으로 이용한다. 오파인에는 옥토파인(octopine)과 노팔린(nopaline)이 있으며, 이 두 물질 중 어떤 오파인을 생성하느냐에 따라 Ti 플라스미드를 옥토파인형과 노팔린 형으로 나눈다. A6, Ach5, B6, R10은 옥토파인 형이며, C58, T37, H100은 노팔린 형이다.

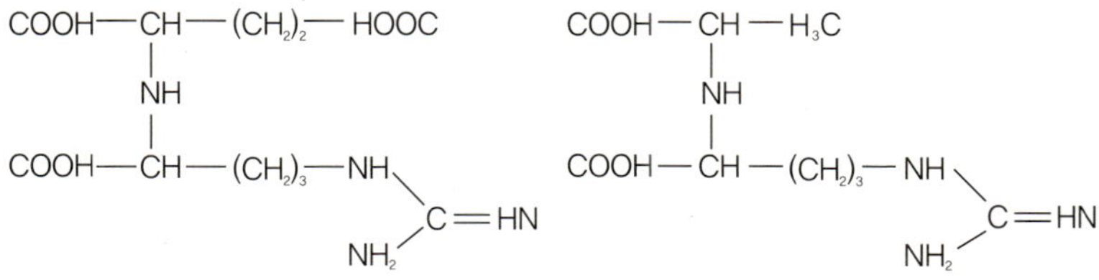

그림 81. **옥토파인(좌)과 노팔린(우)의 구조식**

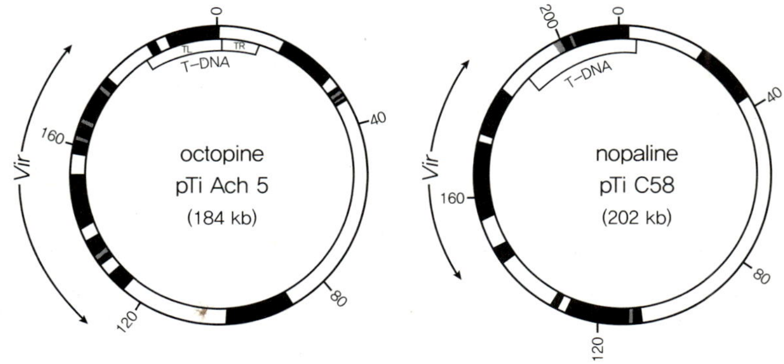

그림 82. 옥토파인 형 Ti 플라스미드(좌)와 노팔린 형 Ti 플라스미드(우)

Ti 플라스미드에는 T-DNA 외에 8개의 *vir*A, *vir*G, *vir*B, *vir*C, *vir*D, *vir*E, *vir*F, *vir*H 유전자들로 구성된 약 35kbp의 *vir*(virulence) 부위가 존재한다. T-DNA의 이동에 관여하는 부위로서, 이 유전자들은 식물에서 만들어진 페놀성 화합물(phenolic compound)에 의해 발현이 유도된다. 이 중 *vir*A와 *vir*G 유전자는 다른 *vir* 유전자들의 발현을 조절하는 기능을 한다.

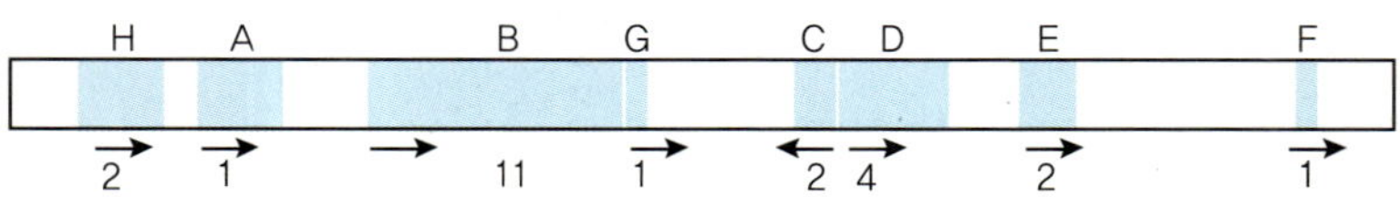

그림 83. vir 유전자의 배열

*Agrobacterium rhizogenes*는 약 300~500kbp의 Ri 플라스미드(root inducing plasmid)를 가지고 있어 *A. rhizogenes*

가 쌍자엽 식물 뿌리의 상처 부위를 통하여 감염되면 Ri 플라스미드의 T-DNA가 식물세포의 염색체 DNA 내로 삽입되어 가는 머리털 모양의 뿌리(hairy root)가 형성되는 모상근이라는 병이 유발된다. 이는 옥신과 시토키닌 합성 유전자를 가지고 있는 T-DNA가 식물체의 염색체 내로 이전됨으로써 감염된 식물체부위에서 불균형 상태의 호르몬이 만들어 지기 때문이다. Ri 플라스미드는 Ti 플라스미드와 매우 유사한 내부구조를 하고 있다.

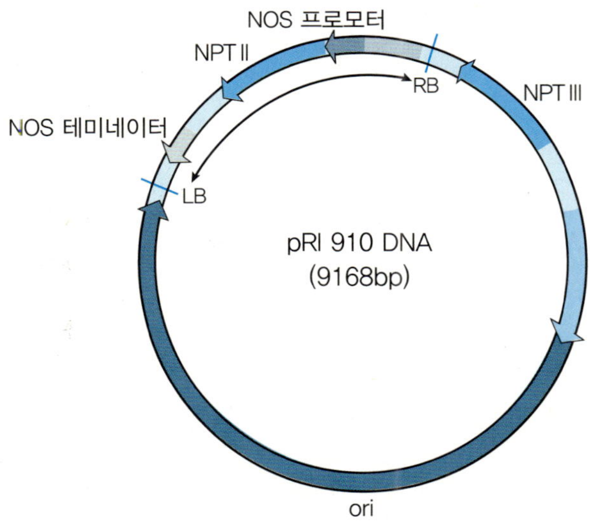

그림 84. **Ri 플라스미드의 구조**

Ri 플라스미드도 Ti 플라스미드와 같이 오파인을 합성하는데, 주로 아그로파인(agropine)과 만노파인(mannopine) 등이 합성된다. *A. rhizogenes*의 TL-DNA에는 모상근 형성에 관여하는

*rol*A, B, C, D 유전자가 있으며, 이들은 옥신과 시토키닌의 생합성에 관여하는 것이 아니라 옥신에 대한 감수성을 증가시킨다. 이 중 rolC 유전자는 식물을 소형화시키며, 잎과 꽃의 형태를 변화시키고, 자신의 프로모터 조절 하에서 사부조직에서만 유전자를 발현하는 특징을 가지고 있다. Ri 플라스미드에 의해 형질전환된 모상근 조직으로부터 식물체를 재분화 시킬 수 있으며 형질발현이 식물체의 뿌리에서만 일어나기 때문에 식물의 형질개량과 유용한 이차대사산물 등에 매우 유용하게 이용된다.

유전자 운반체

유전자 발현은 식물체와 빛 중력과 같은 환경요인들과의 상호작용에 의해 유발되며 조절된다. 형질전환용 유전자 운반체 개발에서의 중요한 점은 외래 유전자를 식물 발생 과정에 따라 선택적으로 발현시킬 수 있도록 하는 것이다. 이를 위해서는 선택적으로 외래 유전자의 발현을 위한 프로모터가 요구된다.

식물의 형질전환에 많이 이용되는 운반체(vector)는 Agrobacteria의 Ti와 Ri 플라스미드, 식물성 바이러스인 담배모자이크 바이러스(tobacco mosaic virus, TMV), 꽃양배추 모자이크 바이러스(cauliflower mosaic virus, CaMV), 제미니바이러스(geminivirus) 등이 있으며, 식물체에 존재하는 미토콘드리아와 엽록체와 같이 세포질 내에 존재하는 세포소기관을 이용하기도 한다.

바이러스는 식물체에 유전자를 도입할 수 있는 운반체로 각광을 받고 있다. 감염 식물 염색체의 어느 부위든 바이러스 게놈을 삽입할 수 있다는 장점이 있다. 만일 바이러스 게놈에 외래 유전자가 삽입되어 있으면 이 유전자도 식물에 전파할 수 있다.

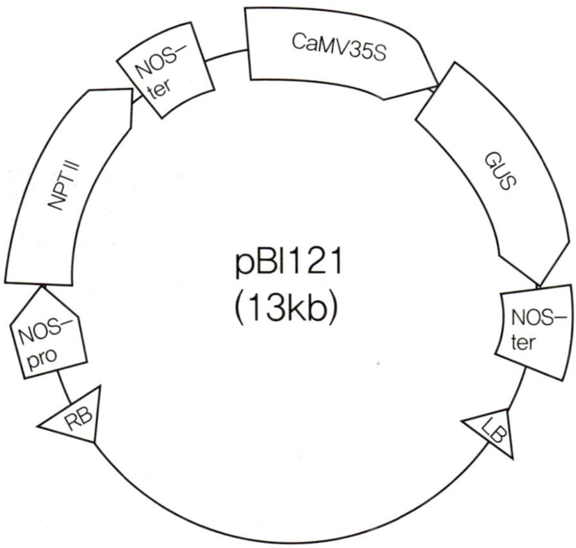

그림 85. **Ti 운반체의 구조**

*Agrobacterium tumefaciens*에 의한 식물의 형질전환에 많이 사용되는 운반체는 이원운반체(binary vector)이다. 외래 유전자를 플라스미드의 인공 T-DNA 내에 삽입한 후 T-부위가 제거된 Ti 플라스미드(disarmed plasmid)를 가지고 있는

Agrobacterium 내 균주 안에 도입시켜 만든다. T-DNA 운반체는 T-DNA 경계 부위 사이에 클로닝(cloning) 부위와 형질전환된 식물세포를 선발하기 위해 만든 표지유전자(marker gene), 그리고 T-DNA 경계부위, *vir* 유전자 및 복제 시작점(replication point)을 가지고 있다. *Agrobacterium*이 식물의 상처 부위에 감염되면 운반체의 Ti 플라스미드 상에 있는 *vir* 유전자가 작동하게 되어 T-DNA가 식물의 염색체 내로 운반될 수 있다.

*Agrobacterium rhizogenes*도 좁은 숙주범위를 가지고 있으나 식물에 외래 유전자를 도입하기 위한 유전자 운반체로서의 기능을 한다. *A. rhizogenes*의 Ri 플라스미드를 이용하는 유전자 운반체의 개발도 근본적으로 *A. tumefaciens* Ti 플라스미드의 경우와 같은 과정으로 이루어지고 있다. Ri 플라스미드를 이용한 유전자 운반체들은 공통적으로 Ri 플라스미드의 T-DNA의 일부를 가지고 있어 외래 유전자를 유전자 운반체의 클로닝 위치에 삽입하고 대장균에서 증폭한 후 *A. rhizogenes*에 도입하는 과정을 거치고 있다. 감염된 식물은 *A. tumefaciens*에서와 같은 큰 손상은 입지 않으며, *A. rhizogenes*의 감염에 의해 형성된 모상근으로부터 식물체의 재분화가 가능함으로써 식물 유전자 운반체로서 유리한 측면을 가지고 있다.

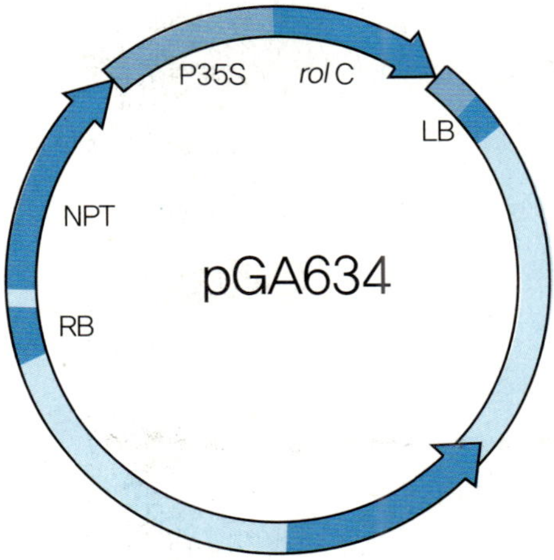

그림 86. **rol C 유전자가 삽입된 Ri 운반체의 구조**

담배 모자이크 바이러스는 가장 잘 연구된 식물 바이러스로서, 단일가닥의 RNA를 가지고 있다. RNA를 역전사 효소(reverse transcriptase)를 이용하여 역전사시킨 cDNA를 이중나선의 DNA 형태로 합성한 뒤 피복단백질(coat protein) 부위를 제한효소로 처리한 다음 외래 유전자를 삽입한 후, *A. tumefaciens* 등을 이용해 식물체 내에 도입시킨다.

CaMV는 이중나선 DNA를 가지고 있다. 바이러스의 증식에 필수적으로 필요하지 않은 DNA의 일부를 제한효소를 사용해 제거한 다음 외래 유전자를 도입하여 운반체를 만든 후, 이 바이러스를 식물체로 감염시켜 외래 유전자를 가지고 있는 바이러스를 식물체 내에서 증식시키는 것이다.

제미니바이러스는 원형의 단일가닥 DNA를 가지고 있다. DNA 중합효소를 이용하여 단일가닥 DNA를 이중가닥 DNA 구조로 만든 후 운반체로 사용된다. 숙주의 범위가 넓어 옥수수와 같은 단자엽 식물에도 이 바이러스 벡터가 이용될 수 있다.

선별표지 유전자와 리포터 유전자

선별표지 유전자(selectable marker gene)는 형질전환 되지 않은 세포들로부터 외래유전자가 발현된 형질전환 세포를 선별(selection)하기 위해 개발된 유전자이다. 이 유전자를 T-DNA의 조절부위에 도입하려고 하는 외래유전자와 함께 발현시킴으로써 형질전환된 세포를 선발할 수 있다. 형질전환된 식물의 유도에 가장 많이 사용되는 표지유전자에는 가나마이신 저항성 유전자인 *npt*(neomycin phosphotransferase) II 유전자가 있으며, 몇몇 식물의 경우 형질전환된 세포에 대한 선별력이 약해 히그로마이신(hygromycin) 저항성 유전자인 *hph* 유전자를 사용하기도 한다. 이외에도 스트렙토마이신 내성 유전자와 암피실린 내성 유전자가 있으나, *npt* II 유전자와 *hph* 유전자 보다 선별력이 매우 낮아 이용 빈도가 높지 않다.

현재까지 개발된 선별표지 유전자는 항생제나 제초제에 대해 내성을 가지는 유전자로서 이에 대한 위해성 문제가 제기되고 있다. 이를 대신하기 위하여 개발된 것이 만노오스(mannose)나 자이로스(xylose) 등을 분해시키는 효소에 대한 유전자와 식물 생장 조절물질의 합성에 관여하는 유전자들로서, 형질전환된 세포를 선별적으로 제어하는 선별표지 유전자로 사용되고 있다.

리포터 유전자(reporter gene)는 세포내의 유전자의 발현을 추적하거나 이 산물의 위치를 추정하는데 사용되는 유전자로서, 형질전환체의 검색(screening)을 위한 유전자이다. 베타-글루쿠로니다아제(β-glucuronidase, GUS)를 암호화하는 박테리아 유전자가 많이 사용되고 있다. 육안으로 관찰하기 위해서는 기질이나 보조인자(cofactor)를 처리하여야 한다.

대장균의 GUS는 베타 갈락토시다아제(β-galactosidase)와 구조가 비슷하지만 기질로 글루쿠로니드(glucuronide)를 사용한다. 조직화학적(histochemical) 연구에서 X-글루쿠로니드(X-glue)를 기질로 주면 청색으로 염색되기 때문에 다른 유전자나 프로모터의 특이적인 발현 현상을 쉽게 규명할 수 있다. GUS 유전자의 발현을 위한 효과적인 분석을 위해서는 발현된 GUS의 양을 형광분석(fluorometric assay)으로 정량적(quantitative)으로 측정하여야 하는데 식물로부터 조직을 분리하여 사용하여야 한다는 점과 값비싼 항체를 사용하는 복잡한 과정을 거쳐야 하는 번거로움 등이 단점으로 지적되고 있다. GUS는 척추동물이나 미생물에만 국한되어 존재하고 식물에는 거의 검출되지 않을 만큼의 미량으로 존재하기 때문에 리포터 유전자로서 장점을 가지고 있다는 것이다. 루시페라아제 유전자는 또 다른 리포터 유전자로서, 이의 발현을 확인하기 위해서는 기질을 공급해 주어야 하며 세포의 ATP 수준에 의존하여 발현된다는 단점이 있다.

발광 능력이 있는 개똥벌레의 루시페라아제(luciferase) 유전자도 리포터 유전자로 사용되고 있다. 이 곤충은 화학 에너지를 빛 에너지로 바꾸기 위해 ATP를 필요로 한다. 기질로서 루시페린(luciferin)과 ATP를 사용하면 발현된 루시페라아제에 의해 루시페린이 산화되어 AMP와 이산화탄소가 생기면서 형광을 발하게 된다. 개똥벌레의 종류에 따라 루시페라아제의 구조가 다르면 빛의 색깔도 차이가 난다. 발광된 빛을 루미노메터(luminometer)로 측정하거나 발현된 세포를 형광 사진으로 감광한다. 1986년 미국 California 대학교의 Howell 교수 팀은 루시페라아제의 cDNA를 당근 배양세포와 담배에 도입하여 형질전환 식물을 만들었다.

최근에는 유용성이 큰 녹색 형광 단백질(green fluorescent protein, GFP) 유전자를 많이 사용한다. GFP를 암호화하는 유전자는 원핵세포와 진핵세포에서 발현될 때 형광 산물을 생산하므로 생물체내에서의 유전자 발현의 여부와 단백질의 위치를 살피는데 매우 유용하다. GFP는 세포의 성장과 기능을 방해하지 않으므로 식물체의 형질전환시 적절한 표지로 이용될 수 있고 세포 중에서 형광활성세포를 분리해 내는 것도 가능케 하므로 세포

성장에 있어 vital marker로 이용될 수 있다. GFP는 238개의 아미노산으로 이루어진 단백질로, 자가 촉매로 펩티드의 일부를 변형시켜 형광 색소를 형성한다. 해파리에서 최초로 분리된 GFP는 450nm에서 490nm의 파장의 빛이 공급될 때 가장 안정하고, 포말알데히드 처리에도 비교적 안정하다. 자외선이나 청색광 만을 요구하므로 기질의 유용성에 의해 제한받지 않으며, 빛을 받으면 세포내에서 강력한 형광을 내기 때문에 형광현미경 등을 사용하여 매우 간단하고 빠르게 관찰할 수 있다. GFP를 정량할 때 특별한 염색이나 항체를 사용할 필요없이 자외선 조사 하에서 단백질 밴드를 형광으로 쉽게 확인할 수 있다. 이와 같이 GFP 발현이 세포의 성장이나 발달, 활성에 전혀 영향을 미치지 않으므로 유용성이 매우 크다. 담배, 대장균, 초파리 및 쥐 세포에서 이 유전자의 도입 및 발현이 확인되었다.

이원운반체인 pBI121은 CaMV 35S 프로모터가 리포터 유전자인 GUS 유전자를, NOS(nopaline synthetase) 프로모터가 표지유전자인 NPT II 유전자를 각각 제어한다.

유전자의 도입

유용한 외래 유전자를 식물체내로 도입시키는 형질전환 방법으로는 Agrobacteria 운반체를 이용하여 T-DNA를 전이시키는 방법, 화학적인 방법으로 외래 DNA를 식물체내로 직접 도입시키는 방법, 원형질체를 이용한 전기청공법(electroporation) 및 유전자입자 충격법(microprojectile) 등이 있다.

① 잎 절편 형질전환 재생

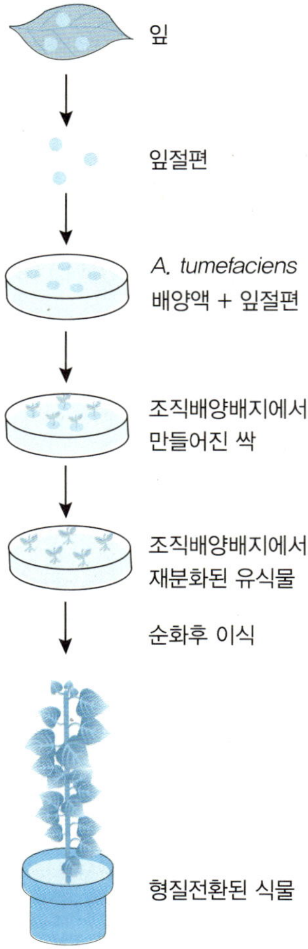

그림 87. **잎 절편 형질전환에 의한 식물체의 재생**

잎 절편 형질전환 재생(leaf disk transformation-regeneration)은 A. tumefaciens의 T-DNA를 식물의 염색체 게놈 내로 삽입하는 방법으로, 배양된 A. tumefaciens 현탁 용액에 잎 절편을 넣어 감염시킨 다음 형질전환된 잎 절편만을 선별한 후 이로부터 새로운 유전자가 삽입된 식물을 재생하는 것이다. 이 방법은 비교적 간단하고 자발적으로 형성된 싹이 형질전환되는 율이 비교적 높으며 도입된 유전자가 안정하다는 장점이 있기 때문에 쌍자엽 식물의 형질전환에 가장 효과적이다. 신품종 육성 및 유용한 이차 대사산물의 생산 등에 사용될 수 있으나 대부분의 곡물은 단자엽 식물로서 이들 식물의 형질전환에 대해서는 매우 제한적이다. 따라서 이를 극복하기 위한 방법은 외래 유전자를 물리적으로 직접 주입하는 것이다.

② 직접전이법(PEG 처리법)

세포벽이 제거된 원형질체(protoplast)에 칼슘(Ca^{2+})과 PEG(polyethyleneglycol)가 고농도로 들어있는 완충용액 내에서 세포가 융합되거나 원형질체를 불안정하게 하여 외래 DNA를 원형질체의 핵 게놈에 삽입시킴으로서 형질전환을 시키는 방법이다. 그러나 원형질체의 제조와 배양이 어렵다는 점과 외래유전자가 쉽게 분해될 수 있다는 점이 단점이다. 담배와 같은 쌍자엽 식물의 원형질체에 외래 DNA를 도입할 때 사용되나 형질전환 효율이 비교적 낮다.

③ 전기천공법

전기천공법(electroporation)은 벼, 밀, 옥수수 등의 화본과 작물인 단자엽 식물의 형질전환에 가장 많이 이용된 방법으로, 클로닝된 DNA 플라스미드를 현탁된 원형질세포에 첨가하여 200-600V/cm의 전기 자극을 준 다음, 배양하여 DNA가 도입된 세포를 선별하는 것이다. 전기적 자극을 주면 원형질막에 생긴 구멍(pore)을 통과하여 세포내로 게놈에 삽입되거나 원형질체 사이에서 융합이 일어나게 된다. 전기 충격법은 PEG 처리법과 같이 일시에 많은 세포를 처리할 수 있으며 효율이 높다는 장점이 있으나, PEG 처리법에 비해 원형질체의 생존율이 떨어진다는 단점이 있다.

작물의 종류, 상태, 강도, 처리 조건 등에 따라 효율은 다르며, 형질전환이 되더라도 세포는 동일한 생리적 상태를 유지한다. 벼의 원형질체에서는 주로 50~300V의 낮은 전압에서 긴 전기 자극을, 옥수수와 밀 등은 10kV의 높은 전압에서 짧은 시간 동안 자극을 준다. 벼와 옥수수는 형질전환 효율이 0.1%이다.

④ 유전자입자 충격법

유전자입자 충격법(particle bombardment, microprojectile, particle gun)은 DNA 총이라고도 하는데 1987년에 개발된 시스템으로, 직경이 약 1㎛인 미세한 텅스텐의 입자 표면에 DNA를 코팅하여 만든 비드(bead)를 기계를 이용하여 진공 상태에서 430m/sec의 속도로 식물조직이나 세포의 게놈내로 직접 삽입시키는 방법이다. 이 방법은 단자엽 식물의 조직 배양을 통한 재분화 단계에서 나타나는 단점을 최소화하기 위하여 개발된 것으로, 식물 게놈 내로 유전자를 삽입하여 배발생(embryogenesis)을 유도한 후 식물체를 분화시키거나, 증식 중인 배발생 캘러스(embryogenic callus)에 유전자를 삽입하여 증식시킨 후 식물체를 재분화시키는 것이다. 이 방법은 세포소기관에서의 특정 유전자 발현에도 이용될 수 있다.

그림 88. Particle gun

입자의 수와 크기 및 DNA의 양 등을 고려하여야 한다. DNA 양이 너무 적게 되면 형질전환 효율이 떨어지며, 너무 많으면 삽입된 유전자의 복제 수(copy number)가 증가됨으로서 유전자의 재배열(rearrangement) 현상을 유발시켜, 식물 게놈에 삽입된 외래 유전자가 발현되지 않을 수 있다.

이 방법을 이용하여 Bt(*Bacillus thuringiensis*) 독성 유전자가 삽입된 해충저항성 옥수수가 최초로 유전자변형 작물(genetically modified organism, GMO)로서 상업화되었다.

이외에도 수정 과정에서 세포 융합을 이용하여 유전자를 전이시키는 화분관 이용법, 채취한 화분과 유전자가 섞여 있는 용액을 수정시키는 화분과 DNA의 혼합 이용법, 유리 microcapillary 주입 피펫을 이용하여 핵 또는 세포질 속으로 외래 유전자를 도입시키는 미세주입법 등이 있다. 이 방법들은 캘러스나 원형질체를 이용하는 방법에 비해 직접 식물체를 이용하는 경우에 처리할 수 있는 세포수가 매우 한정적인 단점이 있으나 재분화의 과정이 필요 없을 뿐만 아니라 식물의 생식능력이 유지되며 효율이 높다는 장점이 있다.

형질전환식물

앞에서 언급한 형질전환 방법 등에 의해 현재 많은 식물들이 개발되었다. 미국이 이 분야에 앞서 가고 있는데 벼, 밀, 옥수수,

콩, 감자와 같은 곡물에서 부터 토마토, 해바라기, 유채, 목화, 땅콩에 이르기 까지 다양한 농산물들이 개발되었거나 개발될 예정이다. 이중 상용화되어 우리의 식탁에 오르고 있는 두부 등의 식품이 유전자변형 식품으로서, 제초제 저항성 유전자와 같은 외래 유전자를 삽입하여 만든 콩이나 옥수수 식물 등의 농작물을 사용하여 만든 제품이다.

그림 89. **재배된 유전자 변형 콩. 좌: 제초제 처리 전, 우: 제초제 처리 후**

제초제 저항성 식물

인류의 생존과 직결되며 우리 식생활의 대부분을 차지하는 주식은 곡류로서, 농작물의 재배 과정에서 잡초에 의한 영양분의 손실로 인해 약 10% 이상의 생산량 감소현상이 일어나고 있다. 잡초는 생존을 위해 농작물과의 경쟁 과정에서 영양분을 빼앗을 뿐만 아니라, 키 큰 잡초는 빛을 차단하여 농작물의 광합성에 영향을 주어 생산량의 감소 내지는 저질의 종자를 만들거나 생장을 억제시킨다.

재래적인 공구인 호미나 삽 등을 사용하거나 트랙터와 같은 기계를 이용하여 잡초를 제거하였으나 이는 많은 노동력과 시간 및 인건비가 요구되고 있다. 이를 극복하기 위해 개발된 물질이 화학적 농약인 제초제(herbicide)이다. 잡초와 작물에 처리하면 모든 식물을 죽이는 비선택성 제초제와 작물은 죽이지 않으면서 특정 잡초만을 죽이는 선택성 제초제가 있다. 그러나 선택성 제초제도 완전하지 못하여 절대적인 효율적 방법이 되지 못하고 있다.

미국의 Monsanto사에 의해 라운드업(Roundup)이라는 상표의 제초제가 개발되어 시판되고 있다. 이 물질의 활성 성분인 글리포세이트(glyphosate)가 필수 방향족 아미노산의 생합성에 관여하는 엽록체 효소인 EPSPS(5-enolpyruvylshikimate 3-phosphate synthase)의 작용을 억제함으로서 식물을 죽이는 비선택성 제초제이다. 글리포세이트가 처리된 식물은 필수 아미노산이 함유된 단백질을 만들지 못하여 결국에는 죽게 된다. 글리포세이트는 널리 쓰이는 제초제이지만 잡초뿐만이 아니라 농작물에도 작용한다는 단점이 있다.

최상의 목표는 농작물에 영향을 주지 않으면서 잡초만을 제거하는 형질전환 기법을 이용해 제초제에 내성을 갖는 작물을 개발하는 것이다. 살모넬라(*Salmonella typhimurium*)에서 글리포세이트에 내성이 있는 EPSPS 유전자를 분리한 뒤 T-DNA 부위에 삽입시켜 운반체를 만든 후 Ti 플라스미드-Agrobacteria를 이용하여 담배에 도입시켜 제초제에 저항성을 갖는 담배를 만든다. 이 유전자의 발현은 CaMV 35S 프로모터에 의해 제어된다. 식물조직배양법에 의해 재생된 형질전환 담배에 글리포세이트를 처리하면 EPSPS가 작용하여 살아남게 되고, 반면에 형질전환되지 않은 야생형 담배는 EPSPS의 작용이 억제되어 죽게 된다.

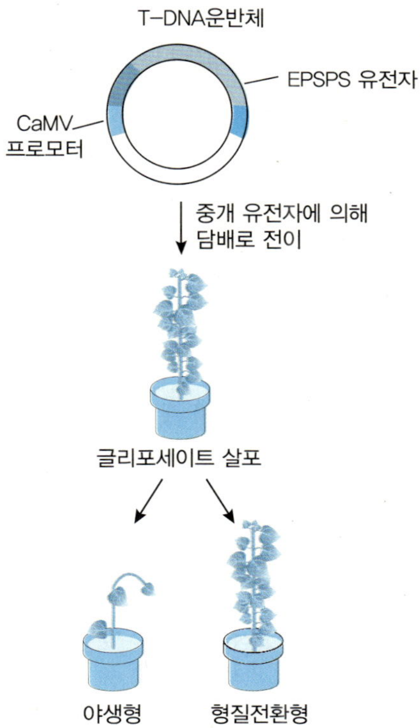

그림 90. **제초제 내성 담배의 개발**

해충 저항성 식물

식물은 곤충에 의해 많은 혜택과 피해를 동시에 보고 있다. 벌이나 나비와 같은 곤충은 식물의 수정, 개화, 생식과 생육에 기여하지만, 대부분의 해충은 잎, 줄기, 열매 등에 해를 끼쳐 식물을 죽게 하거나 상품성을 저하 시킨다. 해충을 박멸하기위해 많은 화학적 살충제를 살포하지만 '빈대를 잡기위해 초가삼간을 태운다.' 는 속담과 같이 이로운 곤충도 해를 입히고 있다. 친환경적인 살충제도 많이 개발되어 있지만 어느 것 하나 금전적인 면을 포함하여 여러 가지 측면에서 문제가 만만치 않다.

Bacillus thuringiensis(Bt)는 토양세균으로 1911년에 최초로 발견되었다. 이미 오래전부터 과학자들은 Bt가 곤충을 죽이는 효과가 있다는 사실을 알게 되면서 해충 방제에 효과적이라는 것을 인식하게 되었다. 이 세균이 만들어 내는 물질이 독성을 띠어 곤충의 소화를 방해하여 죽게 하지만 조류나 포유류에게는 독성을 나타내지 않는다. 나비와 나방 등의 곤충 유충들에만 특이하게 강한 독성을 보이며, 이 독성은 Bt 플라스미드의 유전자에 의해서 만들어지는 물질에 의해 기인된다는 사실이 밝혀졌다. Bt는 생물 농약이지만 햇빛에 노출되면 살충 능력이 빨리 파괴되는 단점이 있다.

초기 연구단계인 1980년대에는 Bt 유전자를 Ti 플라스미드-Agrobacteria를 이용하여 담배와 토마토에서 발현시켜 해충 저항성 식물을 만들었다.

그림 91. 해충 저항성 토마토 식물. 좌: 야생형, 우: 형질전환형

이 후 목화 식물에서도 Bt 유전자의 발현을 증가시키는 강한 프로모터를 사용하여 해충 저항성 식물을 만들었다. Bt 플라스미드에서 분리한 1,178개의 아미노산을 코딩하는 7.5kbp의 독성유전자를 제한효소로 절단하여 생긴 절편에 합성된 독성유전자를 붙인 다음 CaMV 프로모터가 들어있는 T-DNA 삽입시켜 운반체를 만든다. 이 운반체를 Agrobacteria로 전이시키고 목화식물로 감염시켜 해충 저항성 목화 식물을 만든다.

마이코톡신(mycotoxin)은 농작물에 감염된 곰팡이에 의해 만들어지는 물질로 독성이 매우 강하다. Bt 유전자를 Ti 플라스미드-Agrobacteria를 이용하여 옥수수나 콩과 식물에 삽입시켜 마이코톡신을 생성하는 곰팡이를 죽게 하며 곡류에 곰팡이가 생기는 것을 방지하기도 한다. 이 외에도 형질전환법으로 세린 단백질분해효소(serine protease)의 저해제를 만들어 곤충의 소화과정에서 세린 단백질분해효소의 작용을 막음으로서 곤충에 대항하는 방법도 연구되었다.

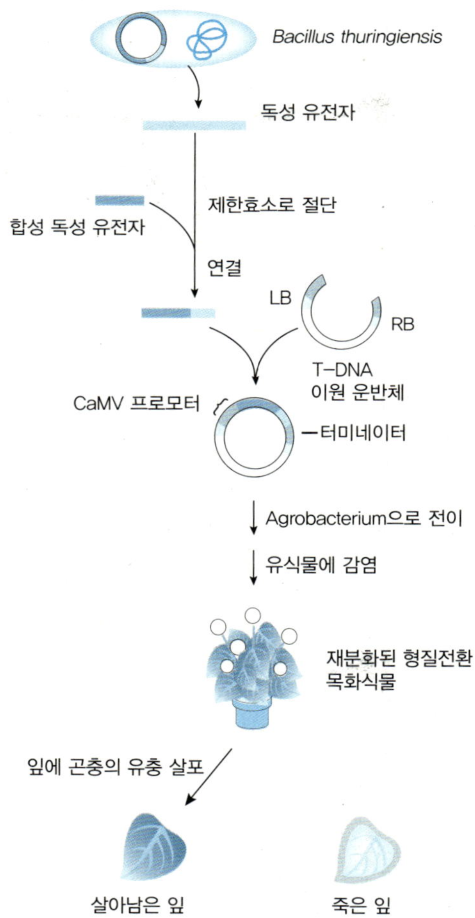

그림 92. **Bt 독성유전자가 도입된 해충 저항성 목화 식물**

바이러스 저항성식물

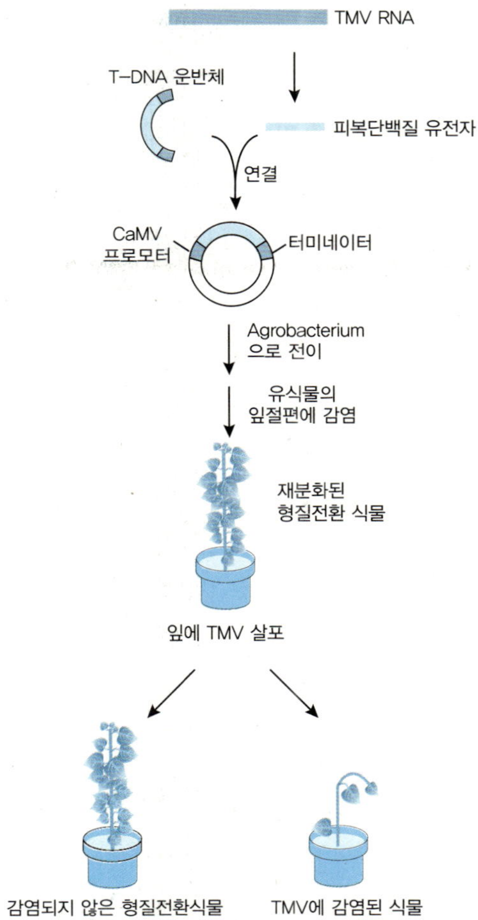

그림 93. **TMV 피복 단백질 유전자를 이용하여 만든 담배 식물**

식물성 바이러스들은 농작물에 질병을 유발하여 죽게 하거나 곡식의 품질을 떨어트리는 주범 중에 하나이다. 이들의 방제를 위해 농약이 많이 살포되어 그 역할을 하고 있으나, 이 또한 살충제와 마찬가지로 환경적인 문제점을 유발시키고 있다. 농약을 대체할 수 있는 방법이 바이러스 저항성 식물을 만드는 것이다. 병원성이 약한 바이러스를 식물에 감염시켜 저항성을 가지게 하는 것이다. 이 연구는 RNA 바이러스인 TMV를 이용하여 담배에서 처음 시도되었다. 크로닝된 TMV 피복 단백질 유전자의 cDNA를 CaMV 프로모터가 들어있는 T-DNA 삽입시켜 운반체를 만든 다음, Ti 플라스미드-Agrobacteria를 이용하여 담배에 도입함으로서 바이러스에 대한 저항성을 유발시켜 바이러스 저항성 담배를 만들었다. 바이러스 뿐만 아니라 세균이나 곰팡이 등에 의한 병해 저항성 식물도 만들 수 있다.

웅성 불임성 식물과 곤충

1991년 미국 California 대학교와 벨기에 Plant Genetic system 회사의 공동 연구진은 형질전환법을 이용하여 웅성불임성 식물(mail sterility plant)을 개발하였다. 식물의 수술에서만 특이하게 발현되는 프로모터를 세포에 독성을 가지는 단백질의 유전자에 부탁시켜 운반체에 삽입하고 이를 담배와 애기장대 식물에 도입하여 화분이 생기지 않는 웅성불임성 식물을 만들었다.

웅성식물을 불임시키는 대신 해충을 불임시킴으로서 농작물에 대한 피해를 줄이는 방법이다. 웅성 해충에 방사선을 처리하여 불임 수컷을 만들면 암컷과의 교미는 할 수 있으나 새끼는 생산할 수가 없게 되므로 결국에는 해충의 개체수가 감소하게 될 것이다. 미국에서는 목화 바구미와 screwworm의 방제에 이 방법을 사용하여 성공한 예가 있다.

열매의 성숙과 노화 지연 식물

에틸렌(ethylene)은 열매의 성숙에 관여하는 식물생장조절 물질이다. 대부분의 열매는 성숙이 되면 에틸렌의 합성으로 인해 익게 된다. 열매에 에틸렌으로 처리하면 성숙과 관련된 과정이 빨라지고, 열매가 부가적으로 자가 촉매적(autocatalytic) 작용에 의해 에틸렌의 생산이 현저하게 증가되어 성숙이 개시된다. 토마토, 사과, 바나나 등에서 볼 수 있다.

1991년 미국 Monsanto 회사의 연구진은 에틸렌의 직접적인 전구체(precursor) 인 ACC(1-aminocyclopropane-1-carboxylic acid)를 분해하는 효소인 ACC 산화효소(ACC oxidase)를 만드는 유전자를 형질전환법으로 토마토에 도입하여 성숙을 지연시킨 토마토를 개발하였다. 또한 미국 California 대학교의 연구진은 ACC 생성효소(ACC synthase) 유전자를 운반체에 삽입하고 토마토에 도입하여 에틸렌의 합성을 낮춤으로서 성숙이 지연된 형질 전환 토마토를 생산하였다.

세포벽(cell wall) 성분인 펙틴을 가수분해하는 효소인 폴리갈락투로나아제(polygalacturonase, PG)의 발현을 감소시킴으로서 쉽게 상하지 않은 과일을 생산할 수 있다. PG 유전자를 CaMV 프로모터와 함께 운반체에 삽입하여 Ti 플라스미드-Agrobacteria를 통해 형질전환시킨 토마토의 성숙한 열매는 PG 농도가 현저하게 감소하였다.

관상용으로 잎의 노화 지연 및 정아(apical bud)의 발달이 억제된 담배식물이 개발되기도 하였다.

그림 94. 잎의 노화가 지연되고 정아의 발달이 억제된 담배 식물

기타 형질전환 식물

형질전환 방법으로 중금속에 오염된 토양의 환경을 정화하기 위하여 포플러와 같은 중금속 정화식물들이 개발되어 서울의 난지도에 이식하여 그 역할을 하고 있다.

식물은 유용한 물질을 생산하는 공장으로 이용할 수 있는 매우 양호한 개체로서, 백신(vaccine)과 항체(antibody)의 생산이다. 자연 상태에서 식물은 동물과 마찬가지로 항체를 만들어 외부로부터의 공격에 대항하여 자신을 보호한다. 형질전환 방법을 이용하여 식물체 내에서 항체를 생산할 수 있다. 항체의 무거운 사슬(heavy chain)과 가벼운 사슬(light chain)을 암호화하는 유전자를 각각의 T-DNA 운반체에 삽입한 다음, Agrobacteria에 감염시켜 담배 식물로 도입한다. 각각의 두 유전자가 발현된 담배 식물을 교배시켜 두 사슬이 결합된 항체가 들어있는 형질전환 담배 식물을 만든다. 담배 식물의 잎에서 인슐린(insulin)을 생산하는 연구도 시도되고 있다.

방탄복의 재료가 되는 실을 만들기 위해 거미의 피브로인(fibroin) 단백질을 만드는 유전자를 담배에 도입하여 보다 강한 섬유를 만들고자하는 연구가 시도되고 있으며, 환경내성에 관여하는 유전형질을 이용하는 내냉성 형질전환 식물도 개발하려고 하고 있다. 극한 지방에 사는 해양 생물들은 부동단백질(antifreeze protein)을 만드는 유전자를 가지고 있기 때문에 추운 환경 속에서도 생존할 수 있다. 식물은 0℃ 이하에 노출되면 냉해에 의한 손상을 받으나, 이 유전자가 도입된 식물은 냉해를 견디는 능력을 가지게 될 것이다. 그러나 이 경우 식물이 아닌 타 생물의 유전자를 사용하기 때문에 유전자의 교란 현상에 대한 논란이 생길 수 있는 여지가 매우 높다. 이외에도 내염성 및 내수성 등의 형질전환 식물도 개발하려고 하고 있다.

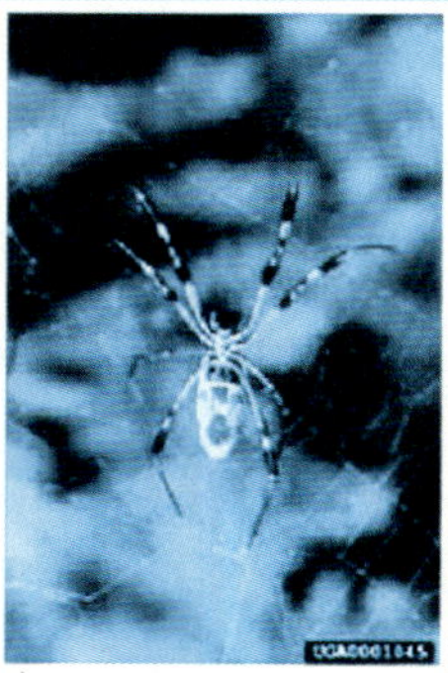

식물에서 거미줄 생산

* 연사 : Dr. Udo Conrad

독일 Institute of Plant Genetics and Crop Plant Research

연제 : "Molecular Farming : expression of spider sllk protein derivatives and of therapeutical recombinant antibodies in transgenic plants"

그림 95. 담배 식물에서 거미줄의 생산 포스터

Chapter 15

생명복제와 줄기세포

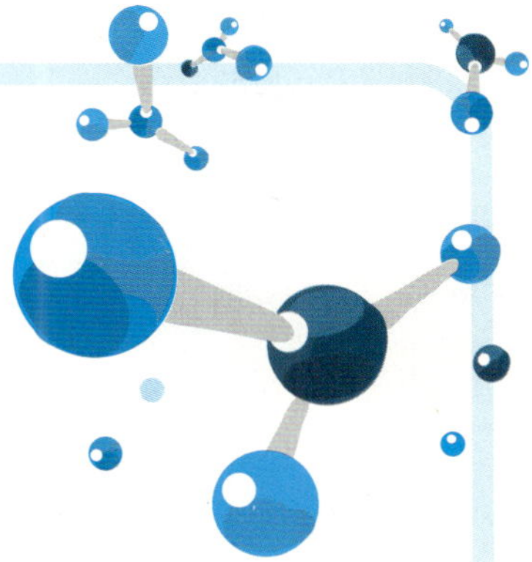

생명복제

21세기 생명과학의 화두 중 하나는 융용한 생명체를 빠르게 여럿 만들어내는 '생명복제' 일 것이다. 생명복제란 용어 자체가 복제양 돌리의 탄생 이전에는 생명과학자들만의 관심의 대상이었으나 막상 돌리가 탄생된 이후부터는 일반인들에게까지도 잘 알려지게 되었다. 게다가 인간복제의 실현 가능성 여부로 관심도가 높아지면서, 이제 화제의 중심은 인간이 "어떠한 방법을 통해 인간복제를 할 수 있느냐"에서 '누가 언제 어디서' 하느냐가 되어 버렸을 정도이다.

- 개체복제

복제 또는 개체복제(individual cloning)는 한 생명체와 유전적으로 100% 동일한 또 다른 개체를 만드는 방법이다. 즉, 인간복제이든 동물복제이든 보통 자연에서 일어나는 일란성쌍둥이의 자연스러운 생산과정을 인위적으로 진행시키는 것이다.

동물복제의 역사

현재까지 가장 유명한 복제동물이라면 단연 '돌리'라고 이야기할 수 있을 것이다. 그러나 돌리가 유명한 이유는 최초의 포유동물 복제이기 때문이고 실제로는 돌리가 탄생하기 훨씬 이전부터 동물은 복제되어 왔다.

① 동물복제를 위한 최초의 핵 이식 실험은 1952년 Briggs와 King에 의하여 시도되었다. 이때의 핵 이식 실험은 개구리의 핵을 난자에 이식시키려는 것으로써 수정란이 발아하는 데까지는 성공하지 못하였다.

② 수정란이 발아하는 단계까지 발생시킨 실험은 1970년대에 성공하였으나 올챙이 단계에서 그치고 말았다. 그러나 이 두 실험을 통해 핵을 이식하는 것이 양서류까지는 가능하다는 것을 알게 되었다.

③ 포유류에서 핵 이식이 가능하다는 것을 처음으로 증명한 사람은 Willadesen으로 1984년에 핵 이식 실험을 통해 양과 소,

원숭이 복제를 차례로 시도하였다.

④ 1987년 캐나다의 [바이오사이언스사]는 32개로 분열한 소의 수정란을 분리하여 미리 핵을 제거한 난자에 넣는 수정란 복제 방법을 통해 여덟 마리의 소를 탄생시켰는데, 이것은 결국 여덟 마리의 일란성 쌍둥이가 탄생한 것으로 볼 수 있다. 이 후 동일한 기술로 일본에서도 복제 소가 탄생하였다.

⑤ 1993년 일란성 쌍둥이의 원리를 이용하여 미국 George Washington 대학교의 Jerry Hall 박사가 2세포기의 배아를 분리하는데 성공하였다.

⑥ 1994년에는 미국 Winsconsin 대학교의 First 박사 등이 세포분열이 어느 정도 진행된 상태의 배아세포를 난자에 이식하여 소를 복제하는데 성공하였다.

⑦ 수정란 복제 기술이 점차 발전할수록 더욱 분화가 진행된 세포가 이용되었다. 그러던 중 드디어 체세포를 이용한 실험이 시작되었고, 1996년 7월 5일 오후 5시 영국 에든버러 근교의 Roslin Institute에서 Ian Wilmut 박사에 의해 복제양 'Dolly' 가 탄생하였다. 처음으로 체세포를 이용해 동물복제에 성공한 것이다.

⑧ 1997년에 복제 원숭이가 만들어졌는데, 이 원숭이는 수정란이 8세포기 상태일 때 핵을 빼내어 핵이 미리 제거된 난자에 넣은 뒤 자궁에 옮겨 복제시키는 방법으로 탄생된 것이다. 포유동물을 차원을 넘어 영장류가 드디어 복제된 것이다.

체세포복제와 수정란복제

복제 기술에는 수정란 분할을 이용한 수정란 복제와 체세포 핵 이식을 이용한 체세포 복제의 두 가지 방법이 있다.

① 수정란 복제

수정란분할법은 수정란이 4~8개의 세포로 분열한 상태에서 각각의 할구들을 분리해 내는 기술이다. 이렇게 분리된 세포들 역시 다시 하나의 완전한 개체로 분화할 수 있는 능력이 있으므로 분리한 할구 각각을 자궁에 착상시켜서 인공적인 일란성쌍둥이들이 나오게 하는 것이다.

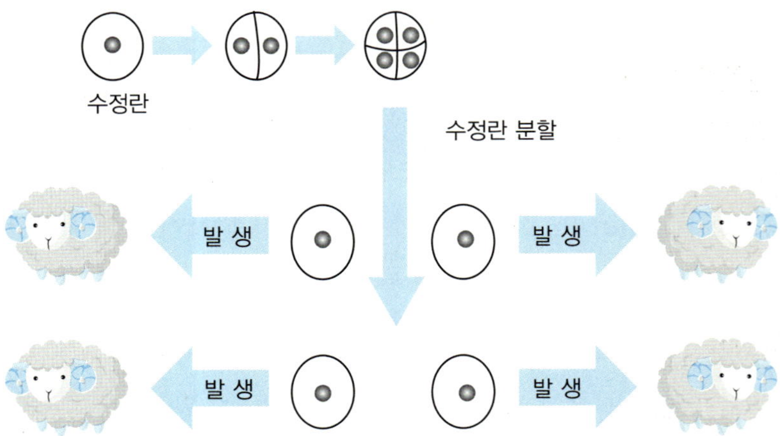

그림96. 수정란 복제를 통한 양의 복제

② 체세포 복제

체세포 핵이식을 통한 체세포 복제는 복제양 돌리를 만드는 데 사용된 기술이다. 즉 성체의 체세포를 이용하는 방법이다. 성체의 체세포에서 핵을 분리해 내어 핵이 제거된 난자와 수정시켜서 새로 분화하게 만드는 방법이다. 이 수정란을 자궁에 착상시켜서 핵을 떼어낸 성체와 유전적으로 동일한 새로운 개체가 탄생하게 하는 것이다. 이 때 체세포의 핵은 이미 분화가 끝난 상태이므로 이 핵을 발생 초기 상태로 돌려놓는 것이 핵심이라고 할 수 있다. 핵을 발생 초기 상태로 돌려놓기 위해 영양분을 제거하여 세포의 휴면상태인 G_0 상태로 유도시킨 다음 무핵 난자와 세포융합시킴으로써 체세포 복제를 성공시킨 것이다.

그러나 아직까지 돌리의 예에서 보았듯이 체세포 복제 동물의 경우에는 출산 후의 높은 사망률, 출산시의 과체중, 일부의 유전자가 기능하지 않을 때에 생기는 문제점, 세포 연령이 제공된 세포에 의해서 정해짐으로써 단명할 수 있다는 문제점, 제공된 난자의 미토콘드리아 DNA와의 마찰 가능성 등 해결되어야 할 문제점이 산적해있다. 수정란 복제는 형제자매간의 복제를 의미하고 체세포 복제는 세포를 제공한 성체와 사실상의 부모 자식 관계를 의미한다는 차이점이 있다.

최초의 포유류 복제 - 돌리

1996년 7월 5일 오후 5시, 영국 에든버러 근교에 있는 Roslin Institute의 Ian Wilmut에 의해 체중 6.6kg의 복제 양 돌리가 태어났다. "돌리"는 체세포를 이용한 최초의 복제 동물로 유명해졌는데, 이 때 사용된 체세포는 여섯 살짜리 암컷 양의 유선세포였다. 최초의 체세포 복제 동물인 아기양의 이름은 유선세포를 사용했다는 점에서 글래머 가수 돌리 파튼을 연상해 지었다고 한다. Wilmut 박사는 이 유선세포의 핵을 이용해 수정란을 인위적으로 만들었고 그것을 대리모에 해당하는 다른 양의 자궁에 이식하였다. 즉 돌리는 수컷을 배제한 채 암컷 세 마리만으로도 복제가 가능했다는 것이다. 이는 암수의 구별이 필요 없이 무성생식적으로도 새 생명이 발생될 수 있다는 것을 시사한다.

돌리의 탄생은 이미 분화가 끝난 세포는 더 이상 분화되거나 다른 목적의 세포로 전환될 수 없다는 이제까지의 발생학의 기초를 흔들기에 충분하였다. 돌리 이전의 복제동물은 모두 체세포로부터가 아닌 수정란으로부터 발생된 것이었다. 그러나 돌리는 유선세포라는 분화가 끝난 체세포를 이용하여 복제하였기 때문에 분화된 세포라 하더라도 유전정보를 새로이 변환시키거나 발생 초기 상태로 돌려놓을 수 있다는 것을 증명하였다.

더욱이 이러한 점 때문에 돌리의 탄생은 인간의 성체 세포를 이용하여서도 얼마든지 이론적으로 무성생식적 복제가 가능하다는 것을 시사함으로써 인간복제에 대한 우려를 현실화하는 계기가 되었다.

복제의 장단점

동물복제가 수정란 복제에서 점차 기술이 발전해감에 따라 체세포 복제방법으로 바뀌어 감으로써 인간복제에 대한 우려가 차츰 커가고 있다. 그렇다면 이러한 우려와 비난에도 불구하고 복제를 하려고 하는 이유는 무엇일까? 복제를 통해 우리에게 얻어지는 것은 무엇일까?

먼저 동물복제는 인간에게 필요한 물질이나 생명체를 대량으로 생산할 수 있다는 장점을 가지고 있다. 대다수의 동물복제는 이러한 이유와 목적으로 계획되고 진행되어졌다. 보다 우수한 품종의 가축을 대량으로 생산하기 위해서 우리는 오래 전부터 생식단계에서 조절하는 방법을 사용하여 왔고 복제가 가장 적절한 방법이라는 것이다. 실제로 수정란 복제의 경우에는 우수한 품종의 가축을 높은 성공률로 대량으로 생산해내는 장점을 가지고 있다.

그러나 체세포 복제의 경우에는 우량 가축의 대량생산보다는 유용한 물질을 생산해 내는 형질전환동물을 대량으로 생산하는데 그 목적이 있다고 할 수 있다. 즉 인간에게 유용한 물질이나 의약품을 생산해내는 형질전환동물을 만드는 데에는 수 많은 비용과 시행 착오가 필요하다. 생산해내는 것에 비해 수익성이 맞지 않는다는 것이다. 더욱이 만들어진 형질전환동물의 경우 생식능력에 문제가 생겨서 2세를 낳을 수 없을 뿐만 아니라 기존의 수정란 복제를 할 수 없는 문제점이 있다. 그러나 체세포 복제의 기술을 이용하여 형질전환된 것으로 판정된 동물의 체세포를 복제하여 똑같은 개체들을 만들 수 있다면 형질전환동물과 유전적으로 100% 동일한 유전자를 가지고 태어나기 때문에 유용한 물질을 그대로 만들어 낼 수 있는 것이다. 실제로 1997년, 돌리를 만들어 낸 로슬린 연구소 내의 PPL 세러퓨틱사에서는 '폴리'라고 하는 형질전환복제동물을 만들어 내는 데 성공하였고 우리나라에서도 이와 비슷한 형질전환동물 실험이 성공한 바 있다.

복제와 유전자 치료

복제를 찬성하는 입장에서는 복제기술이 불임부부에게 새로운 희망을 줄 수 있다는 장점을 가지고 있다고 주장한다. 즉 정자에 문제가 있어서 정상적인 방법으로는 수정이 불가능한 부부를 위해 체세포 핵이식술을 이용하면 정자가 없이도 수정이 가능하므로 불임 문제를 해결할 수 있는 길이 된다는 것이다. 물론 이것은 윤리적인 문제를 완전히 배제한다는 전제하에서 이야기할 수 있는 것이다. 세포질 제공자로 어머니의 난자를 이용하고 세포핵으로는 어머니, 혹은 아버지의 체세포를 이용한다면 어머니와 꼭 닮은 딸, 혹은 아버지와 꼭 닮은 아들을 낳을 수 있는 것이다. 또 수정란의 배분리 기술을 이용하면 자궁에 이식하기 전에 수정란을 검사하여 결함이 있는 것을 걸러 내거나 혹은 그 유전자만을 교정하여 원하는 건강한 아기를 얻을 수 있다는 것이다. 이것은 분명 체세포 유전자 치료이면서도 아예 발생 초기에 유전질환을 교정할 수 있기에 허락만 된다면 머지않은 미래에 실현될 가능성이 높다.

기술적 문제

그렇다면 복제에는 아무런 문제가 없는 것일까? 그렇지 않다. 기술적 문제만 하더라도 돌리를 무려 277번의 실험 끝에 탄생시킬 수 있었던 것처럼 쉽지 않은 문제들이 너무나 많다.

첫 번째 문제는 복제된 동물 대부분이 암컷이라는 것이다. 이는 복제가 젖을 통해 치료용 단백질과 같은 물질을 생산해 내고 새끼를 출산시키기 위한 목적에서 시작되었기 때문이기도 하지만, 여러 가지 문제점으로 인하여 - 성염색체의 차이점과 같은 - 수컷의 복제는 암컷의 그것만큼 성공률이 떨어진다는 것이다. 따라서 이러한 문제점을 해결해야만 한다.

두 번째 문제점은 복제 성공의 확률이 너무 낮다는 것이다. 돌리 이후의 복제동물 역시 아직껏 낮은 성공률을 보이고 있다. 따라서 개체를 복제하기 위해서는 체세포 핵을 이식받은 난자를 착상시킬 대리모가 수십에서 수백까지 필요하다는 현실적 어려움이 있다.

세 번째 문제점은 복제된 개체의 노화 속도가 핵을 제공한 개체의 노화 정도와 비슷하다는 것이다. 돌리의 경우 6년생 암양을 복제한 후 3년이 지난 시점의 노화 정도가 3년이 아닌 9년이었다는 것이다. 즉 노화는 염색체에서도 진행되기 때문에 이러한 현상이 일어난다는 것이다. 따라서 시간을 되돌리기 위한 복제는 아직도 요원하다는 뜻이 된다.

인간복제

체세포 복제 양 "돌리"가 태어난 이후 전 세계는 복제 연구에 경쟁적으로 뛰어들게 되었고 그 이후 여러 종류의 복제동물들이 세상에 선보이기 시작하였다. 이렇게 복제에 대한 관심이 높아지면서 그와 함께 복제를 둘러싼 윤리 논쟁도 뜨거워지기 시작하였다.

복제를 찬성하는 측에서는 현실적으로 보았을 때 복제 기술이 산업이나 의학 등의 분야에서 긍정적인 이점이 너무 크기 때문에 윤리적인 잣대만으로 연구를 중단해서는 안된다고 이야기를 하고 있으며, 복제를 반대하는 측에서는 자연의 법칙을 깨뜨린 복제동물들은 내포하고 있을 문제점만으로도 위험성을 가지고 있으며, 종교적으로는 신의 영역을 침범하는 행위라고 하여 반대하고 있다. 또한 대다수의 일반인들은 복제 기술이 결국에는 인간복제로까지 이어져 SF 영화에서나 볼 수 있던 것들이 현실화되지 않을까 하는 우려를 하고 있는 것이 사실이다.

위의 사례들에서 보았듯이 대리모만 구할 수 있다면 그리 어렵지 않게 인간을 복제할 수 있는 기술이 이미 있고, 각국의 금지법이 나오기까지 걸리는 시간보다 인간을 복제할 수 있는 시간이 더 짧으며, 설령 규제가 있다 하더라도 나라마다 규제의 범위와 정도가 틀려서 그 나라의 법만을 피해 다닌다면 얼마든지 법적 제재없이도 인간복제가 가능하기 때문이다. 그러나 섣부른 인간복제는 여러 가지 윤리적인 문제를 낳게 된다.

먼저 복제에 관한 연구를 위해서는 대리모를 이용하여야 한다는 점에서 윤리적 논쟁이 될 수 있다. 대리모가 원했든 원하지 않았든 간에 실험에 사용되어진다는 것은 인간이 실험의 수단으로 전락할 수 있다는 점에서 충분한 비판의 대상이 될 수 있다는 것이다. 이는 인간의 존엄성을 상실한 채, 돈이나 다른 협박에 의해서도 여성이 실험을 위한 대리모로서 원치 않은 상태에서도 이용될 수 있으며, 이러한 행위가 인간 존엄에 대한 전면적인 도전으로 받아들여질 수 있기 때문이다. 이를 위해 여성단체 · 환경단체 · 시민단체들은 생명윤리관련법 제정 및 대리모 금지와 난자매매 금지 및 배아의 관리를 포함하는 인공수정에 관한 법 제정을 요구하고 있다. 다행히 우리나라에서도 최근에 평생 난자 제공의 횟수를 제한함으로써 복제 윤리에 대한 사회적 우려를 일부나마 법적으로 수용하였다.

두 번째로 복제 과정에서 발생할 수 있는 기형아 등의 문제이다. 동물보다 훨씬 복잡한 유전체계와 생리활동을 보이는 인간의 경우 돌리보다 더 낮은 성공률을 보일 수도 있다. 그럼에도 불구하고 태어나는 복제인간 역시 개체이자 생명체가 분명한데 실험실에서 폐기되어 버린다면 그에 대한 생명윤리적 문제는 어떻게 하냐는 것이다. 인간의 존엄성을 배제한 채 복제인간을 연구의 결과물로만 본다면 그 생명을 임의대로 처리할 권리와 결정권을 누가 가질 수 있냐는 문제점이다.

세 번째로 인간의 권리를 부정하고 상호적인 관계를 전제하지 않는 생명 탄생에 대한 문제이다. 부모의 형질을 모두 물려받은 것이 아닌 어느 한 쪽하고만 똑같은 형질과 모습으로 태어난 아기를 정상적인 자녀로 볼 수 있을지 지극히 의문스럽다. 이는 부모의 관계가 아니라 나이와 체격이 다른 쌍둥이를 나타내는 것이라 해도 과언이 아닐 것이기 때문이다.

마지막으로 생태계의 혼란이라는 문제점이다. 복제인간이나 동물의 경우 유전자군의 경쟁력이 결여되어 있다는 연구 결과가 있다. 즉 자연 상태의 개체의 경우 생식세포 결합 시에 경쟁적 재조합으로 다양한 유전자군이 형성되는데 반해 복제의 경우 재조합 과정이 생략된 채 이전 개체의 핵을 이식받기 때문에 상상하지 못한 생태적 재앙과 함께 복제된 개체의 멸종을 초래할 수 있다는 것이다.

복제는 분명 수정란 차원에서의 유전자 치료 및 형질전환 유용 생물체의 대량 생산이라는 장점을 제공해 준다. 그럼에도 불구하고 인류 사회는 함께 모여 협력하고 기본적 윤리와 질서를 기반으로 유지되어야 하기 때문에 단순한 기술적 진보가 아닌 사회 모든 규범과 정서가 뒷받침될 때 올바르게 의학의 한 분야로 인정받을 수 있을 것이다. 21세기 미래 의학의 새로운 장르로서 안전한 복제 기술의 응용이 하루 빨리 이루어질 수 있기를 우리 모두의 바라는 마음이 간절하다.

줄기세포

유전자 치료와 성격은 다르지만 거의 비슷한 정도의 치료 능력을 가지고 있어 향후 적극적인 기술 개발이 요구되는 분야가 줄기세포 연구이다. 줄기세포 치료는 유전자 차원이 아닌 세포 차원에서의 치료이지만 발생 초기의 미분화세포를 이용하기 때문에 거의 동일한 응용력을 가진다.

수정란이 난할을 시작한 초기단계의 배아에서 대부분의 신체구조가 아직은 불분명하지만, 다양한 장기로 발생할 수 있는 정보와 능력을 가진 세포들이 있을 것이라고는 쉽게 예상된다. 이들 세포가 분열하여 심장, 혈관 등 다양한 장기로 분화할 수 있는 기원세포라 할 수 있는데 바로 이런 세포를 글자 그대로 줄기가 되는 줄기세포(stem cell)라 한다.

줄기세포의 특징은 스스로 분열과 복제가 가능하고, 여러 조직의 세포로 분화할 수 있는 능력을 가지고 있다는 것이다. 줄기세포가 세포분열을 하면 하나의 딸세포는 역시 같은 줄기세포로 남아 있게 되고 다른 딸세포는 비대칭적으로 분화하여 다른 세포가 된다. 줄기세포에 관한 연구는 전 세계적으로 매우 활발하게 이루어지고 있다. 이 연구는 특히 손상된 장기를 교체하고자 하는 재생의료 분야에서 무한한 가능성을 보여주고 있다.

도롱뇽은 꼬리가 잘려도 곧 재생된다. 하지만 사람은 이런 능력이 부족하여 대부분의 중요한 장기나 조직은 한번 손상되면 재생이 불가능하다. 사람이 만약 자동차의 부품을 교환하듯 망가진 장기를 교체할 수 있다면 인류는 각종 질병으로부터 해방될 수 있고 건강한 삶과 오랜 수명을 누릴 수 있을 것이다. 이런 문제를 해결하기 위한 관심분야가 줄기세포를 이용한 장기 생산이다. 줄기세포를 인위적으로 배양하여 장기를 얻고자 하는 연구는 국내뿐 아니라 전세계적으로 매우 활발하게 이루어지고 있다.

배아줄기세포

줄기세포는 크게 "배아줄기세포"와 "성체줄기세포"로 나뉜다. 배아는 완전한 개체로 자랄 잠재력을 지니고 있으므로 배아에는 여러 가지 장기들로 발달할 각종 줄기세포가 포함되어 있다. 이런 상태의 줄기세포를 배아줄기세포(embryonic stem cell)라고 한다.

수정란이 분열하여 상실배가 되면 그 안쪽에는 내부세포괴(inner cell mass)로 불리우는 30~40여 개의 세포가 있는데, 이

세포가 앞으로 계속 수백 조개의 세포로 분열하고 분화하면서 심장, 피부, 폐, 뼈, 장기 등 태아의 몸을 만들어 가는 줄기세포이다. 이 내부세포괴를 꺼내어 실험실에서 적절한 영양분과 함께 배양하면 우리가 원하는 장기로 발전시킬 수 있을 것이라는 것이 조직배양학자들의 꿈이기도 하다. 아직은 어렵지만 특별한 장기로의 분화를 유도하는 영양 조건에 대해 끊임없는 연구가 이루어지고 있고 인공피부 등 일부 성공 사례도 보고되고 있어 우리에게 희망을 안겨주고 있다.

배아복제와 줄기세포

배아복제는 기술적으로는 생명복제와 유사하지만 개체를 얻으려는 것이 아니라 완전히 분화되기 이전의 배아줄기세포(embryonic stem cell)를 얻거나 그 과정을 연구하려는 것이다. 인간의 수정란은 수정 후 약 14일 정도에 배아 단계로 들어간다. 이때부터 모든 기관이 형성되는 8주째 까지를 배아기(embryonic period)라고 부르며 이후부터를 이미 형성된 기관과 신체 부위가 성장해나가는 태아기(fetal period)라고 말한다. 그러나 배아복제에서의 배아는 착상 이전의 수정란을 말한다. 즉 임신의 시작에서부터 원시선(primary stalk)이 출현하는 수정 후 약 14일(2주)까지의 배아를 전배아라고 부르며, 배아복제는 엄밀히 착상 이전까지의 전배아의 복제를 의미한다. 원시선은 태아의 척추가 될 흔적인데 수정란에서 제일 먼저 관찰되는 원시기관이다.

배아의 형성과정은 임상의학과 기초 생물학의 발전에 매우 커다란 의미가 있기 때문에 많은 학자들이 여기에 관심을 보이고 있으며 배아줄기세포는 유전자 치료법으로 알츠하이머(Alzheimer)나 파킨스씨병(Parkinson's disease) 등의 난치성 신경질환과 당뇨병 등을 치료하는 데 획기적인 방법으로 기대되고 있다. 배아복제를 통하여 환자 자신의 세포를 역분화시켜 사용할 수 있으므로 면역학적 거부 반응의 문제를 해결할 수 있다는 것이다. 배아복제에 대한 기술과 이론이 더욱 발전한다면 이를 이용하여 손상된 장기나 신체부분을 배아줄기세포 하나로부터도 충분히 재생시킬 수 있을 것이다. 즉 이식용 장기들을 원하는 만큼 대량으로 생산하여 현재 이식용 장기의 수급 불균형을 완화시키고 더욱 건강한 인류사회를 구현할 수 있다는 기대를 가지게 한다.

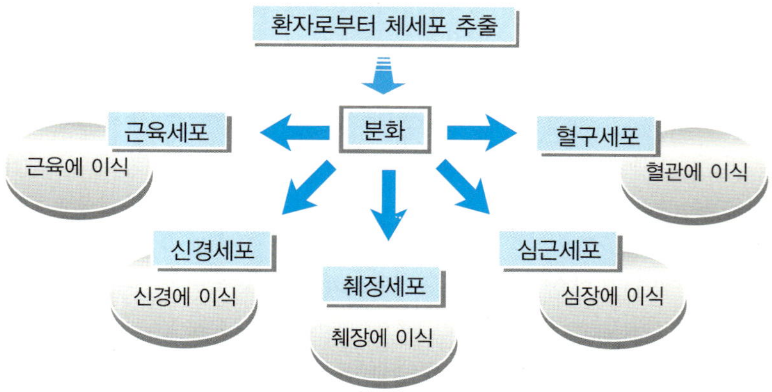

그림 97. **배아복제를 통한 장기생산**

배아줄기세포의 배양

① 폐기처분될 냉동배아 등을 이용

배아줄기세포를 얻어내는 방법은 여러 가지가 있다. 그 중에서 가장 손쉬운 방법으로는 유산이나 사산된 태아의 줄기세포나 불임 치료 등으로 남아서 냉동 보관되었다가 폐기처분될 수정란에서 줄기세포를 배양하는 방법이 있다. 그러나 이러한 방법 역시 수정란이 인간으로 자랄 수 있다는 점에서 윤리적인 문제점을 안고 있다.

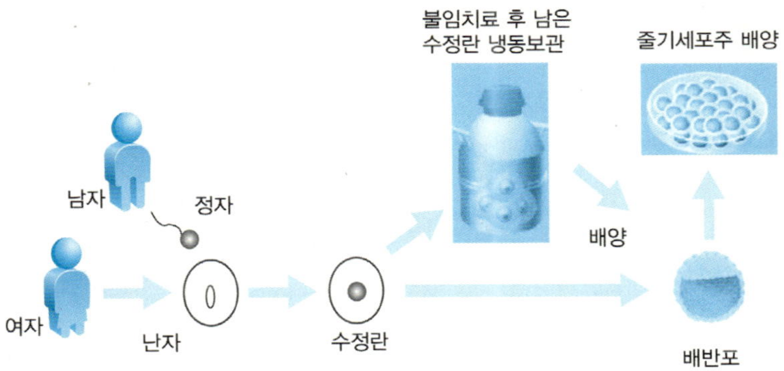

그림 98. **폐기된 냉동배아를 통한 줄기세포 생산**

② 이종(異種)간 핵이식

면역거부 반응을 없애고 난자 제공의 문제점을 해결하기 위해 핵이 제거된 동물의 난자에 사람의 체세포를 이식하는 이종간 핵이식 방법도 사용이 되고 있다. 이종간 핵이식은 체세포를 제공한 사람의 유전자가 들어가지만, 동물의 미토콘드리아 유전자 등이 제거되지 않아 바이러스 전염 등으로 실제 임상 적용은 어렵다. 또 윤리적으로도 문제가 많다.

③ 동종(同種)간 핵이식

이종간 핵이식 방법의 단점을 극복하기 위해 인간의 난자에 인간의 체세포 핵을 이식하는 동종간 핵이식 방법도 사용이 되고 있다. 난자에서 핵을 제거한 뒤 난자를 제공한 사람의 체세포(난구세포(oophorus))를 난자에 주입, 핵이식 난자를 만들고 이어서 전기자극으로 세포융합을 유도한 뒤 배반포 단계까지 배양시키는 방법이다.

체세포복제를 통한 배아줄기세포

① 환자의 체세포를 사용한 배아줄기세포의 복제

이 방법은 환자 자신의 체세포를 사용하여 치료용 줄기세포를 만드는 것이기 때문에 근본이 사람의 세포이므로 면역 거부반응 없이 난치병을 치료할 수 있다는 장점이 있다. 환자가 줄기세포 추출을 위한 수술을 견딜 수 있는지, 그리고 그 줄기세포의 유전자는 결함이 없는 지 등은 2차적인 문제로 해결을 기다려야 할 것이다.

배아줄기세포의 장단점

현재 백혈병, 파킨슨병, 당뇨병 등에 걸린 환자에게 장애가 생긴 세포를 대신하는 정상 세포를 외부에서 배양하여 주입하는 치료가 행해지고 있다. 그러나 면역학적으로 거부 반응을 일으킨다는 문제점으로 인해 주입하는 정상 세포는 배아줄기세포(embryonic stem cell)로부터 얻은 것을 사용한다. 이 단계의 세포는 아직 면역 반응을 일으킬 만큼 성숙하지 않았기 때문이다. 그러나 배아복제는 환자 자신의 세포를 역분화시켜 사용할 수 있으므로 면역학적 거부반응의 문제나 배아 세포를 사용하는 데 대한 윤리적인 문제를 줄일 수 있다. 아울러 배아복제에 대한 기술과 이론이 발전한다면 이를 이용하여 손상된 장기나 신체 부분을 세포 하나로부터 재생시킬 수 있는 장점이 있다. 즉, 이식용 장기들을 대량으로 생산하여 현재 이식용 장기의 수급 불균형을 어느 정도 완화시킬 수 있다는 기대를 가지게 한다.

개체복제만큼이나 전 세계적으로 뜨거운 윤리논쟁을 불러일으키는 것이 줄기세포를 얻기 위한 배아복제이다. 앞에서 이야기하였듯이 배아복제를 통한 배아줄기세포의 확보는 각종 난치병을 치료하는데 있어서 획기적인 계기가 될 수 있으며, 이식용 장기의 심각한 부족현상을 해소할 수 있다는 여러 가지 장점이 있다. 그러므로 배아복제에 대한 연구가 경쟁적으로 진행되고 있다.

줄기세포 복제의 문제점

배아줄기세포를 이용한 연구는 필요성과 장점에도 불구하고 배아 자체가 엄연한 인간이라는 윤리적인 문제로 인하여 많은 논쟁을 유발하고 있다. 즉 배아에서 줄기세포를 찾아 분리하는 과정이 인간의 존엄성과 상치된다는 것이다. 현재 우리나라에서도 국가적 과제로 배아줄기세포에 관한 연구가 진행되고 있으며, 최근 이 연구들은 질병치료에 국한해서 진행해야지 인간복제기술의 기반 연구로 이용되어서는 안된다는 정부 방침이 발표되기도 하였다.

배아복제 연구를 적극적으로 육성하여야 한다는 측은 이와 같은 의학적 이득을 근거로 내세우고 있다. 그러나 이러한 의학적 · 산업적 · 과학적 이득을 현실화하기 위해서는 해결되어야 할 윤리적 · 법적 · 사회적 문제가 매우 많은 것도 사실이다.

① 배아복제 연구의 허용 근거는 세포의 분화가 일어나기 이전 단계인 수정 후 14일 이내의 인간배아가 아직 원시생명선이 나타나기 이전이라는 데 있다. 그러나 그 주장은 수정 후 14일 이내의 배아는 온전한 생명체로 간주하지 않는다는 통설이 있어서 논란의 여지가 생긴다

② 종교적 특히 기독교적 관점에서 보았을 때 인간의 생명은 수정되는 순간부터 시작되는 것이므로 수정 후 14일 이내의 배아라 하더라도 이를 생명체로 간주해야 한다. 따라서 인간배아복제 연구는 결국 인간을 실험대상으로 삼는 것이 된다.

더욱이 배아복제는 하나의 개체를 연구나 어떠한 목적의 대상과 수단으로 삼는 것이기 때문에 더욱 허용할 수 없다는 입장을 보이고 있다

③ 배아복제연구가 인간복제로 이어질 수 있다는 점에서 배아복제를 금지시켜야 한다는 주장도 만만치 않게 제기되고 있다. 인간복제를 허용하지 않은 채 배아복제만을 허용하였을 때 배아복제를 표면으로 하여 인간복제에 대한 연구와 복제를 행할 수 있는 가능성도 배제할 수 없다는 것이다.

④ 물론 '인간 생명의 시작을 언제부터로 보는 것인가' 하는 것은 오랜 시간 동안 논쟁의 핵심에 서있던 문제로서 수많은 과학자와 이론가들이 여러 학문적 입장에서 풀어 왔지만 아직도 해답을 얻어내지는 못했다. 따라서 연구의 자유를 박탈당할 수 없고, 배아복제를 통해 난치병이나 불치병을 치료할 수 있는 의학적 이득과 장기수급해결이라는 사회적 문제를 해결할 수 있는 배아복제 연구를 포기할 수 없다는 연구지지자들과 생명의 존엄성과 생명의 신비를 지키려는 반대자들 간의 배아복제에 대한 윤리적인 논쟁과 자율 및 규제의 움직임이 매우 복잡한 실정이다.

⑤ 또 한가지, 배아복제를 통해서 이식용 장기를 대량 생산하여 장기이식을 기다리다가 때를 놓쳐 목숨을 잃는 환자들이 수만 명을 헤아리는 안타까운 현실을 타개할 수 있다는 주장에 대해서도 한 번 생각해 보아야 한다.

⑥ 배아복제가 허용이 되고 그 기술의 발달로 이식용 장기가 생산된다고 하더라도 이러한 과학의 성과가 이를 필요로 하는 모든 사람들에게 과연 아무런 차별과 제한 없이 제공될 수 있을까 하는 것이다. 현재도 이식용 장기를 위해 어두운 곳에서 매매가 행해지고 있으며, 고가에 장기가 거래되기도 한다. 그런데 배아복제와 같은 첨단의학으로 만들어진 이식용 장기 역시 당분간은 허용이 된다하더라도, 소외된 계층에게까지 돌아가기는 힘들 것으로 생각된다. 만일 그렇다면 배아복제에 의한 장기 역시 돈과 사회적 권력에서 소외된 계층에게는 또 다른 차별로 다가갈 것이 분명하다.

연구의 허용 범위

그렇다면 이러한 찬성과 반대의 논쟁으로 인하여 모든 연구를 중단하여야만 할 것인가? 인류의 복지증진과 과학의 발달을 위해서도 그렇게 해서는 안될 것이다. 대안을 찾고, 허용과 규제의 범위를 명확하게 하여 규제할 것은 규제하고 허용할 것은 분명히 허용하여 이러한 과학이 우리에게 희망으로 다가올 수 있도록 하여야 할 것이다.

그 좋은 예가 배아를 이용하지 않은 줄기세포 연구이다. 줄기세포는 태아의 조직뿐만 아니라 성인의 골수 등에서도 발견되었다. 따라서 배아복제를 통한 줄기세포의 사회적 · 윤리적 논쟁에서 피할 수 있는 방법이 될 수 있을 것이라 생각된다. 로마 교황청에서도 인간배아의 의학적 연구의 대안으로 탯줄과 태반을 통한 연구를 지지하고 있다. 탯줄과 태반에도 제대혈에 포함된 조혈모세포가 포함되어 있어서 윤리적인 문제점 없이 탯줄과 태반을 통한 줄기세포의 연구가 가능하다는 이야기이다.

치료에 적용하기 위한 과제

앞에서도 언급하였듯이, 줄기세포 연구결과로 얻을 수 있는 난치병 등의 치료 가능성과 세포치료가 현실화되기 위해서는 아직도 다음과 같은 많은 기술적인 어려움들이 있다. 첫째, 대량으로 줄기세포를 증식시켜 연구에 충분한 양을 확보하여야 하고, 둘째, 줄기세포가 충분한 양으로 확보되었다 하더라도 원하는 세포로 분화를 시킬 수 없다면 아무런 소용이 없다. 따라서 줄기세포가 분화하는 정확한 메커니즘을 알아내야 한다. 셋째, 줄기세포를 분화시킨 후 이를 임상에 적용시킬 수 있어야 한다. 넷째, 세포 이식 후에도 주위의 조직과 차이가 나지 않도록 합쳐질 수 있어야 하며, 환자의 체내에서 살아남아야 한다. 마지막으로 이식 받은 환자의 일생동안 기능을 적절하게 유지하여야 하며 어떠한 경우라도 해가 되지 않아야 할 것이다. 지금까지 우리의 줄기세포 연구는 줄기세포를 연구에 충분한 양으로 확보하는데에 막대한 연구비가 투입되어 왔는 것이 사실이다. 그러나 위에서 살펴보았듯이 미분화된 줄기세포가 어떻게 분화되는지, 면역학적인 문제점은 무엇인지를 밝혀내어야 하며, 종양으로 분화되는 기전을 알아냄으로써 종양화되는 것을 막도록 하는 연구에도 비중을 두어야지만 비로소 줄기세포를 이용한 인간생활의 질적 향상과 학문의 발전이 더불어 이루어질 것이다.

성체줄기세포

성체줄기세포(adult stem cell)는 조직이나 기관의 분화된 세포들 사이에서 발견되는 미분화된 신체줄기세포(somatic stem cell)를 말한다. 성체줄기세포는 스스로 증식할 수 있으며 주변 조직이나 기관으로 분화할 수 있는 능력을 가지고 있다. 성체줄기세포의 주된 역할은 원래 손상된 조직이나 기관을 치료해 주는 것이다.

골수에는는 적어도 2개의 성체줄기세포인 골수줄기세포와 간엽줄기세포가 있다. 골수줄기세포는 조혈모세포라고도 불리는데 우리 몸의 혈구세포를 만들고, 간엽줄기세포는 골수기질세포로도 불리는데 뼈, 연골, 지방과 섬유조직을 만든다. 성체줄기세포를 가지고 있는 것으로 보고되고 있는 기관은 뇌, 골수, 말초혈액, 혈관, 근육, 피부와 간 등이다. 연구자들은 성체줄기세포를 세포배양을 통해서 증식시키고, 특정세포로 분화를 유도하여 우리 몸이 상처를 받거나 질병에 걸리면 사용하는 방법을 연구하고 있다.

성체줄기세포와 배아줄기세포의 비교

배아줄기세포는 어느 장기로나 분화할 수 있어서 분화 잠재력은 무한하나 원하는 방향으로 원하는 양만큼 분화하도록 조절하기가 어렵고 배아를 파괴해야 하는 윤리적 문제를 안고 있다. 성체줄기세포는 윤리적 문제와는 무관하지만 얻을 수 있는 양이 많지 않고 분화 가능성이 제한되어 있다는 단점이 있다.

① 만드는 방법의 차이

성체줄기세포는 골수나 탯줄혈액, 지방 등에 존재하는 줄기세포를 추출하고 배아줄기세포는 환자의 체세포를 복제하는 등 배아에서 추출한다.

② 증식 및 분화 능력의 차이

성체줄기세포는 증식이 잘되지 않아 치료에 충분한 양을 얻기는 쉽지 않으나 이상증식현상은 없다는 장점을 가지고 있다. 반면에 배아줄기세포는 무한대로 증식할 수 있다는 장점을 가지고 있으나 이 때문에 오히려 종양세포로 분화될 수 있다는 문제점을 가지고 있다.

③ 이식시 거부반응의 차이

성체줄기세포는 타인의 세포를 쓸 경우 면역거부반응이 있을 수 있으나, 복제된 배아줄기세포의 경우에는 환자 자신의 세포를 사용한다면 면역거부반응이 없다는 장점이 있다.

④ 임상적용 여부에의 차이

성체줄기세포는 백혈병, 뇌졸중 등의 치료에 현재 사용되고 있으나, 배아줄기세포의 경우에는 아직까지는 실험실에서 연구하는 단계에 그치고 있다.

⑤ 윤리논란

성체줄기세포의 경우에는 윤리적인 논란이 거의 없으나, 배아줄기세포의 경우에는 배아의 희생과 인간복제의 가능성, 난자기증에 관한 윤리문제 등 여러 가지 윤리적인 문제점을 가지고 있다.

⑥ 극복해야 할 과제

성체줄기세포는 치료대상의 폭이 좁고 완치 효과를 볼 수 있을지에 대해 미지수라는 점을 극복해야 하지만 배아줄기세포는 완치효과를 기대할 수는 있으나 난자 기증이 필수적이며 또 분화의 기전을 정확히 알아야 한다.

Chapter 16

유전자 치료의 윤리적 문제

유전자 치료와 안전성

유전자 치료는 인류가 아직 경험해 본 적이 없는 전혀 새로운 시도인 만큼 그에 거는 기대도 크지만 한 편으로는 예측하지 못한 위험도 있을 수 있기에 그 실시 여부를 놓고 여간 조심스러운 것이 아니다. 더우기 역사가 불과 몇 년 밖에 되지 않아 부작용을 살필 만큼의 충분한 시간적 여유조차 없었기 때문에 더욱 불안한 마음을 금할 수 없다. 미국에서는 유전자 치료를 새로 실시하려면 처방전을 미리 마련하여 RAC(Recombinant DNA Advisory)와 FDA(Food and Drug Administration)라는 두 기관에서 반드시 허락을 받도록 하고 있다. RAC는 과학자와 비과학자 20명으로 구성된 국립보건원에 설치되어 있는 기구이다. 실제로는 아직까지 RAC에 의해서 부결된 처방전은 한 건도 없었고 또한 유전자 치료의 부작용도 전혀 보고된 것이 없다. 이 때문에 어떤 사람들은 RAC가 과연 필요한 기구인지에 대해 매우 회의적인 반응을 보이기도 한다. 환자에 대한 치료가 신속히 이루어져야 함에도 불구하고 처방전이 RAC를 거쳐야 하는 만큼 시간적 소비가 크기 때문이다. 그럼에도 불구하고 아직은 유전자 치료가 사람을 직접적인 대상으로 하고 있으며 우리에게 충분한 경험이 없었다는 사실 때문에 당분간은 다소 지나치더라도 충분한 주의를 기울일 필요가 있을 것으로 보인다. 유전자 치료에서 가장 널리 쓰이는 레트로바이러스만 하더라도 새로운 암을 유발시켰다는 보고가 없음에도 불구하고 체외 유전자 조작법만을 허락하고 있는 이유가 바로 이 때문이다. 유전자 치료는 이제 겨우 그 걸음마를 시작했을 뿐이다. 유전자 치료의 처방전은 대부분 아직도 연구 개발 중이며 그 치료 효과조차도 미지수인 경우가 상당수이다. 하지만 언젠가는 유전자 치료가 보편적인 치료 방법으로 자리잡을 날이 분명히 올 것이다. 그러기 위해서는 예측 가능한 위험은 철저하게 파악하여 피해야 할 것이다. 어쩌면 지금은 지나친 우려인 것처럼 보일지 몰라도 모든 면에 충분히 주의하면서 단계별로 발전시켜 나간다면 유전자 요법에 대한 우리의 신뢰감은 더욱 높아질 것이다.

유전자 치료의 문제점과 미래

유전자 치료는 용어조차 새로우며, 이제 불과 20년 남짓한 짧은 역사를 가지고 있다. 그럼에도 불구하고 유전자 치료에 대한 우리의 기대가 엄청나게 큰 이유는 건강에 대한 현대인의 불안감이 그만큼 크기 때문일 것이다. 유전자 치료의 대상이 암이나 유전병처럼 종래의 방법으로는 완치될 수 없는 질병들이라는 것도 그 이유 중의 하나일 것이다. 생명현상의 근본은 유전자이므로 유전자 차원에서의 치료야말로 가장 궁극적인 치료라는 것이 유전자 치료의 기본 개념이다. 그러나 아직 유전자 치료럽은 해결해야 할 숙제를 많이 안고 있다. 가장 큰 문제는 안전성의 문제이다. 유전자 치료의 대표적인 도구인 레트로바이러스조차 제 2의 암을 유발할 수 있는 가능성이 여전히 존재하기 때문이다. 한편으로는 완벽한 치료가 되기 위해서는 이식한 유전자가 체 내에서 거의 영구적으로 발현되어야 하지만 아직은 충분한 숫자의 간세포를 얻는 것이 어려워 해결하지 못하고 있는 형편이다. 최근에 일부 학자들이 제대 혈액에서 간세포를 얻기 위한 연구를 진행 중에 있다. 제대 혈액 속에는 발생 중인 간세포가 가득 차 있기 때문이다. 게다가 이런 세포들은 남에게 이식할 때 면역부적합성을 나타내지 않는 장점이 있어 가까운 시일내에 좋은 연구 결과가 있으리라 예상된다.

유전자 치료의 또 다른 문제점은 사회적인 측면에서 야기되는 것들이다. 가장 염려스러운 것은 유전자 치료가 우생학적 목적을 위해 악용되지 않을까 하는 것이다. 만일 어떤 개인이나 집단이 질병 치료를 목적으로 하지 않고 단지 남보다 우수해지기 위해서 유전자 치료를 사용한다면 이는 자연 법칙에 위배될 뿐만 아니라 인류의 진화를 인간이 마음대로 유도할 수 있느냐 하는 윤리적인 문제마저 제기시키는 것이다. 특히 우려되는 것은 정자나 난자 등 생식세포에 유전자 치료가 시행된다면 자손의 형질을 마음대로 변화시키게 될 것이고 이 역시 걷잡을 수 없는 도덕적 문제를 야기시킬 것이다.

이처럼 유전자 치료에 대하여 긍정적인 면이 강한 것은 사실이지만 아직은 부정적인 시각도 무시할 수 없다. 긍정적이라는 것은 유전자 치료가 그동안 보여준 잠재력이 기대 이상으로 컸기 때문에 우리에게 희망을 안겨준다는 뜻이고 반면 부정적이라는 것은 잘못 사용할 경우 인류 스스로가 자멸하는 위기를 초래할 수도 있다는 뜻이다. 이미 유전자 치료는 그 첫걸음을 내디뎠다. 이 첫 발자욱은 밝은 미래를 창조하기 위한 힘찬 걸음이며 건강한 인류 사회를 만들기 위한 우리의 굳은 의지인 것이다. 분자유전학의 발달과 함께 기술적인 면을 보완하면서 적절한 규제를 통해 현명하게 이를 사용한다면 멀지않은 장래에 유전자 치료는 "질병 없이 오래 사는 것"을 실천하기 위한 "꿈의 치료법"으로서 우리에게 다가올 것이다.

체세포 치료와 생식세포 치료

지금까지 행해진 모든 유전자 치료는 모두 체세포 차원에서의 치료이다. 미국의 경우 국립보건원인 NIH 조직내에 RAC라는 기구가 마련되어 있어 사람에게 행해지는 모든 재조합 DNA 프로토콜에 대한 검토와 권고를 담당하고 있다. 다른 나라도 기구의 명칭이 꼭 같지는 않더라도 대체적으로 비슷한 방법으로 유전자 치료가 잘못 사용되는 것을 철저하게 막고 있는 현실이다. 아직 기술이 채 발달되지 않은 상태에서 또 하나 문제가 될 수 있는 것은 생식세포 차원에서 유전자 치료를 응용하는 것이다. 체세포와 달리 생식세포는 다음 세대로까지 형질 변화에 영향을 주기 때문에 잘못하면 인류 전체로 잘못된 유전자 또는 유전자 변형 세포가 펴져 나갈 수 있기 때문이다. 기술적으로 안전하고 안정된 결과를 기대하기 어려운 현실임에도 불구하고 유전자 치료에 대한 막연한 기대 때문에 빠르게 시술받기만을 원하는 욕망이 만연할수록 몇몇 잘못된 생각을 가진 과학자들에 의해 생식세포까지 건드리려는 시도가 이루어지지 말라는 법이 없다. 1980년대 후반 이탈리아의 한 대학에서 정자에 칼슘처리를 하는 아주 간단한 방법으로 생식세포를 이용한 유전자 운반이 가능하다고 발표한 적이 있었다. 당시에 얼마나 사람들이 경악했는지 지금도 그 기억이 생생하다. 왜냐하면 유전자 치료가 제대로 정립되지도 않은 상태에서 너무나 간단하게 다음 세대에 원하는 유전자를 마음대로 옮겨주거나 바꾸어준다면 인류가 나아갈 파멸의 끝이 너무나도 분명하기 때문이었다. 결국 이 주장과 실험은 거짓으로 판명나고 말았다. 이런 이유에서 적어도 당분간은 모든 국가에서 체세포 치료에만 유전자 치료를 허용할 것으로 추정된다.

성형을 위한 유전자 치료

또 하나는 치료 목적이 아니라 단순한 성형 목적으로 유전자 치료를 이용하는 경우이다. 남들보다 우리 아이를 더 강하게 만들고 더 아름답게 만들 목적으로 유전자를 변형시키기 시작하면 결국 이것은 새로운 형태의 우생학적 문제를 야기시키고 말 것이다. 그리고 궁극적으로는 모든 사람이 비슷비슷한 용모와 유전형질을 지니게 될 것이며 이 역시 다양성의 부재로 인해 인류의 미래를 어둡게 만들고 말 것이다. 유전자에 대해 연구가 진행될수록 우리는 유전자 안에 숨어있는 신비스러운 생명 암호에 대해 경탄하지 않을 수 없다. 예를 들면 음악에 대한 재능 같은 형이상학적 지표들도 따지고 보면 결국 유전자에 의해 어느 정도는 결정되기 때문이다. 되풀이되는 이야기이지만 성형이나 재능을 위해 유전자 치료가 부정적으로 사용된다면 결국 인류사회는 우수한 사람만 살아남을 수 있고, 또 모두가 그렇게 되기를 희망하면서 다양성을 점차 잃어가고 말 것이다.

유전적 차별에 대한 우려

미래 사회에 대한 염려까지는 아니더라도 당면한 문제로 유전자 치료가 모든 사람에게 적용될 수 있는지 의문이다. 아무리 좋은 기술이라 하더라도 부유한 층에는 적용이 되지만 유전자 치료의 만만치 않은 비용 때문에 또다시 계층별 차별을 낳을 수 있기 때문이다. 국가가 보장하고 비용을 대지 않는 한 중산층에게는 꿈도 꿀 수 없는 치료 기술이기 때문이다. 게다가 유전자는 그 사람의 모든 의학 정보를 담고 있기 때문에 개인 건강에 대한 자료가 밖으로 노출되어 버릴 수도 있다. 예를 들어 일찌감치 유전자 진단을 통해 파킨슨 질병이 40대에 분명히 올 것을 미리 알았다면 과연 어느 보험회사가 이 사람에 대한 보험 지급을 허락할 것인가 하는 문제이다. 또 확률적인 문제만 보더라도 어느 사람이 20대에 심장병에 걸릴 확률이 50%라면 설사 보험회사가 보험은 제공해줄지 모를지라도 사람마다 보험료를 차등하게 적용할 것이 분명하다. 이것은 마치 자동차보험을 사고팔 때 낡고 위험도가 높은 차일수록 더 많은 보험료를 지불해야 하는 것과 마찬가지 원리이다. 유전자 치료를 받기 위하여 검사받은 유전 진단의 결과 병명과 원인을 알았다 하더라도 정작 치료를 받을 수 없게 된다면 결국 그 사람에게 고민만을 안기고 말게 될 것이다. 게다가 유전정보가 노출됨으로써 취업과 결혼 등 사회생활 전반에서 이 사람이 차별을 받을 확률도 높다.

산전 유전자 치료

아예 아기가 자궁내에 있을 때에 양수천자를 통해 아기의 세포를 조금 추출해 낸 다음 이를 가지고 유전병을 진단하여 잘못된 유전자를 출생 전에 바꾸어주는 것도 언젠가는 가능해질 것이다. 이럴 때에도 치료 목적이 아닌 성형 목적의 시술은 철저히 금지해야 할 것이다. 출생 전 유전자 치료는 본인으로 보면 병에 걸릴 가능성을 제거했기에 좋을지 모르지만 여전히 체세포 치료만 가능하기 때문에 향후 결혼과 자녀 문제에 대해서는 의사와 상담을 거쳐야 한다.

유전자 치료의 대상과 통계

어쨌든 현재 가능한 유전자 치료는 치료 목적의 시술과 체세포 치료에 한해 가능하다. 특히 암 치료의 경우는 화학요법, 방사선요법 등 모든 치료가 실패하고 남은 시간이 얼마되지 않는 말기 환자의 경우에만 유전자 치료를 실시할 수 있도록 허가하고 있다. 이미 암 치료에 대한 유전자 치료가 상당히 효과가 좋은 것으로 알려져 있음에도 불구하고 여전히 부작용 등 추가로 확인해야 할 사항도 많고 그만큼 조심스럽기 때문이다. 어쩌면 유전자 치료의 암에 대한 효과가 지금까지 공식적으로 알려진 통계보다 더 높을 수도 있다. 말기 환자만을 대상으로 했기 때문에 통계상 성공 사례가 적을 수 있기 때문이다. 이런 부분은 유전자 치료의 기술이 더욱 발달하고 안전성과 안정성에서 보장받게 되면 하나씩 해결되어 나갈 수 있는 것들이다.

아직은 유전자 치료가 선천성질환과 암에 주로 국한되어 있지만 향후 대상 질환이 확대되면서 프로토콜은 지금보다도 더욱 엄격하게 관리되어야 할 것이다. 예를 들어 글로벌한 시대에 어느 나라를 여행하든지 시차 때문에 며칠씩 고생하는 일이 없도록 하겠다고 시차 조절 유전자를 아예 없애버리거나 바꾸어 버린다면 좋은 목적으로 시술했을 지라도 결국은 악덕 고용주들이 24시간 밤잠 안자고 일하는 노동자를 양산하거나 며칠씩 잠을 자지 않고 싸워도 피곤한 줄 모르는 군대를 만드는데 활용될 수도 있다.

유전자 치료에 대한 결정

궁극적으로 유전자 치료는 유전자재조합기술의 응용이다. 그럼에도 불구하고 조심스럽게 접근해야 하는 이유는 그 실험 대상이 바로 인간 자신이기 때문이다. 지금까지 인류는 자기 자신을 실험 대상으로 선정하는 데에 아주 민감해온 것이 사실이다. 그리고 이러한 치료가 처음에는 선의의 목적에서 시작되었더라도 자칫 잘못하면 인류를 파멸의 길로 유혹할 수 있기에 더욱 조심스럽다. 게다가 사람은 꼭 선한 사람만이 있는 것이 아니기 때문에 미친 과학자에 의해 좋은 기술이 잘못된 목적에 이용될 수도 있다는 것이다. 유전자는 생명의 설계도이기 때문에 더욱 그 근본을 바꾸는 새로운 치료법에 있어 아무리 조심해도 지나치지 않을 것이다. 유전자 치료를 시도하겠다고 결정하면 이어서 차례로 짚고 넘어가야 할 문제들은 첫째, 유전자 치료만이 유일한 치료 방법인지, 둘째, 유전자 치료의 대상은 어디까지인지, 즉, 체세포에 한하는지 아니면 생식세포까지 건드릴 것인지, 셋째, 유전자 치료를 실시함으로서 환자에게 예상되는 결과는 어떤 것인지? 넷째, 유전자 치료의 프로토콜은 충분히 검토되었고 환자와 그 가족에게도 동의를 구했는지, 다섯째, 유전자 치료의 과정과 결과에서 얻어지는 사생활 정보는 어떻게 비밀을 유지할 것인지 등이다.

참고로 미국은 유전자 치료를 세계에서 제일 처음 실시한 나라로서 몇 가지 절차를 통해 유전자 치료의 승인과정을 체계화하고 있다. 그중의 하나가 IBC (Institutional biosafety committee)와 IRB(Institutional review board)이다. 이들 기관들이 유전자 치료 프로토콜에 대한 검토를 끝내면 그 결과는 RAC에 전달이 되고 약 3개월에 걸쳐 RAC는 공개적 토론을 거쳐 최종 의견을 NIH에 보내게 된다. 그러면 NIH는 그 의견을 토대로 프로토콜을 승인하게 된다. 승인이 떨어지면 연구자는 정기적으로 임상실험의 결과를 RAC에 보고할 의무가 있다. 이뿐 아니라 이와는 별도로 임상실험 자체가 FDA의 별도 승인을 받아야 하게 되어 있다. 따라서 최종적으로는 NIH와 FDA의 허가를 동시에 받아야 임상실험이 시작될 수 있는 것이다. RAC는 이 과정에서 아주 중요한 역할을 한다. RAC는 의사, 과학자, 윤리학자, 종교가, 주부, 경영자, 변호사 등 다양한 사회 인사들로 구성되어진다. 그럼으로써 미처 검토되지 못한 중요한 사항이 있다면 여러 가지 측면에서 관측해서 빠뜨리거나 실수가 없도록 하기 위해서이다. 이 모든 것은 환자의 입장에서 최선의 치료와 보호를 받도록 하기 위한 장치이다. 때로 어떤 사람들은 RAC가 검토 과정에서 3개월씩 걸리는 것은 말기암을 앓는 환자의 입장에서 보면 지나치게 느리다고 반박하기도 하지만 연간 20여 개 이상의 제안서를 RAC에서 검토한다는 사실을 알면 그리 느린 편은 아니라고 할 수 있다. 게다가 RAC 입장에서는 환자 한사람의 치료도 중요하지만 향후 지속적으로 여러 환자들에게 사용될 프로코콜을 보다 안전하고 견고하게 검토해 놓으려는 의지가 있기 때문이다. 물론 기술이 발달하고 데이터가 지금보다 더 많이 축적되면 축적될수록 전체적인 검토 기간도 짧아지고 환자에 대한 치료 기술도 더 좋아질 것이다. 미국뿐 아니라 영국 등 유럽과 아시아의 여러 나라들도 비슷한 검증 체계를 갖추고 있다.

맺음말

인간게놈프로젝트가 완성되면서 약 25,000여 개의 유전자가 사람을 설계하고 있다고 알려져 있다. 이중 3,000여 개의 유전자는 질환을 일으키게 되는데 대부분 치명적이고 아직 그 원인를 모르고 있는 것이 대부분이다. 원인 유전자를 안다하여도 적절한 치료법이 있는 경우는 극히 드물다. 이런 차원에서 아직은 걸음마 단계이지만 유전자 치료는 21세기 미래 의학을 위해 대단히 약속되는 기술이 아닐 수 없다. 더욱이 외래 환자를 치료하듯이 간단한 주사로 유전질환이나 암을 치료할 수 있다면 유전자 치료의 미래는 더욱 밝을 것이다. 비록 의학적, 과학적, 사회적으로 해결되어야 할 문제점들이 남아 있다 할지라도 열린 마음으로 함께 토의하면서 보다 진보된 기술을 개발해 나가는 것이 필요한 중요한 시기에 우리는 살고 있다.

찾아보기 index

ㅊ

ㅋ

ㅌ

ㅍ

ㅎ

A

C

D

E

F

H

L

M

O

P

R

S

T

U

β

* 본 교재는 교육과학기술부의 재원으로 한국연구재단의 지원을 받아 수행된 광역경제권 선도산업 인재양성사업의 연구결과입니다.